スバラシク実力がつくと評判の

演習 熱力学

キャンパス・ゼミ

改訂2 revision 2

MATHEMA
マセマ

マセマ出版社

◆ はじめに ◆

みなさん，こんにちは。マセマの**高杉豊，馬場敬之(けいし)**です。既刊の『**熱力学キャンパス・ゼミ**』は多くの読者の皆様のご支持を頂いて，**物理学教育のスタンダードな参考書**として定着してきているようです。そして，マセマには連日のようにこの『熱力学キャンパス・ゼミ』で養った実力をより確実なものとするための『**演習書(問題集)**』が欲しいとのご意見が寄せられてきました。このご要望にお応えするため，新たにこの『**演習 熱力学キャンパス・ゼミ 改訂 2**』を上梓することができて，心より嬉しく思っています。

熱力学を単に理解するだけでなく，自分のものとして使いこなせるようになるために**問題練習は欠かせません**。
この『**演習 熱力学キャンパス・ゼミ 改訂 2**』は，そのための**最適な演習書**と言えます。

ここで，まず本書の特徴を紹介しておきましょう。

- 『熱力学キャンパス・ゼミ』に準拠して全体を **7** 章に分け，各章のはじめには，解法のパターンが一目で分かるように，(*methods & formulae*)(要項)を設けている。
- マセマオリジナルの頻出典型の演習問題を，各章毎に**分かりやすく体系立てて配置**している。
- 各演習問題には(ヒント)を設けて解法の糸口を示し，また(解答 & 解説)では，定評あるマセマ流の読者の目線に立った**親切で分かりやすい解説**で明快に解き明かしている。
- 演習問題の中には，類似問題を **2** 題併記して，**2 題目は穴あき形式**にして自分で穴を埋めながら実践的な練習ができるようにしている箇所も多数設けた。
- **2 色刷り**の美しい構成で，読者の理解を助けるため**図解も豊富**に掲載している。

さらに，本書の具体的な利用法についても紹介しておきましょう。

● まず，各章毎に，(*methods & formulae*)(要項)と演習問題を一度**流し読み**して，学ぶべき内容の全体像を押さえる。

● 次に，(*methods & formulae*)(要項)を**精読**して，公式や定理それに解法パターンを頭に入れる。そして，各演習問題の(解答 & 解説)を見ずに，問題文と(ヒント)のみ読んで，**自分なりの解答**を考える。

● その後，(解答 & 解説)をよく読んで，自分の解答と比較してみる。そして，間違っている場合は，**どこにミスがあったかをよく検討**する。

● 後日，また(解答 & 解説)を見ずに**再チャレンジ**する。

● そして，問題がスラスラ解けるようになるまで，何度でも納得がいくまで**反復練習**する。

以上の流れに従って練習していけば，熱力学も確実にマスターできますので，**大学や大学院の試験でも高得点で乗り切れる**はずです。この熱力学は大学で様々な自然科学を学習していく上での基礎となる分野です。ですから，これをマスターすることにより，さらに統計力学や量子力学などの分野にも進むことができるのです。頑張りましょう。

また，この『**演習 熱力学キャンパス・ゼミ 改訂 2**』では『熱力学キャンパス・ゼミ』では扱えなかった，**還元状態方程式の $p_r v_r$ 図の導出**，**準静的過程を考慮に入れたマクスウェルの規則（等面積の規則）の証明**，**ガウス積分の洗練された導出**，**ボルツマンの原理による不可逆過程におけるエントロピーの増分の算出**なども詳しく解説しています。ですから，『熱力学キャンパス・ゼミ』を完璧にマスターできるだけでなく，さらに**ワンランク上の勉強**もできます。

この『**演習 熱力学キャンパス・ゼミ 改訂 2**』は皆さんの物理学の学習の**良きパートナーとなるべき演習書**です。本書によって，多くの方々が熱力学に開眼され，熱力学の面白さを堪能されることを願ってやみません。

皆様のさらなる成長を心より楽しみにしております。

マセマ代表　馬場 敬之(けいし)
高杉　豊

この改訂 **2** では，新たにラグランジュの未定乗数法の演習問題を加えました。

目次

講義5 エントロピー

講義6 熱力学的関係式

講義7 マクスウェルの速度分布則

講義 Lecture 1 熱力学のプロローグ ● methods & formulae

§1. 熱力学のプロローグ

図1に示すように，空気などの気体を体積 V のある容器に入れたとき，この気体のマクロ的（巨視的）な状態を表す量として，圧力 p と絶対温度 T が観測できる。この圧力 p，体積 V，絶対温度 T の単位は，

$p(\mathrm{Pa})$，$V(\mathrm{m^3})$，$T(\mathrm{K})$ となる。

（Pa：パスカル $[\mathrm{N/m^2}]$ のこと）（K："ケルビン"）

図1　気体の分子運動のイメージ

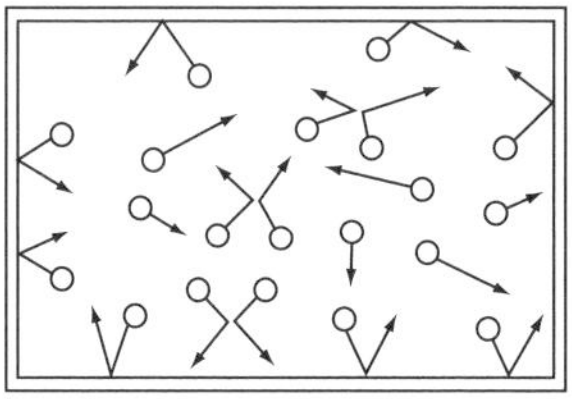

体積 V の容器の中には夥しい数の気体分子が存在し，これらが常温付近であっても，数百 $(\mathrm{m/s})$ から千数百 $(\mathrm{m/s})$ という高速で不規則に衝突を繰り返しながら飛び交っている。（演習問題 2,12,16,89）しかし，これはミクロ（微視的）な世界のことで，私達にはこの容器内の気体は静止して見える。この静止した気体のマクロな状態を示す量として，圧力 p (Pa) と絶対温度 T (K) がある。

これを簡単に言うと，このミクロで見て夥しい数の気体分子が単位時間・単位面積当り，容器の壁面に衝突して壁面に与える力積（（力）×（時間））の平均的な総量を，私達は圧力 p として感じ，また，これら気体分子の不規則な運動の平均的な激しさの度合を絶対温度 T として感じている。（演習問題 10,11,18,19）温度に関しては同様のことが固体分子（原子）や液体分子（原子）についても言える。通常用いられる 1（気圧）（"atm"）は，

$1.013\times10^5(\mathrm{N/m^2}) = 1.013\times10^5(\mathrm{Pa})$ となる。（演習問題 1）また絶対温度 $T(\mathrm{K})$ と通常用いる摂氏温度 $t\,(^\circ\mathrm{C})$ との間には，$T = t + 273.15$ の関係がある。$T = 0(\mathrm{K})$ $(= -273.15(^\circ\mathrm{C}))$ を**絶対零度**と呼ぶ。

容器内の気体のように，対象となる気体や液体や固体のことを**系**という。1つの孤立した系，例えば断熱材で密閉された気体は，初めにどんな複雑な状態にあっても，時間の経過と共に，マクロ的に見て至るところ等方・均一な状態になり，それ以上変化しない。このような状態を**熱平衡状態**と呼ぶ。そして，この熱平衡状態は，ミクロ的には物質分子は複雑な運動を続けているが，マクロ的には少数の変数，例えば圧力 p と温度 T によって決まる状態である。

低圧力で密度の小さい希薄な気体を1つの系と見た場合，次に示す**ボイルの法則**と**シャルルの法則**が成り立つ。

(Ⅰ) ボイルの法則

温度 T が一定のとき，
圧力 p と体積 V は反比例する。

$$pV = (\text{一定})$$

(Ⅱ) シャルルの法則

圧力 p が一定のとき，
体積 V と温度 T は比例する。

$$\frac{V}{T} = (\text{一定})$$

ボイルの法則を pV 図で，シャルルの法則を VT 図で，下の図2に示す。

図2 (ⅰ) ボイルの法則 $pV = (\text{一定})$

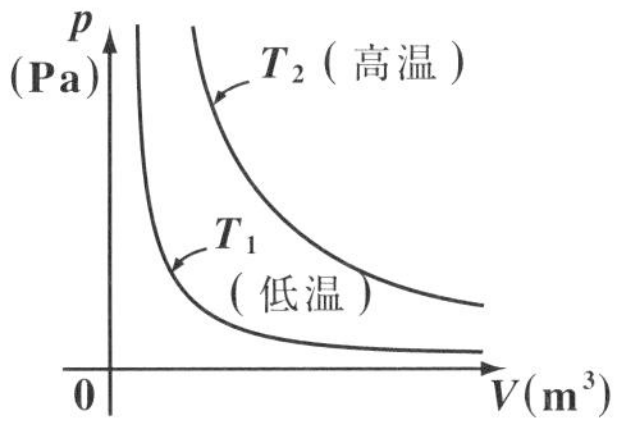

(ⅱ) シャルルの法則 $\frac{V}{T} = (\text{一定})$

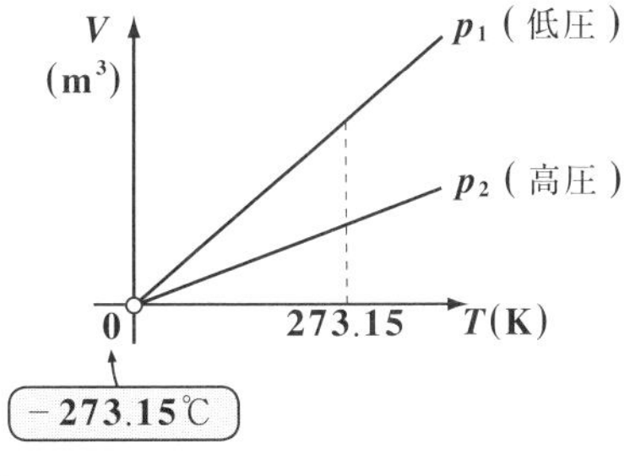

このボイルの法則とシャルルの法則から，

ボイル‐シャルルの法則：$\frac{pV}{T} = (\text{一定})$ …①が導かれる。（演習問題3）

1(mol)（"モル"）の気体の体積は，0(℃)，1(atm) の**標準状態**の下で，気体の種類によらず約 $22.41(l) = 22.41 \times 10^{-3}(\text{m}^3)$ となる。これと $T = 273.15(\text{K})$，$p = 1.013 \times 10^5(\text{Pa})$ を①の左辺に代入して得られる右辺の値を R とおくと，$R \fallingdotseq 8.31(\text{J/mol K})$ となる。この R を**気体定数**と呼ぶ。（演習問題1）

n(mol) の気体については，$\frac{pV}{T} = nR$ となる。これより，$pV = nRT$ …②
が導かれる。すべての気体はほぼボイル・シャルルの法則に従う。この法則，すなわち②に完全に従う仮想的な気体を考えて，これを**理想気体**と呼び，②を理想気体の**状態方程式**という。また 1(mol) の気体分子数を**アボガドロ数**と呼び，これを N_A で表すと，
$N_A = 6.022 \times 10^{23}$(1/mol) となる。また，1mol の気体の質量は，その気体分子量 M に (g) を付けたものである。

§2. 2 変数関数の偏微分と全微分

（v は，1mol 当たりの気体の体積）

1mol の理想気体の状態方程式：$pv = RT$ …① $\left(v = \frac{V}{n}\right)$ に従う変数は，圧力 p と体積 v と温度 T の 3 つのみとなる。このうち 2 つを独立変数とみて，残り 1 つを従属変数にとることができる。すなわち，次の 3 つの式を得る。

$p = p(v,\ T) = \frac{RT}{v}$ …③，$v = v(p,\ T) = \frac{RT}{p}$ …④，$T = T(p,\ v) = \frac{pv}{R}$ …⑤

（p は，独立変数 v，T の 2 変数関数）（v は，独立変数 p，T の 2 変数関数）（T は，独立変数 p，v の 2 変数関数）

これからも分かるように，熱力学では，様々な状態量の関係を調べるために，2 変数関数 $z = f(x,\ y)$ の**偏微分**と**全微分**の知識が必要となる。まず，**偏微分**の具体的な計算について，次に③の $p = p(v,\ T)$ を例として示そう。

(ex) 2 変数関数 $p = p(v,\ T) = \frac{RT}{v}$ について，

・この v での偏微分 $\left(\frac{\partial p}{\partial v}\right)_T$ は v^{-1} に着目し，RT は定数とみて，p を v で微分すればよい。

（右下付き添字の T は，T を定数として p を v で微分することを示す記号法。以下同様。これは熱力学独特の表記法である。）

よって，

$$\left(\frac{\partial p}{\partial v}\right)_T = \frac{\partial}{\partial v}(RTv^{-1}) = RT(-1 \cdot v^{-2}) = -\frac{RT}{v^2}$$ となる。

（定数扱い）

・次，T での偏微分 $\left(\frac{\partial p}{\partial T}\right)_v$ は，同様に v を定数扱いとして，

（定数扱い）

$$\left(\frac{\partial p}{\partial T}\right)_v = \frac{\partial}{\partial T}(RTv^{-1}) = Rv^{-1}\cdot 1 = \frac{R}{v}$$ となる。

この偏微分は，常微分（1 変数関数の微分）のときと同様に，線形性，積・商の公式，合成関数の微分の公式が使える。

また，2 変数関数 $f(x, y)$ の 2 階偏微分 $\frac{\partial}{\partial y}\left(\frac{\partial f}{\partial x}\right)$ と $\frac{\partial}{\partial x}\left(\frac{\partial f}{\partial y}\right)$ については，$\frac{\partial}{\partial y}\left(\frac{\partial f}{\partial x}\right)$ と $\frac{\partial}{\partial x}\left(\frac{\partial f}{\partial y}\right)$ が共に連続ならば，シュワルツの定理：

$\frac{\partial}{\partial y}\left(\frac{\partial f}{\partial x}\right) = \frac{\partial}{\partial x}\left(\frac{\partial f}{\partial y}\right)$ が成り立つことも覚えておこう。

次に，2 変数関数 $z = f(x, y)$ の**全微分**の定義を下に示す。

全微分の定義

2 変数関数 $z = f(x, y)$ が全微分可能のとき，この全微分 df は，

$$df = \frac{\partial f}{\partial x}dx + \frac{\partial f}{\partial y}dy$$

と表せる。

（曲面 $z = f(x, y)$ 上の任意の点 (x, y, z) においてこの曲面の接平面が存在するような，滑らかな関数ということ。）

(ex) ④の 2 変数関数 $v = v(p, T) = \frac{RT}{p}$ の全微分 dv について，

$$dv = \left(\frac{\partial v}{\partial p}\right)_T dp + \left(\frac{\partial v}{\partial T}\right)_p dT \quad \cdots\cdots ⑥$$ ここで，

$$\begin{cases} \left(\frac{\partial v}{\partial p}\right)_T = \frac{\partial}{\partial p}(RTp^{-1}) = RT(-p^{-2}) \\ \left(\frac{\partial v}{\partial T}\right)_p = \frac{\partial}{\partial T}(RTp^{-1}) = Rp^{-1}\cdot 1 = Rp^{-1} \end{cases} \quad \cdots\cdots ⑦$$

⑦を⑥に代入して，体積 $v = v(p, T)$ の全微分 dv は，

$$dv = \left(\frac{\partial v}{\partial p}\right)_T dp + \left(\frac{\partial v}{\partial T}\right)_p dT = -\frac{RT}{p^2}dp + \frac{R}{p}dT$$ となる。

全微分 $df = \frac{\partial f}{\partial x}dx + \frac{\partial f}{\partial y}dy$ の図形的な意味については『**熱力学キャンパス・ゼミ**』を参照して下さい。

演習問題 1　●気体定数 R●

標準状態 (0 (℃)，1 気圧) における理想気体 1 (mol) の体積は 22.41(l) である。1 気圧は，水銀柱を用いて 760mmHg で表される。0(℃) の水銀の密度を $\rho = 13.6(\text{g/cm}^3)$，重力加速度 $g = 9.8(\text{m/s}^2)$ として，気体定数 R の値を求めよ。

ヒント！ 1 気圧を，高さ 0.76(m)(＝760mm) の水銀柱が重力により底面に及ぼす圧力 (単位面積当たりの重力) として計算する。1(mol) の理想気体の状態方程式 $pv = RT$ を使って，気体定数 R を求めるんだね。

解答＆解説

まず右図に示すように，単位面積 $1(\text{m}^2)$ の正方形を底面に持つ高さ 0.76m の水銀柱に働く重力として，1 気圧を求める。

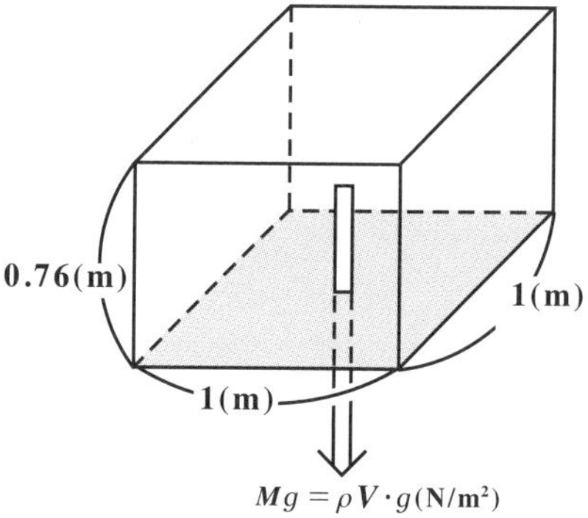

この水銀柱について，

密度 $\rho = 13.6(\text{g/cm}^3)$

$$= 13.6 \times \frac{10^{-3}}{10^{-6}}(\text{kg/m}^3)$$

$$= 13.6 \times 10^3(\text{kg/m}^3)$$

体積 $V = 0.76 \times 1^2 = 0.76(\text{m}^3)$

$\therefore$ 1 気圧 $= \rho V \cdot g = 13.6 \times 10^3 \times 0.76 \times 9.8 \fallingdotseq 1.013 \times 10^5(\text{Pa})$

理想気体 1(mol) の状態方程式 $pv = RT$ より，気体定数 R は，

$$R = \frac{pv}{T} \quad \cdots ①$$

(p, v, T の 3 つの状態量はこの方程式に従う。)

ここで，温度 $T_0 = 273.15(\text{K})$，圧力 $p_0 = 1$ 気圧 $= 1.013 \times 10^5(\text{N/m}^2)$ の標準状態における 1(mol) の理想気体の体積が $v_0 = 22.41(l) = 22.41 \times 10^{-3}(\text{m}^3)$ より，これらを①に代入して，

$$R = \frac{p_0 v_0}{T_0} = \frac{1.013 \times 10^5 \times 22.41 \times 10^{-3}}{273.15} \fallingdotseq 8.31(\text{J/mol K}) \text{ となる。} \quad \cdots\cdots(\text{答})$$

($p_0 v_0$ の単位は，$[\text{Pa} \cdot \text{m}^3] = [\text{N/m}^2 \cdot \text{m}^3] = [\text{N} \cdot \text{m}] = [\text{J}]$ となる。)

演習問題 2　●気体の質量と分子数●

$18(℃)$, 1気圧の酸素 $1(l)$ の質量とそれに含まれる酸素の分子数を求めよ。(ただし，アボガドロ数 $N_A = 6.02 \times 10^{23}(1/\text{mol})$ とする。)

ヒント！ $T_0 = 273.15(\text{K})$ のとき気体が占める体積を V_0 とおくと，シャルルの法則 $\frac{V}{T} = (\text{一定})$ は，$\frac{V}{T} = \frac{V_0}{T_0}$ (圧力 p 一定) とも表せるんだね。また，$0(℃)$，$1(\text{atm})$ の標準状態で $1(\text{mol})$ の酸素 O_2 が占める体積は，$22.41(l)$ となる。

解答＆解説

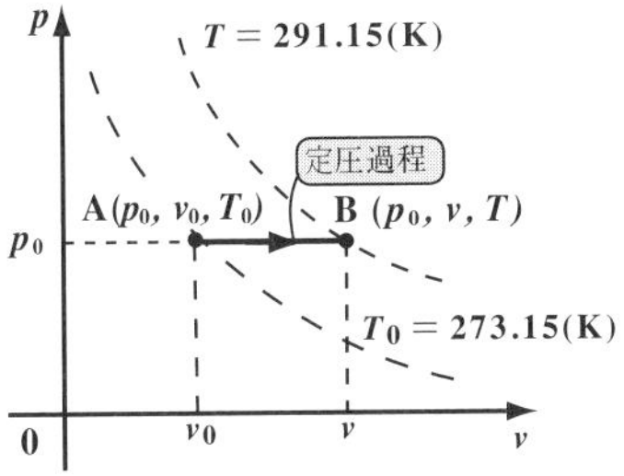

酸素を理想気体と考えると，$0(℃)$，$1(\text{atm})$ で $1(\text{mol})$ の酸素の体積は，$22.41(l)$ となる。よって，$18(℃)$，$1(\text{atm})$ で $1(\text{mol})$ の酸素の体積を $v(l)$ とおくと，シャルルの法則より，

$$\frac{v}{18 + 273.15} = \boxed{(ア)} \quad \leftarrow \frac{v}{T} = \frac{v_0}{T_0} \ (p\text{一定})$$

$\therefore v = \boxed{(イ)}\ (l)$ となる。

ここで，酸素 O_2 の分子量が 32 より，$1(\text{mol})$ の酸素の質量は $32(\text{g})$ となる。その中にはアボガドロ数 $N_A = 6.02 \times 10^{23}(1/\text{mol})$ 個の酸素分子がある。

(i) $18(℃)$，$1(\text{atm})$ の酸素 $1(l)$ の質量は，

$$\frac{32}{23.89} \fallingdotseq \boxed{(ウ)}\ (\text{g})$$ となる。……………………………………………(答)

(ii) この酸素 $1(l)$ に含まれる分子数は，

$$\frac{N_A}{23.89} = \frac{6.02 \times 10^{23}}{23.89} \fallingdotseq \boxed{(エ)} \times 10^{22}$$ となる。……………………(答)

解答　(ア) $\frac{22.41}{273.15}$　(イ) 23.89　(ウ) 1.34　(エ) 2.52

演習問題 3　● ボイル - シャルルの法則の導出 ●

理想気体について，ボイルの法則：pV ＝(一定) と，シャルルの法則：$\dfrac{V}{T}$＝(一定) を組み合わせることにより，ボイル - シャルルの法則：$\dfrac{pV}{T}$＝(一定) を，pV 図を利用して導け。

ヒント！ pV 図において，任意の点 $C(p, V, T)$ を通る等温線をとり，これと，点 $A(p_0, V_0, T_0)$ を通り V 軸に平行な直線との交点を $B(p_0, V_B, T)$ とおく。このとき，$A \rightarrow B \rightarrow C$ と変化する過程を調べよう。ここで，$p_0 = 1(\text{atm})$，$T_0 = 273.15(\text{K})$ とする。

解答＆解説

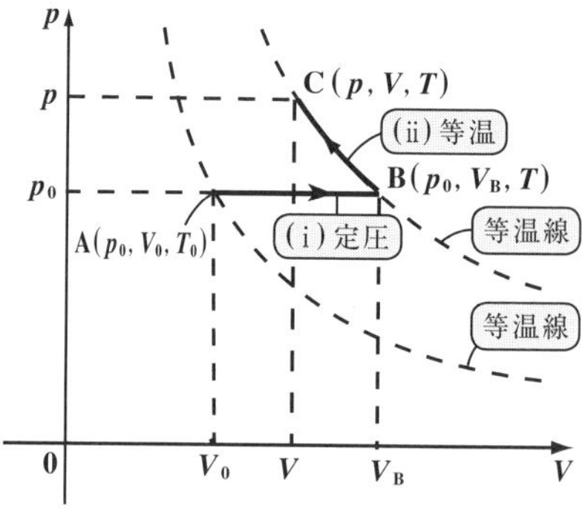

右図に示すように，理想気体が，
3 つの状態 $A(p_0,\ V_0,\ T_0)$，
$B(p_0,\ V_B,\ T)$，$C(p,\ V,\ T)$ を
$A \rightarrow B \rightarrow C$ と変化する過程を考える。
ただし，
$p_0 = 1(\text{atm})$，$T_0 = 273.15(\text{K})$ とする。
ここで，

(i) $A \rightarrow B$：圧力 p_0 一定の定圧過程
(ii) $B \rightarrow C$：温度 T 一定の等温過程

である。

(i) $A \rightarrow B$：圧力 p_0 の定圧過程において，シャルルの法則より，

$$\frac{V_B}{T} = \frac{V_0}{T_0}$$

$$\therefore\ V_B = V_0 \cdot \frac{T}{T_0} \quad \cdots\cdots ①'$$ となる。

次に，

(ii) B → C：温度 T 一定の等温過程において，ボイルの法則より，

$$pV = p_0 V_B \cdots\cdots ②$$

②に①´を代入して V_B を消去すると，

$$pV = p_0 \cdot V_0 \cdot \frac{T}{T_0}$$

これより，ボイル・シャルルの法則

$\dfrac{pV}{T} = \dfrac{p_0 V_0}{T_0}$ (一定) が導ける。 ……………………………………………(終)

任意の状態 $C(p, V, T)$ について，

$\dfrac{pV}{T} = \dfrac{p_0 V_0}{T_0}$ (一定) が成り立つので，どのような熱平衡状態に対しても，

$\dfrac{pV}{T}$ は一定値 $\dfrac{p_0 V_0}{T_0}$ をとる。

ここで，圧力 $p_0 = 1(\text{atm})$，温度 $T_0 = 273.15(\text{K})$ のとき，$1(\text{mol})$ について，

どの気体の体積も，$V_0 = 22.41(l)$ となる。よって，$1(\text{mol})$ 当たり，

$\dfrac{p_0 V_0}{T_0}$ は，気体の種類によらず一定の値をとり，これを**気体定数** R と呼ぶ。

$p_0 = 1(\text{atm}) = 1.013 \times 10^5(\text{Pa}) = 1.013 \times 10^5(\text{N/m}^2)$,

$T_0 = 0(℃) = 273.15(\text{K})$,

$V_0 = 22.41(l) = 2.241 \times 10^{-2}(\text{m}^3/\text{mol})$

$R = \dfrac{p_0 V_0}{T_0} = \dfrac{1.013 \times 10^5 \times 2.241 \times 10^{-2}}{273.15} \fallingdotseq 8.31(\text{J/mol K})$ となる。

この気体定数 R を用いると，

$\dfrac{pV}{T} = \dfrac{p_0 V_0}{T_0} = R$ となり，$1(\text{mol})$ の理想気体の状態方程式：

$pv = RT$ が得られる。(v は，$1(\text{mol})$ 当たりの気体の体積)

$n(\text{mol})$ の理想気体については，$\dfrac{pV}{T} = nR$ となり，

$pV = nRT$ の状態方程式が導かれる。

理想気体は，この状態方程式に従うので，圧力 p，体積 V，温度 T の

いずれか 2 つが分かれば，残りの 1 つが定まる。

演習問題 4 ● 理想気体の状態方程式 ●

$2(g)$ の空気を理想気体とみなしたとき，この空気について，

(1) 温度 $25(℃)$，圧力 $1.2(atm)$ のときの体積 $V(l)$ を求めよ。

(2) 圧力 $2(atm)$，体積 $3(l)$ のときの温度 $T(K)$ を求めよ。

(3) 体積 $0.5(l)$，温度 $10(℃)$ のときの圧力 $p(N/m^2)$ を求めよ。

（ただし，空気は酸素と窒素が 1:4 の混合比で構成されているものとする。また，気体定数 $R = 8.3(J/mol\ K)$ とする。）

ヒント！ まず，この空気のモル数を求める。そのために，酸素の分子量 32.0 と窒素の分子量 28.0 の重み付きの平均をとって，空気の分子量を求めよう。(1)(2)(3) 共に，理想気体の状態方程式 $pV = nRT$ を用いる。

解答＆解説

空気の分子量は，空気が窒素 N_2（分子量 28.0）と酸素 O_2（分子量 32.0）の混合比 4:1 で構成されていると考えるので，この重み付き平均をとって，

(ア) ［　　　　］ $= 28.8$ となる。よって，$1(mol)$ の空気の質量が

(イ) ［　　］ (g) より，$2(g)$ の空気のモル数 n は，

$$n = \frac{2}{28.8} = \frac{1}{14.4} \quad (mol) \quad \cdots\cdots①$$

ここで，この空気の圧力を p，体積を V，絶対温度を T とおく。

(1)
$$\begin{cases} T = 25 + 273.15(K) = 298.15(K) & \cdots\cdots② \\ p = 1.2(atm) = 1.2 \times \text{(ウ)}\boxed{\quad\quad} (N/m^2) & \cdots\cdots③ \end{cases}$$

$2(g)$ の空気の体積 V は，①，②，③を，$V =$ (エ) ［　　］ に代入して，
（理想気体の状態方程式：$pV = nRT$ より）

$$V \fallingdotseq 1.42 \times 10^{-3}(m^3)$$

$= $ (オ) ［　　］ (l) となる。……………………………………………(答)

(2) $\begin{cases} p = 2(\text{atm}) = 2 \times \boxed{(ウ)\qquad} (\text{N/m}^2) & \cdots\cdots ④ \\ V = 3(l) = 3 \times \boxed{(カ)\quad} (\text{m}^3) & \cdots\cdots ⑤ \end{cases}$

2(g) の空気の温度 T は，①，④，⑤を $T = \boxed{(キ)\quad}$ に代入して，

($pV = nRT$ より)

$T \fallingdotseq 1053(\text{K})$ となる。……………………………………(答)

(3) $\begin{cases} V = 0.5(l) = 0.5 \times \boxed{(カ)\quad} (\text{m}^3) & \cdots\cdots ⑥ \\ T = 10 + 273.15 = 283.15(\text{K}) & \cdots\cdots ⑦ \end{cases}$

2(g) の空気の圧力 p は，①，⑥，⑦を $p = \boxed{(ク)\quad}$ に代入して，

($pV = nRT$ より)

$p \fallingdotseq 3.27 \times 10^5(\text{N/m}^2)$ となる。……………………………(答)

解答 (ア) $\dfrac{4 \times 28.0 + 1 \times 32.0}{5}$　(イ) 28.8　(ウ) 1.013×10^5

(エ) $\dfrac{nRT}{p}$　(オ) 1.42　(カ) 10^{-3}　(キ) $\dfrac{pV}{nR}$　(ク) $\dfrac{nRT}{V}$

演習問題 5	● 理想気体の状態図 ●

$1(\mathrm{mol})$ の理想気体の状態方程式 $pv = RT \cdots①$について，

(1) $T = T_1,\ 2T_1,\ 3T_1$ のときの pv 図の概形を描け 。

(2) $p = p_1,\ 2p_1,\ 3p_1$ のときの vT 図の概形を描け。

(3) $v = v_1,\ 2v_1,\ 3v_1$ のときの pT 図の概形を描け。

(4) $p = p(v, T) = \dfrac{RT}{v}$ $(p>0,\ v>0,\ T>0)$ が表す曲面の概形を，vTp 直交座標空間に描け。そこに，(1)(2)(3) の各線図に対応する曲線または直線を書き込め。

ヒント！ (1) T 一定のとき①は，$pv = (一定)$ となるから，pv 図は直角双曲線になる。同様に，(2) は p 一定，(3) は v 一定と考える。(4) では，まず 3 つの平面 $T = T_1$, $T = 2T_1$, $T = 3T_1$ 上の pv 図 (直角双曲線) を描き，さらに温度 T の値をもっと細分化して，それぞれに対応する双曲線 (pv 図) の集合として，$p = p(v, T)$ の曲面が描けるんだね。

解答＆解説

(1) $pv = RT$ ……① より，

$$p = \frac{RT}{v} \quad \cdots\cdots①'$$

(定数扱い: RT)

温度 T が一定のとき，①′ が表す pv 図は直角双曲線となる。$T = T_1,\ 2T_1,\ 3T_1$ に対応する pv 図を，図 (ⅰ) に示す。…(答)

図 (ⅰ) ボイルの法則 (pv 図)

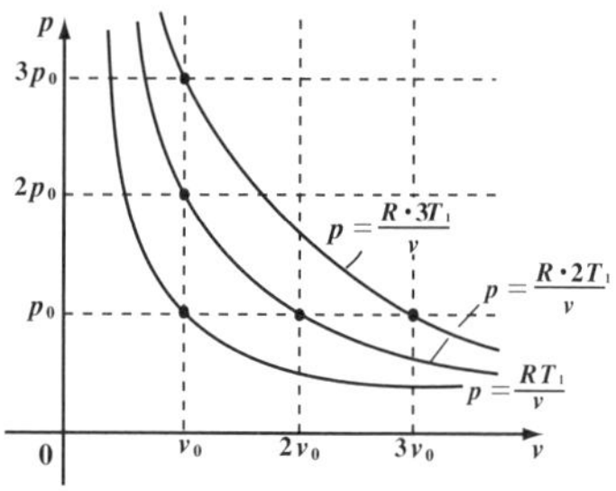

(2) ①より，

$$v = \frac{R}{p} T \quad \cdots\cdots①''$$

(定数扱い: $\frac{R}{p}$)

圧力 p が一定のとき，①″ が表す vT 図は原点を端点とする半直線となる。$p = p_1,\ 2p_1,\ 3p_1$ に対応する vT 図を，図 (ⅱ) に示す。……(答)

図 (ⅱ) シャルルの法則 (vT 図)

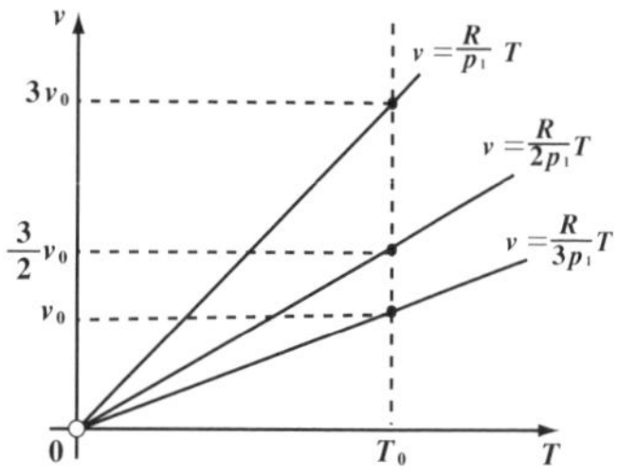

(3) ①より，

定数扱い

$$p = \frac{R}{v}\,T \cdots ①'''$$

体積 v が一定のとき，①''' が表す pT 図は原点を端点とする半直線となる。$v = v_1$,$2v_1$,$3v_1$ に対応する pT 図を，図(iii)に示す。…(答)

図(iii) pT 図

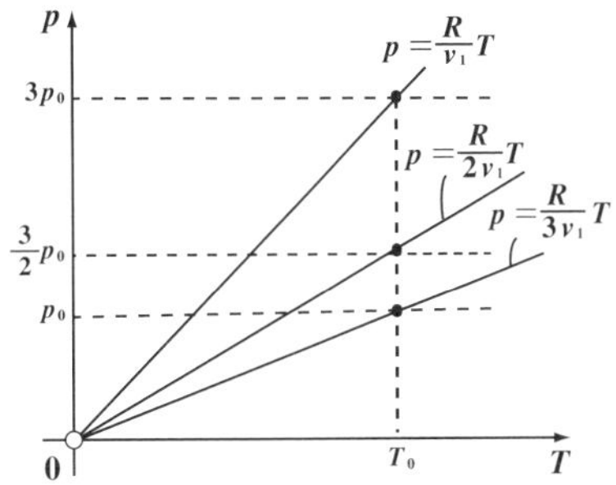

(4) 直角双曲線 $p = \frac{RT}{v}$ (T 一定)

…①' について，T をあらゆる正の値をとって動かしたとき①' が描く曲面が，求める曲面

$$p = p(v,\ T) = \frac{RT}{v} \cdots\cdots ②$$

$$(p > 0,\ v > 0,\ T > 0)$$

になる。(1),(2),(3) の各線図に対応する曲線または直線を書き込んだ曲面②の概形を，図(iv)に示す。…………(答)

図(iv) $p = p(v,\ T) = \frac{RT}{v}$

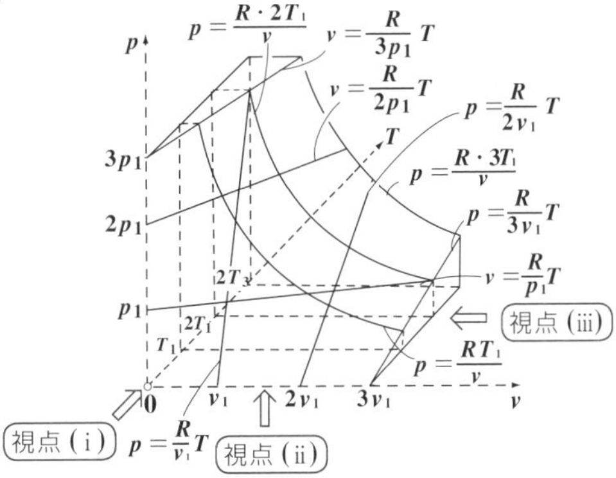

演習問題 6　● 物質の定積圧力係数 ●

等温圧縮率 κ（カッパ）は，$\kappa = -\frac{1}{V}\left(\frac{\partial V}{\partial p}\right)_T$ で定義され，これは温度 T が一定で圧力 p を増加させたときの体積 V の変化の割合いを表す。また，体膨張率 β は，$\beta = \frac{1}{V}\left(\frac{\partial V}{\partial T}\right)_p$ で定義され，これは，圧力 p が一定の下で，温度 T を変化させたときの体積 V の変化の割合いを表す。κ も β も共に測定可能な量である。状態方程式 $f(p, V, T) = 0$ に従う物質の定積圧力係数 $\left(\frac{\partial p}{\partial T}\right)_V$ は，$\left(\frac{\partial p}{\partial T}\right)_V = \frac{\beta}{\kappa}$ ……(＊) で与えられることを確かめよ。

ヒント！ 物質の圧力を p から $p+dp$ に，温度を T から $T+dT$ に変化させたときの体積 V の微小変化 dV は，V を p と T の 2 変数関数とみなせるので，$dV = \left(\frac{\partial V}{\partial p}\right)_T dp + \left(\frac{\partial V}{\partial T}\right)_p dT$ となる。この左辺に $dV = 0$ を代入しよう。

解答＆解説

状態方程式 $f(p, V, T) = 0$ により，V を p と T の 2 変数関数とみなすことができるので，これを

$V = V(p, T)$ と表す。

ここで，dp と dT をそれぞれ圧力 p，温度 T の微小変化量として，圧力を p から $p+dp$，温度を T から $T+dT$ に変えたとき，それによる V の微小変化 dV を考えると，これは V の全微分だから，

$$dV = V(p+dp,\ T+dT) - V(p,\ T)$$

$$= \left(\frac{\partial V}{\partial p}\right)_T dp + \left(\frac{\partial V}{\partial T}\right)_p dT \quad \cdots\cdots①$$ となる。

ここで，この物質の体積 V を一定に保ったまま，圧力 p を $p+dp$ に，温度 T を $T+dT$ に変えた場合，①の左辺 $dV = 0$ より，

$$0 = \left(\frac{\partial V}{\partial p}\right)_T dp + \left(\frac{\partial V}{\partial T}\right)_p dT \quad \cdots\cdots②$$ となる。

②の両辺を dT で割って，

$$0=\left(\frac{\partial V}{\partial p}\right)_T\cdot\frac{dp}{dT}+\left(\frac{\partial V}{\partial T}\right)_p$$ これより，

$$\frac{dp}{dT}=-\frac{\left(\frac{\partial V}{\partial T}\right)_p}{\left(\frac{\partial V}{\partial p}\right)_T}$$ ……③となる。これは定積過程だから，

③の左辺は V 一定より，$\left(\frac{\partial p}{\partial T}\right)_V$ と書ける。さらに，右辺を変形すると，

$$\left(\frac{\partial p}{\partial T}\right)_V=-\frac{\left(\frac{\partial V}{\partial T}\right)_p}{\left(\frac{\partial V}{\partial p}\right)_T}=\frac{\overbrace{\frac{1}{V}\left(\frac{\partial V}{\partial T}\right)_p}^{\beta}}{\underbrace{-\frac{1}{V}\left(\frac{\partial V}{\partial p}\right)_T}_{\kappa}}$$

よって，$\left(\frac{\partial p}{\partial T}\right)_V$ は，等温圧縮率 $\kappa=-\frac{1}{V}\left(\frac{\partial V}{\partial p}\right)_T$ と体膨張率 $\beta=\frac{1}{V}\left(\frac{\partial V}{\partial T}\right)_p$

を用いて，$\left(\frac{\partial p}{\partial T}\right)_V=\frac{\beta}{\kappa}$ ……(＊) と表すことができる。…………………(終)

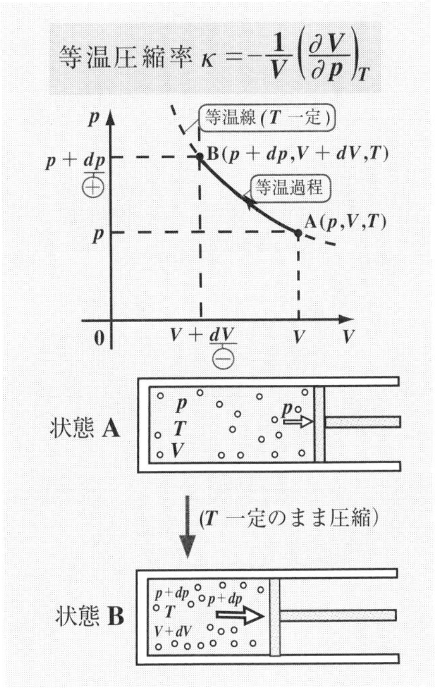

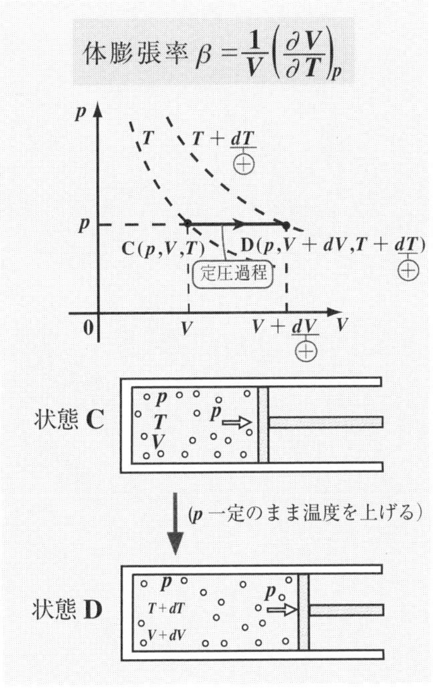

別解

物質を，まず(i)等温圧縮後，(ii)定圧膨張させて，始めの状態と最後の状態の体積が共に V で変わらない過程を考える。この，(i)(ii)の前後で，体積の変化量 dV は，$dV=0$ となる。この間の圧力の変化量 dp と温度の変化量 dT の比を求めよう。

$dV=0$ の pV 図

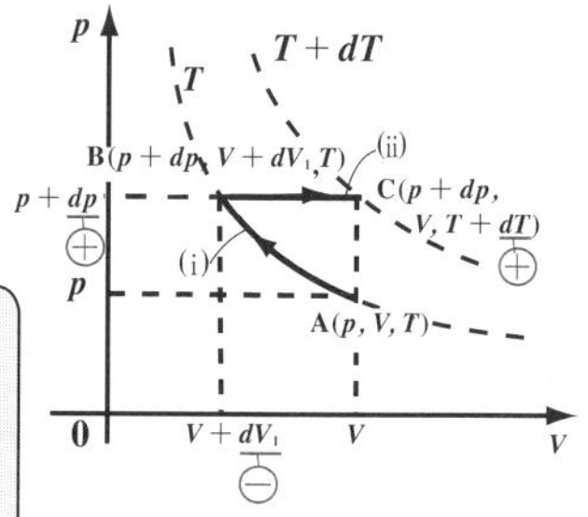

(i) 温度 T を一定に保って，圧力を p から $p+dp$ に上げたとき，体積が V から $V+dV_1$ に減少したものとすると，等温圧縮率

$$\kappa=-\frac{1}{V}\left(\frac{\partial V}{\partial p}\right)_T \text{ より，}$$

$$\frac{dV_1}{dp}=-\kappa V \text{ となる。}$$

$$\therefore \underset{\ominus}{\underline{dV_1}}=-\kappa V\underset{\oplus}{\underline{dp}} \quad \cdots\cdots ①$$

> T 一定のとき，V を p の1変数関数とみて，∂ を d に変えた。

$dV=0$ の VTp 図

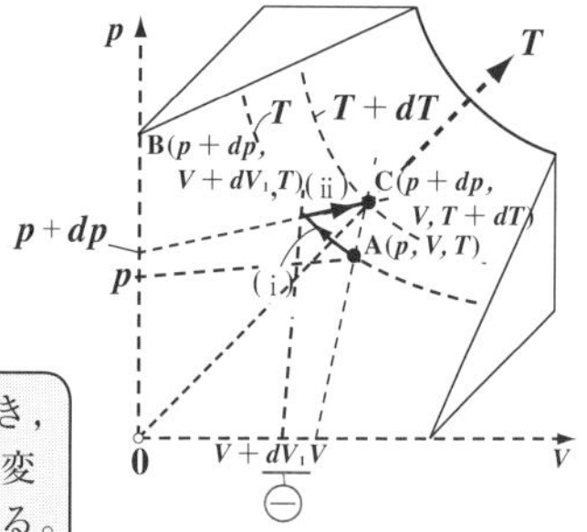

(ii) 次に，圧力 $p+dp$ を一定に保ったまま温度を T から $T+dT$ に上げるときに，体積が $V+dV_1$ から dV_2 だけ増加したものとすると，体膨張率

$$\beta=\frac{1}{V}\left(\frac{\partial V}{\partial T}\right)_p \text{ より，}$$

$$\frac{dV_2}{dT}=\beta V$$

$$\therefore \underset{\oplus}{\underline{dV_2}}=\beta V\underset{\oplus}{\underline{dT}} \quad \cdots\cdots ②$$

> p 一定のとき，V を T の1変数関数とみる。

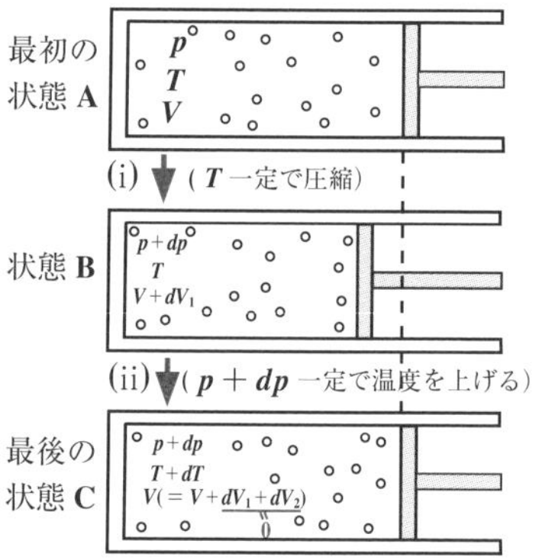

(i)の等温圧縮と(ii)の定圧膨張を続けて行って，体積が始めと終わりで同じ V であるとき，体積の変化量 $dV=0$ より，

$$dV=\underset{\ominus}{\underline{dV_1}}+\underset{\oplus}{\underline{dV_2}}=0$$

これに①と②を代入して，

$$-\kappa \cancel{V} dp+\beta \cancel{V} dT=0 \qquad \kappa dp=\beta dT$$

$$\therefore \frac{dp}{dT}=\frac{\beta}{\kappa} \text{ より，} \left(\frac{\partial p}{\partial T}\right)_V=\frac{\beta}{\kappa}\cdots(*) \text{ となる。}$$ ……………………(終)

演習問題 7 ● 理想気体の定積圧力係数 ●

理想気体の定積圧力係数 $\left(\frac{\partial p}{\partial T}\right)_V$ は，理想気体の等温圧縮率

$\kappa = -\frac{1}{V}\left(\frac{\partial V}{\partial p}\right)_T$ と体膨張率 $\beta = \frac{1}{V}\left(\frac{\partial V}{\partial T}\right)_p$ とを用いて，

$\left(\frac{\partial p}{\partial T}\right)_V = \frac{\beta}{\kappa}$ ……(＊) と表せることを，状態方程式

$pV = nRT$ ……①を用いて確かめよ。

ヒント！ 具体的に，(＊) の左辺と右辺を計算して確かめよう。

解答＆解説

(ⅰ) ①より， $p = \frac{nRT}{V}$

$$\therefore \left(\frac{\partial p}{\partial T}\right)_V = \frac{\partial}{\partial T}\left(\frac{nR}{V}T\right) = \boxed{(ア)\qquad} = \frac{nRT}{VT} = \frac{pV}{VT} = \frac{p}{T} \quad \cdots\cdots②$$

（$\frac{nR}{V}$：定数扱い，nRT：pV（①より））

(ⅱ) ①より， $V = \frac{nRT}{p}$ ……③

$$\therefore \left(\frac{\partial V}{\partial p}\right)_T = \frac{\partial}{\partial p}(nRT \cdot p^{-1}) = \boxed{(イ)\qquad\qquad} = -\frac{nRT}{p^2} = -\frac{V}{p}$$

（nRT：定数扱い，$nRT = pV$）

$$\therefore \text{等温圧縮率 } \kappa = -\frac{1}{V}\left(\frac{\partial V}{\partial p}\right)_T = -\frac{1}{V}\left(-\frac{V}{p}\right) = \frac{1}{p} \quad \cdots\cdots④$$

③より， $\left(\frac{\partial V}{\partial T}\right)_p = \frac{\partial}{\partial T}\left(\frac{nR}{p}T\right) = \boxed{(ウ)\qquad}$ （$\frac{nR}{p}$：定数扱い）

$$\therefore \text{体膨張率 } \beta = \frac{1}{V}\left(\frac{\partial V}{\partial T}\right)_p = \frac{1}{V}\cdot\frac{nR}{p} = \frac{1}{T} \quad \cdots\cdots⑤$$

（$Vp = nRT$）

④と⑤より， $\frac{\beta}{\kappa} = \frac{\frac{1}{T}}{\frac{1}{p}} = \frac{p}{T}$ ……⑥

以上②と⑥を比較して， $\left(\frac{\partial p}{\partial T}\right)_V = \frac{\beta}{\kappa}$ …(＊) は成り立つ。………………(終)

解答 (ア) $\frac{nR}{V}$ (イ) $-nRT\cdot p^{-2}$ (ウ) $\frac{nR}{p}$

講義 Lecture 2 熱平衡と状態方程式 methods & formulae

§1. 熱平衡と温度

図 **1** に示すように，高温 (T_h) の系 A と低温 (T_l) の系 B を接触させ，そのまわりを断熱材で覆うものとする。
すると，次第に高温の系 A は冷えていき，低温の系 B はあたたまっていき，ついにはその変化が止み，この **2** つの系の温度は同じ T_m になる，という経験法則を私達は知っている。
このように，**2** つの系の変化が終わった状態を**熱平衡**の状態という。このとき，各系の温度は至る所で一定であるのはもちろん，**2** つの系の温度は等しいと考える。

図 **1**　熱平衡

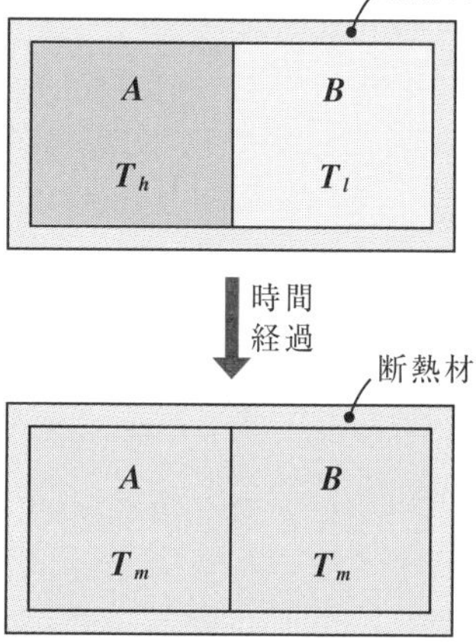

そして，**3** つの系 A，B，C について，次の経験則が成り立つ。
「系 A と系 B が熱平衡にあり，同じ状態の系 A が別の系 C と熱平衡にあるならば，系 B と系 C も熱平衡である。」これを**熱力学第 0 法則**と呼ぶ。

日常よく使われる温度計は，水銀などを用いた液体温度計で，液体の体積膨張を利用している。すなわち，氷点を **0** (℃) とし，沸点を **100** (℃) として目盛を定め，その間のガラス管を **100** 等分して目盛を付け，さらにその上下にも同じ間隔で目盛が付けてある。図 **2** に示すように，**0** (℃) の目盛 V_0 と **100** (℃) の目盛 V_{100} があって，その間の液体が (i) のような膨張の仕方をすれば，**30** (℃) より高い温度のときに目盛は V_{30} を指すことになるし，逆に (iii) のような膨張の仕方をすれば，**30** (℃) より低い温度のときに V_{30} の目盛を指すことになる。

図 **2**　液体温度計の温度目盛

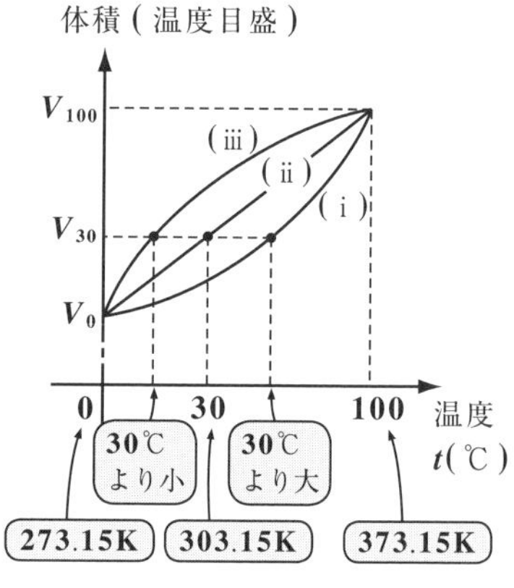

この液体温度計に対して，一定の低圧力 p の気体の体積 V は，気体の種類によらず温度 t(℃)と $V = V_0\left(1 + \frac{t}{273.15}\right)$ …①の関係をもつことを利用した定圧気体温度計がある。

図3 に示すように，この定圧気体温度計で用いる気体は，温度 t(℃)の上昇と共に直線的に体積が膨張するため，原理的には液体温度計より優れていると言える。(演習問題 9) また，体積 V を一定に保ったとき，圧力 p は温度 t(℃)と $p = p_0\left(1 + \frac{t}{273.15}\right)$ …②の関係があることを利用した定積気体温度計もある。(演習問題 8) ただし，①，②の V_0 と p_0 は，$V_0 = 22.4(l)$，$p_0 = 1(\mathrm{atm})$ を表す。

図3

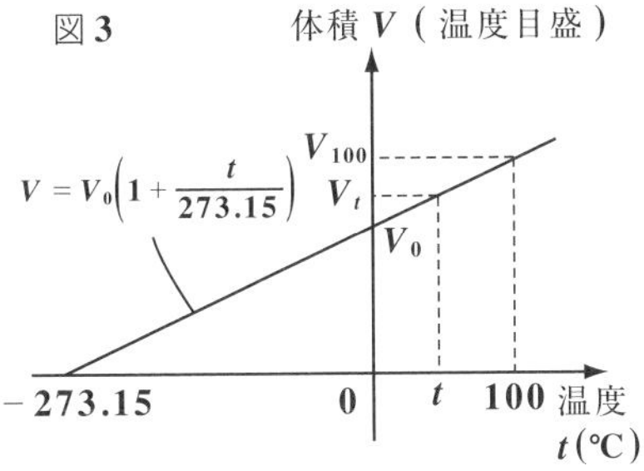

次に，単原子分子理想気体の分子運動を基に，この分子の運動エネルギーの平均値 $\frac{1}{2}m<v^2>$ と絶対温度 T との関係を導いてみよう。

図4 に示すように，1 辺の長さ l の立方体の容器に単原子分子理想気体 (p，V，T) が n(mol) 入っているものとする。x 軸に垂直な容器の壁 A に，速度 $\boldsymbol{v} = [v_x,\ v_y,\ v_z]$ の 1 つの分子が 1 回の衝突で及ぼす力積は $2mv_x$ となる。(図5) よって，$t = 1$ 秒間に気体分子が A に衝突する回数が $\frac{v_x}{2l}$ より，A がこの気体分子から受ける力 f は，

$$f = 2mv_x \times \frac{v_x}{2l} = \frac{m{v_x}^2}{l}$$ となる。

(演習問題 10)

図4 単原子分子理想気体の分子運動

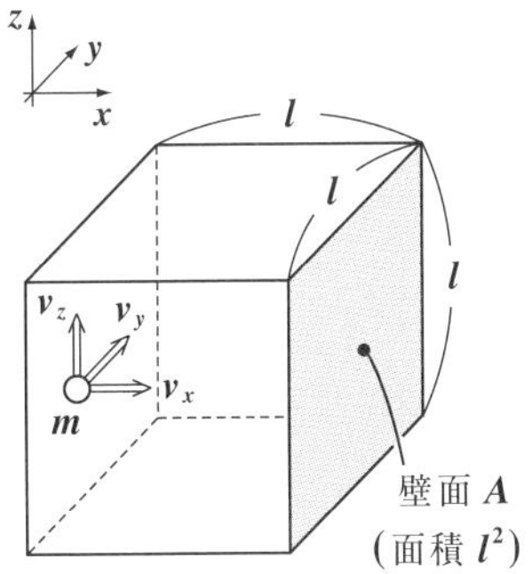

図5 壁面 A が受ける力積 $2mv_x$

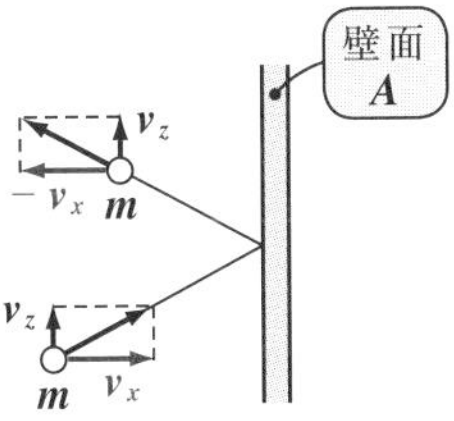

ここで，f の平均を $<f>$，${v_x}^2$ の平均を $<{v_x}^2>$ で表し，系内の $N = nN_A$ 個のすべての分子が A に及ぼす力を F とおくと，

$$F = nN_A <f> = nN_A \frac{m<{v_x}^2>}{l} \quad \cdots\cdots ③ \quad (N_A：アボガドロ数)$$

ここで，$<v^2>=<v_x{}^2>+<v_y{}^2>+<v_z{}^2>$，$<v_x{}^2>=<v_y{}^2>=<v_z{}^2>$ より，$<v^2>=3<v_x{}^2>$

$$F=nN_A\cdot\frac{m<v_x{}^2>}{l}\quad\cdots③$$

よって，壁面 **A** が気体分子から受ける圧力 $p=\dfrac{F}{l^2}$ は，③より，

$$p=\frac{F}{l^2}=nN_A\frac{1}{3}\cdot\frac{m<v^2>}{l^3}\qquad\therefore\ pV=nN_A\cdot\frac{1}{3}m<v^2>\quad\cdots④$$ となる。

（l^3：V(体積)）

④と理想気体の状態方程式 $pV=nRT$ を比較して，次の重要な公式が導かれる。

$$\frac{1}{2}m<v^2>=\frac{3}{2}kT\qquad\left(k\left[=\frac{R}{N_A}\right]:\ \text{ボルツマン定数}\right)$$

（$\frac{1}{2}m<v^2>$：1個の気体分子の平均の運動エネルギー，T：絶対温度）

理想気体分子の平均運動エネルギーは気体の絶対温度に比例する。

§2. ファン・デル・ワールスの状態方程式

アンドリューは，**31.1**(℃) 以下の温度で，気体の二酸化炭素に圧力を加えると液化することを発見した。

図 **1** に，温度 $t=20$(℃)(絶対温度 $T=293.15$(K)) 一定の状態で，**1**(mol) の二酸化炭素に圧力を加えたときの状態の変化(液化)の様子を pv 図で示す。

さらに，温度を $t=10,\ 20,\ 31.1,\ 40,\ 50$(℃) と一定にしたとき，二酸化炭素を加圧したそれぞれの状態変化の様子を図 **2** に示す。

図 **1**　二酸化炭素の液化
($t=20$℃ のとき)

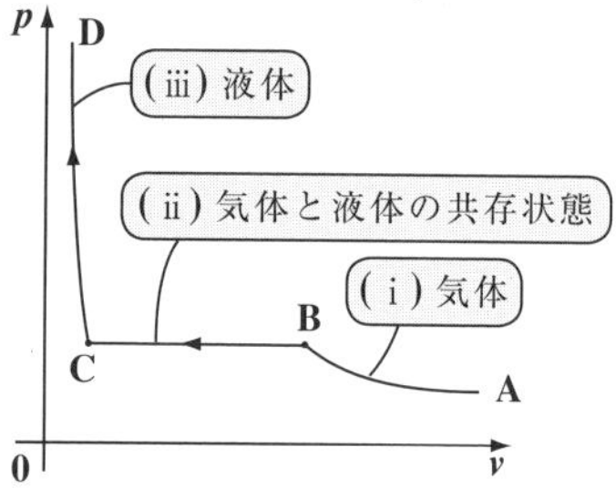

図 **2**　二酸化炭素の定温変化

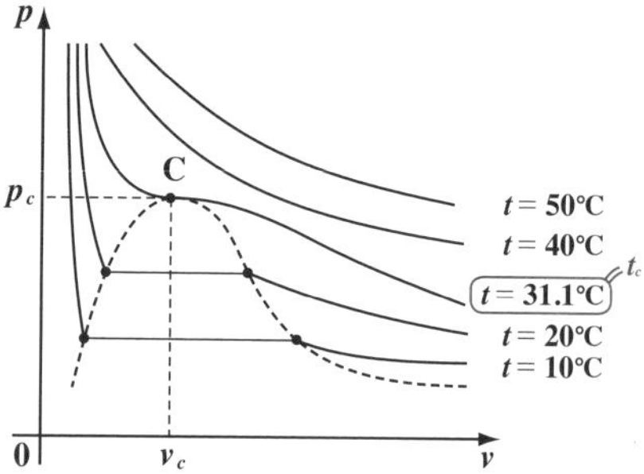

図 **2** から分かるように，$t=31.1$(℃) 未満の状態で二酸化炭素を加圧すると，図 **1** で示したものと同様に，液化することになる。一般に，気体が液化されるか否かの境界の温度のことを**臨界温度**または**臨界点**といい，これを t_c(℃) で表す。このように，実在の気体では，

$t=t_c$のとき，図**2**に示すような臨界点Cが現われる。この点Cにおける圧力と体積を，それぞれ**臨界圧力**p_c，**臨界体積**v_cと呼ぶ。

液化も含めて，実在の気体の状態を，より良く近似する状態方程式としてよく使われているものに，**ファン・デル・ワールスの状態方程式**：

$\left(p+\frac{a}{v^2}\right)(v-b)=RT \quad (v>b)$ ……①がある。これは，**1**(mol)の理想気体の状態方程式：$pv=RT$ ……②に次の**2**つの修正を加えることによって導かれる。

(i) まず，実在の気体の分子にはある大きさがあるため，分子が自由に動き回れる空間はvよりは小さくなっていると考え，②のvを$v-b$で置き換える。

$\therefore p(v-b)=RT$ ……③ (b：正の定数)となる。

(ii) 次に，実在の気体の分子間には引力が働くため，分子が壁面に衝突するときの速さは，この分子間力によって若干弱まる。壁面に衝突する**1**個の気体分子に働く引力は，気体分子の個数密度ηに比例する。また，この壁面に衝突する分子の個数もηに比例する。よって，実在の気体の圧力p'は，理想気体の圧力pより$\eta^2(=\eta\times\eta)$に比例した分だけ減少する。ここで，

$\eta^2=\left(\frac{N_A}{v}\right)^2=\frac{N_A{}^2}{v^2}\propto\frac{1}{v^2}$ より，

$p'=p-\frac{a}{v^2}$ (a：正の定数)

と表される。よって，

$\therefore p=p'+\frac{a}{v^2}$ ……④を③に代入し，実在の気体の圧力p'をまた元のpに戻せば，①となる。

2つの定数a，bのことを**ファン・デル・ワールス定数**と呼び，気体の種類によって異なる。①より，

$p=\frac{RT}{v-b}-\frac{a}{v^2}$

このグラフを図**4**に示す。ここでT_cは臨界温度を表す。

図**3** 壁面に衝突する分子に働く引力

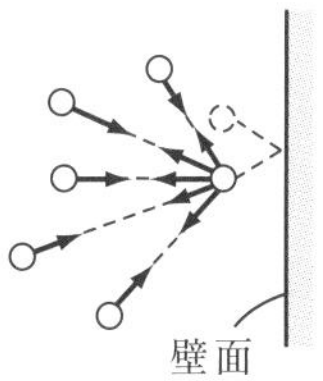

図**4** ファン・デル・ワールスの状態方程式(pv図)

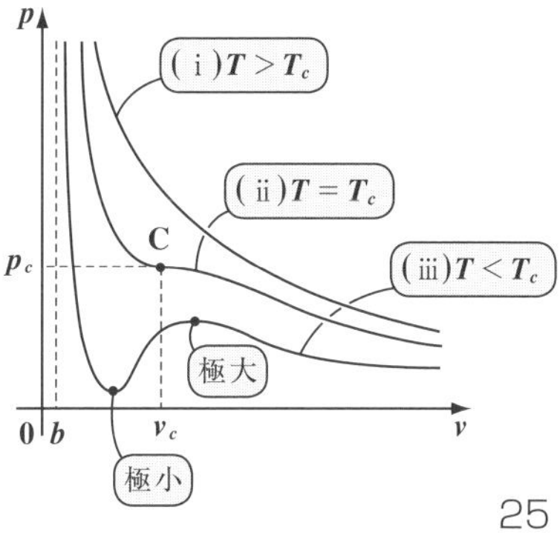

演習問題 8	● 定積気体温度計の原理 ●

右図に示すように，**1(mol)** の理想気体を体積一定のまま，状態 $\mathbf{A}(p_0, v, T_0)$ から状態 $\mathbf{B}(p, v, T)$ まで変化させた。
$p_0 = 1\,(\mathrm{atm})$，$T_0 = 273.15\,(\mathrm{K})$，
$p = 1.09\,(\mathrm{atm})$ とすると，状態 **B** の摂氏温度 t (℃) を求めよ。

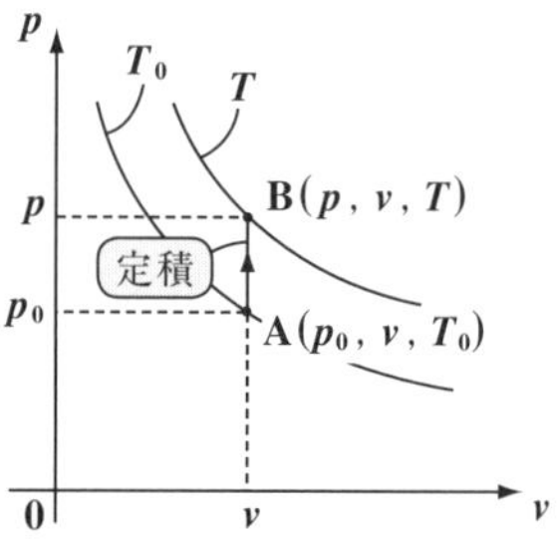

ヒント！ **1(mol)** の理想気体の状態方程式 $pv = RT$ に状態 **A**，**B** の状態量を代入して得られる **2** つの式から v と R を消去しよう。

解答＆解説

状態 $\mathbf{A}(p_0, v, T_0)$ と状態 $\mathbf{B}(p, v, T)$ は，**1(mol)** の理想気体の状態方程式 $pv = RT$ に従うので，

$$\begin{cases} p_0 v = RT_0 & \cdots\cdots ① \\ pv = RT & \cdots\cdots ② \end{cases}$$

① ← 状態 $\mathbf{A}(p_0, v, T_0)$ の状態量を代入
② ← 状態 $\mathbf{B}(p, v, T)$ の状態量を代入

② ÷ ①より，

$$\frac{p}{p_0} = \frac{T}{T_0} \quad \cdots\cdots ③$$

ここで，状態 **B** の絶対温度 T(K) を摂氏温度 t(℃) で表すと，

$$T = T_0 + t \quad \cdots\cdots ④ \quad (T_0 = 273.15\,(\mathrm{K}))$$

④を③に代入して，

$$\frac{p}{p_0} = \frac{T_0 + t}{T_0} = 1 + \frac{t}{T_0}$$

$$\therefore\ t = \left(\frac{p}{p_0} - 1\right) \cdot T_0 \quad より，$$

$$t = \frac{p - p_0}{p_0} \cdot T_0 = \frac{(1.09 - 1) \times \cancel{1.013 \times 10^5}}{\cancel{1.013 \times 10^5}} \times 273.15$$

$$= 0.09 \times 273.15 \fallingdotseq 24.58\,(℃)$$ となる。 ……………………………(答)

演習問題 9　●定圧気体温度計の原理●

右図に示すように，1(mol) の理想気体を圧力一定のまま，状態 $C(p_0, v_0, T_0)$ から状態 $D(p_0, v, T)$ まで変化させた。$v_0 = 22.41(l)$，$T_0 = 273.15(K)$，$v = 24.45(l)$ とすると，状態 D の摂氏温度 t(℃) を求めよ。

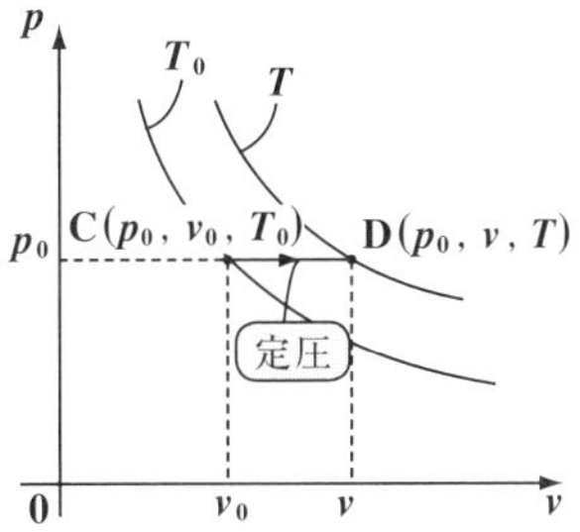

ヒント！ 状態方程式 $pv = RT$ に状態 C，D の状態量を代入する。

解答＆解説

状態 $C(p_0, v_0, T_0)$ と状態 $D(p_0, v, T)$ は，1(mol) の理想気体の状態方程式 $pv = RT$ に従うので，

$$\begin{cases} p_0 v_0 = RT_0 & \cdots\cdots ① \\ \boxed{(ア)} & \cdots\cdots ② \end{cases}$$

① ← 状態 $C(p_0, v_0, T_0)$ の状態量を代入
② ← 状態 $D(p_0, v, T)$ の状態量を代入

② ÷ ①より，

$$\frac{v}{v_0} = \boxed{(イ)} \quad \cdots\cdots ③$$

← これはシャルルの法則：$\frac{v}{T} = \frac{v_0}{T_0}$ と同値だね。

ここで，状態 D の絶対温度 T(K) を摂氏温度 t(℃) で表すと，

$$T = \boxed{(ウ)} \quad \cdots\cdots ④ \quad (T_0 = 273.15(K))$$

④を③に代入して，

$$\frac{v}{v_0} = \frac{T_0 + t}{T_0} = 1 + \frac{t}{T_0}$$

$$\therefore t = \left(\frac{v}{v_0} - 1\right) \cdot T_0 \quad より,$$

$$t = \frac{v - v_0}{v_0} \cdot T_0 = \frac{24.45 - 22.41}{22.41} \times 273.15 \fallingdotseq \boxed{(エ)} \,(℃) \quad となる。$$

………(答)

解答　(ア) $p_0 v = RT$　(イ) $\frac{T}{T_0}$　(ウ) $T_0 + t$　(エ) 24.88

演習問題 10 ● 単原子分子が壁面に及ぼす力 ●

右図に示すように，1 辺の長さ l の立方体の容器内において，質量 m の 1 個の単原子分子が x 軸に垂直な 1 つの壁面 A に及ぼす力 f が，

$$f = \frac{mv_x^2}{l} \quad \cdots\cdots ①$$

となることを導け。

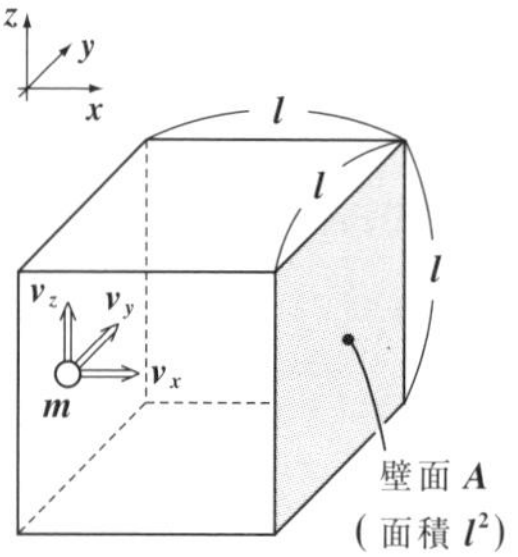

(ただし，この気体分子の速度ベクトルを，$\boldsymbol{v} = [v_x, v_y, v_z]$ とおく。また，この分子は他の分子と衝突することなく，立方体容器の 6 つの壁面と完全弾性衝突を繰り返しながら運動を続けるものとする。)

ヒント！ 1 回の衝突で壁面 A が 1 個の分子から受ける力積は，分子の運動量の変化を用いて表される。気体分子は常温で数百 (m/s) から千数百 (m/s) と，非常に大きな速さで運動している。(演習問題 12, 16, 89 参照) x 軸方向の運動に着目して，1 秒間に分子が A に衝突する回数を使って，短い時間 Δt の間に，A がこの分子から受ける力積 $\Delta \boldsymbol{I}$ を求める。一方，この $\Delta \boldsymbol{I}$ は A がこの分子から受ける平均の力 $<\boldsymbol{f}>$ と Δt の積として表すこともできるんだね。

解答＆解説

図 (i) に示すように，壁 A との衝突前の分子の運動量を $\boldsymbol{p}_1$，衝突後の運動量を $\boldsymbol{p}_2$ とおくと，

$$\boldsymbol{p}_1 = [mv_x, mv_y, mv_z]$$

$$\boldsymbol{p}_2 = [-mv_x, mv_y, mv_z]$$

となるから，衝突による分子の運動量の変化 $d\boldsymbol{p}$ は，

図 (i) 壁面 A が受ける力積

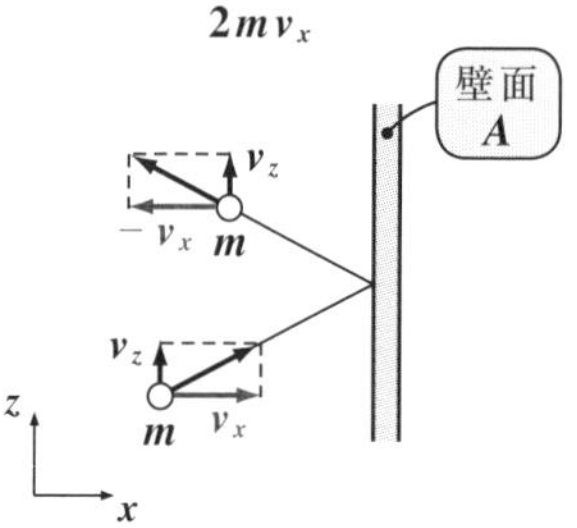

$$d\boldsymbol{p} = \boldsymbol{p}_2 - \boldsymbol{p}_1 = [-mv_x, mv_y, mv_z] - [mv_x, mv_y, mv_z]$$ よって，

$$d\boldsymbol{p} = [-2mv_x, 0, 0]$$

この $\boldsymbol{dp}$ は 1 回の衝突において，分子が壁面 A から受ける力積となるので，作用反作用の法則より，A は分子からこの -1 倍の力積

$-\boldsymbol{dp} = [2mv_x,\ 0,\ 0]$ …② を受ける。

ここで，短い時間 Δt の間に壁面 A が分子から受ける力積 $\Delta \boldsymbol{I}$ を

$\Delta \boldsymbol{I} = < \boldsymbol{f} > \cdot \Delta t$ …③ とおく。

（ただし，$< \boldsymbol{f} >$ は，A が 1 個の分子から受ける平均の力とする。）

また，図(ii)に示すように，速度の x 方向の成分 v_x だけに着目すると，1 秒間に $\frac{v_x}{2l}$ 回だけ A は分子と衝突することになる。

図(ii) $t=1$ 秒間に $\frac{v_x}{2l}$ 回衝突する

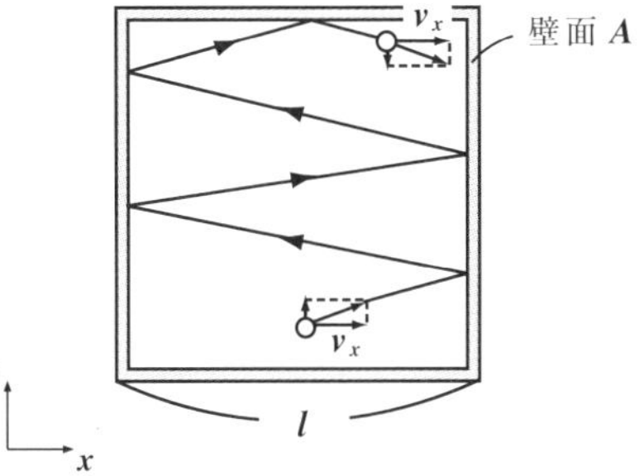

よって，Δt 秒間に A は分子と $\frac{v_x}{2l} \cdot \Delta t$ 回衝突することになるので，この Δt 秒間に A は分子から，

$\frac{v_x}{2l} \cdot \Delta t \cdot (-\boldsymbol{dp})$ …④ だけの力積を受けたことになる。

1 回の衝突で A が分子から受ける力積（②）

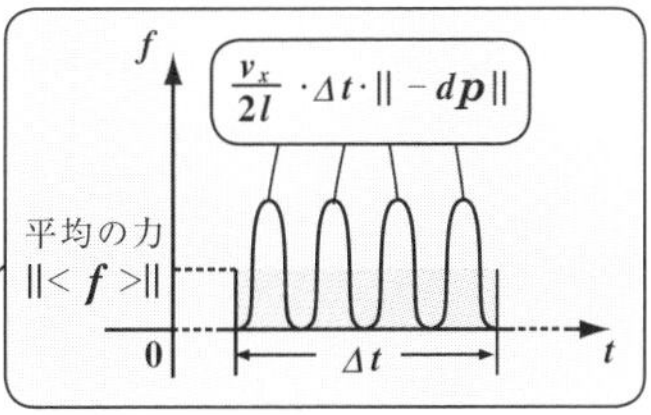

③と④は等しいので，

$$\Delta \boldsymbol{I} = < \boldsymbol{f} > \cdot \cancel{\Delta t} = \frac{v_x}{2l} \cdot \cancel{\Delta t} \cdot (-\boldsymbol{dp})$$

よって，A が分子から受ける平均の力 $< \boldsymbol{f} >$ は，

$< \boldsymbol{f} > = \frac{v_x}{2l} \cdot (-\boldsymbol{dp})$ ……⑤ ⑤に②を代入して，さらに，

$< \boldsymbol{f} > = [f,\ 0,\ 0]$ とおくと，

$[f,\ 0,\ 0] = \frac{v_x}{\cancel{2}l}[\cancel{2}mv_x,\ 0,\ 0]$ 両辺の x 成分を比較して，

壁面 A が 1 個の気体分子から受ける力 f は，

$f = \frac{mv_x{}^2}{l}$ ……① となる。 ……………………………………………（答）

演習問題 11　● 単原子分子気体の圧力 ●

右図に示すように，**1** 辺の長さ l の立方体の容器内において，質量 m の **1** 個の単原子分子が x 軸に垂直な壁面 A に及ぼす力 f は，演習問題 **10** により，

$f = \dfrac{m v_x^2}{l}$ ……① となる。

(v_x：気体分子の速度の x 成分)

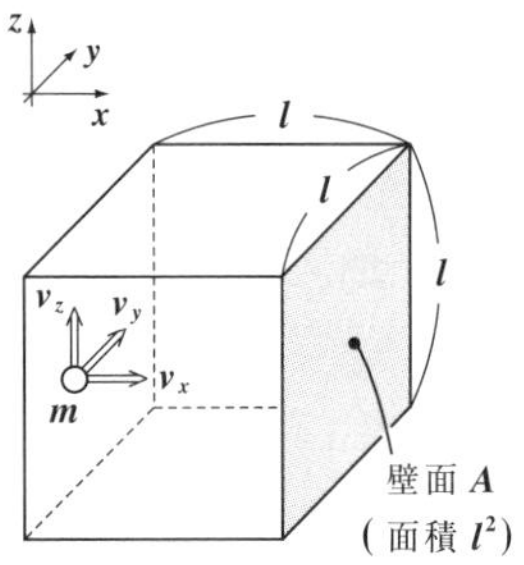

このとき，この単原子分子から成る気体が壁面 A に及ぼす圧力 p は，

(ⅰ) $p = \dfrac{1}{3}\rho < v^2 >$ …(＊)，または (ⅱ) $p = \dfrac{2}{3}\eta < \varepsilon >$ …(＊＊)

で表されることを示せ。(ただし，ρ：単位体積当たりの気体の質量，$< v^2 >$：気体分子全体の速さの **2** 乗平均，η：単位体積当たりの気体分子の個数，$< \varepsilon >$：**1** 個の気体分子の平均運動エネルギーとする。)

ヒント！ v_x^2 や f の平均値を $< v_x^2 >$，$< f >$ などと表す。容器内の全ての分子が壁面 A に及ぼす力 F は，N を分子の総数とすると，①より，

$F = N \times < f > = N \times \dfrac{m < v_x^2 >}{l}$ となる。同様に，N 個の分子全体の速さの **2** 乗平均 $< v^2 >$ は，$< v^2 > = \dfrac{1}{N}\sum_{k=1}^{N} v_k^2 = \dfrac{1}{N}\sum_{k=1}^{N}(v_{xk}^2 + v_{yk}^2 + v_{zk}^2) = < v_x^2 > + < v_y^2 > + < v_z^2 >$ となるんだね。また，分子は不規則に運動するので，$< v_x^2 > = < v_y^2 > = < v_z^2 >$ となるはずだ。以上より，(＊) や (＊＊) を導いてみよう。

解答＆解説

この容器内に N 個の気体分子が入っているものとする。気体分子の速度の x 成分の **2** 乗平均 $< v_x^2 >$ は，k 番目の分子の速度の x 成分を v_{xk} とおくと，

$< v_x^2 > = \dfrac{1}{N}\sum_{k=1}^{N} v_{xk}^2$ となる。同様に，$< v_y^2 >$，$< v_z^2 >$ は，

$< v_y^2 > = \dfrac{1}{N}\sum_{k=1}^{N} v_{yk}^2$，$< v_z^2 > = \dfrac{1}{N}\sum_{k=1}^{N} v_{zk}^2$ と表せる。

①より，k 番目の気体分子が壁面 A に及ぼす力が $f_k = \dfrac{m v_{xk}^2}{l}$ と表されるので，

A が，N 個の全ての気体分子から受ける力 F は，

$$F = \sum_{k=1}^{N} f_k = \sum_{k=1}^{N} \underbrace{\frac{m}{l}}_{\text{定数}} v_{xk}^2 = \frac{m}{l} \sum_{k=1}^{N} v_{xk}^2$$ これを変形して，

$$F = \frac{mN}{l} \cdot \underbrace{\frac{1}{N} \sum_{k=1}^{N} v_{xk}^2}_{<v_x^2>} = \frac{mN}{l} < v_x^2 > \quad \cdots\cdots ②$$ となる。

ここで，壁面 A が気体分子から受ける圧力を p とおくと，$p = \dfrac{F}{\underbrace{l^2}_{A\text{の面積}}}$ より，

②の両辺を l^2 で割って，圧力 p は，

$$p = \frac{F}{l^2} = \frac{mN}{l^3} < v_x^2 > \quad \cdots\cdots ③$$ となる。

さらに，k 番目の分子の速度ベクトルを，$\boldsymbol{v}_k = [v_{xk},\ v_{yk},\ v_{zk}]$，この大きさを v_k とおくと，

$$v_k^2 = v_{xk}^2 + v_{yk}^2 + v_{zk}^2 \quad \cdots\cdots ④$$

よって，N 個の分子全体の速さの 2 乗平均 $< v^2 >$ は，④より，

$$\begin{aligned} < v^2 > &= \frac{1}{N} \sum_{k=1}^{N} v_k^2 \\ &= \frac{1}{N} \sum_{k=1}^{N} (v_{xk}^2 + v_{yk}^2 + v_{zk}^2) \\ &= \underbrace{\frac{1}{N} \sum_{k=1}^{N} v_{xk}^2}_{<v_x^2>} + \underbrace{\frac{1}{N} \sum_{k=1}^{N} v_{yk}^2}_{<v_y^2>} + \underbrace{\frac{1}{N} \sum_{k=1}^{N} v_{zk}^2}_{<v_z^2>} \end{aligned}$$

$$\therefore < v^2 > = < v_x^2 > + < v_y^2 > + < v_z^2 > \quad \cdots\cdots ⑤$$ となる。

ここで，気体分子は全くランダムに運動しているので，

$$< v_x^2 > = < v_y^2 > = < v_z^2 > \quad \cdots\cdots ⑥$$ と考えてよい。

⑥を⑤に代入して，

$$< v^2 > = 3 < v_x^2 > \qquad \therefore < v_x^2 > = \frac{1}{3} < v^2 > \quad \cdots\cdots ⑦$$ となる。

⑦を③に代入して，圧力 p は，

$$p = \frac{mN}{l^3} \cdot \frac{1}{3} < v^2 > \quad \cdots\cdots ⑧$$

l^3：V(気体の体積)

$$p = \frac{F}{l^2} = \frac{mN}{l^3} < v_x{}^2 > \quad \cdots ③$$

$$< v_x{}^2 > = \frac{1}{3} < v^2 > \quad \cdots ⑦$$

ここで，気体の体積 $V = l^3$ より，⑧は，

$$p = \frac{1}{3} \cdot \frac{mN}{V} \cdot < v^2 > \quad \cdots\cdots ⑧'$$ ここで，質量密度 ρ は

$\frac{mN}{V}$：ρ(質量密度)：単位体積当たりの気体の質量

mN：体積 V の気体の質量

$\rho = \frac{mN}{V}$ だから，これを⑧′に代入して，

気体の圧力 $p = \frac{1}{3} \cdot \rho \cdot < v^2 >$ $\cdots(*)$ が導かれる。…………………………(終)

⑧′を変形して，

$$p = \frac{2}{3} \cdot \frac{N}{V} \cdot \frac{1}{2} m < v^2 > \quad \cdots\cdots ⑧''$$

$\frac{N}{V}$：η　$\frac{1}{2} m < v^2 >$：$< \varepsilon >$

ここで，単体体積当たりの気体分子の個数 η は，$\eta = \frac{N}{V}$ ……⑨であり，気体分子の運動エネルギーの平均値 $< \varepsilon >$ は，$< \varepsilon > = \frac{1}{2} m < v^2 >$ ……⑩

より，⑨，⑩を⑧″に代入して，

気体の圧力 $p = \frac{2}{3} \cdot \eta \cdot < \varepsilon >$ $\cdots(**)$ となる。…………………………(終)

$p = \frac{1}{3} \rho < v^2 >$ $\cdots(*)$ の $\rho \left(= \frac{mN}{V} \right)$ を**質量密度**と呼ぶ。

また，$p = \frac{2}{3} \eta < \varepsilon >$ $\cdots(**)$ は**ベルヌーイの式**と呼ばれ，

$\eta \left(= \frac{N}{V} \right)$ は，気体分子の個数密度を表すんだね。

演習問題 12	●ネオン(Ne)の速さの 2 乗平均根●

演習問題 **11** で導いた $p = \frac{1}{3}\rho < v^2 >$ …(＊)より，単原子気体分子の速さの **2** 乗平均根 $\sqrt{< v^2 >}$ は，$\sqrt{< v^2 >} = \sqrt{\frac{3p}{\rho}}$ …①で表される。①を用いて，**20**(℃)，**1**(atm)におけるネオン(Ne)の速さの **2** 乗平均根を求めよ。

ヒント！ まず，**20**(℃)，**1**(atm)で **1**(mol)の水素が占める体積 V を，シャルルの法則を使って求める。この V と，**1**(mol)のネオン(Ne)の質量 **20.18**(g)より，質量密度 ρ が求まるんだね。

解答&解説

標準状態 **0**(℃)，**1**(atm)で **1**(mol)のネオン(Ne)の体積は，

$V_0 =$ [(ア)　　　] (l) となる。

よって，**20**(℃)，**1**(atm)で **1**(mol)の Ne の体積を $V(l)$ とおくと，

$$\frac{V}{20+273.15} = \boxed{(イ)\qquad}$$

← シャルルの法則 $\frac{V}{T} = \frac{V_0}{T_0}$

$$\therefore V = \frac{22.41\times293.15}{273.15}(l) = \frac{22.41\times293.15\times10^{-3}}{273.15}\ (\mathrm{m^3})\quad\cdots\cdots②$$

ここで，ネオン Ne(1mol)の質量 M は，$M = 20.18(\mathrm{g}) = 20.18\times10^{-3}(\mathrm{kg})$ …③

よって，ネオンの質量密度 $\rho = \frac{M}{V}$ は，これに②と③を代入して，

$$\rho = \frac{M}{V} = \frac{273.15\times20.18\times\cancel{10^{-3}}}{22.41\times293.15\times\cancel{10^{-3}}} = \frac{273.15\times20.18}{22.41\times293.15}\ (\mathrm{kg/m^3})\quad\cdots\cdots④$$

また，圧力 p は，$p =$ [(ウ)　　　] $(\mathrm{N/m^2})$ ……⑤

よって，求めるネオンの速さの **2** 乗平均根 $\sqrt{< v^2 >}$ は，④と⑤を

$\sqrt{< v^2 >} = \sqrt{\frac{3p}{\rho}}$ …① に代入して，$\sqrt{< v^2 >} \fallingdotseq 601.8(\mathrm{m/s})$ となる。…(答)

$\sqrt{< v^2 >} = \sqrt{\frac{3\times10^3RT}{M}}$ と，T だけの関数としても表せる。(演習問題 **16**)　(M：分子量(g))

解答　(ア) 22.41　(イ) $\frac{22.41}{273.15}$　(ウ) 1.013×10^5

演習問題 13　●気体分子の運動エネルギー●

25(℃) の理想気体について，単原子気体分子 **1** 個の運動エネルギーの平均値 $<\varepsilon>$ を求めよ。

ヒント！　演習問題 **11** で導いたベルヌーイの式：$p=\frac{2}{3}\eta<\varepsilon>$ に **1(mol)** の理想気体の状態方程式 $pv=RT$ を適用してみよう。

解答＆解説

1(mol) の気体が占める体積を v とおくと，
理想気体の状態方程式 $pv=RT$ より，気体の圧力 p は，

$$p=\frac{RT}{v}\quad\cdots①$$ となる。

気体の圧力 p は，気体分子 **1** 個のもつ運動エネルギーの平均値 $<\varepsilon>$ により，次式で表される。

$$p=\frac{2}{3}\eta<\varepsilon>\quad\cdots\cdots②$$ ← ベルヌーイの式

（気体分子の個数密度 $\eta=\frac{N}{V}$ (N：体積 V の気体分子数)）

ここで，**1(mol)** の気体分子数 N は，アボガドロ数 N_A だから，
単位体積当たりの分子数，すなわち分子の個数密度 η は，

$$\eta=\frac{N_A}{v}\quad\cdots\cdots③$$ となる。

②に①と③を代入して，

$$\frac{RT}{v}=\frac{2}{3}\frac{N_A}{v}<\varepsilon>$$

$$\therefore<\varepsilon>=\frac{3}{2}\cdot\frac{RT}{N_A}=\frac{3}{2}\cdot\frac{8.31\times(25+273.15)}{6.022\times10^{23}}$$

$$=\frac{3\times8.31\times298.15}{2\times6.022\times10^{23}}\fallingdotseq6.17\times10^{-21}(\mathrm{J})$$ ……………………………(答)

演習問題 14　●気体分子1個あたりの体積●

23(℃)，1(atm) の理想気体について，気体分子 **1** 個に割り当てられる平均の体積 μ を求めよ。

ヒント！ **1(mol)** の理想気体にはアボガドロ数 N_A 個の気体分子が含まれるんだね。**23(℃), 1(atm)** の気体に **1(mol)** の理想気体の状態方程式を用いて，N_A で割ればいい。

解答＆解説

23(℃)，1(atm) で **1(mol)** の理想気体が占める体積を v とおくと，

状態方程式 $pv =$ (ア) より，

$v =$ (イ) …① となる。

ここで，**1(mol)** の理想気体に含まれる気体分子数は，アボガドロ数

$N_A =$ (ウ) だから，気体分子 **1** 個当たりの体積 μ は，①より，

$$\mu = \frac{v}{N_A} = \frac{\frac{RT}{p}}{N_A} = \frac{RT}{p \cdot N_A} \quad \cdots\cdots ②$$

$$= \frac{\text{(エ)} \times (23 + 273.15)}{\text{(オ)} \times 6.022 \times 10^{23}} = \frac{8.31 \times 296.15 \times 10^{-28}}{1.013 \times 6.022}$$

$\fallingdotseq 4.034 \times 10^{-26}(\mathrm{m}^3)$ となる。……………………………(答)

分子の直径は，$1(\text{Å}) = 10^{-10}(\mathrm{m})$ 位とされている。

（“オングストローム”と読む）

ここで，$v = 4.034 \times 10^{-26}(\mathrm{m}^3)$ の体積をもつ1辺の長さが $l(\mathrm{m})$ の立方体を考え，気体分子を半径 $r = 1(\text{Å})$ の球体としたとき，

$l = \sqrt[3]{v} = \sqrt[3]{40340 \times 10^{-30}} \fallingdotseq 34.3 \times 10^{-10}(\mathrm{m})$ より，

$$\frac{l}{2r} = \frac{34.3 \times \cancel{10^{-10}}}{2.0 \times \cancel{10^{-10}}} \fallingdotseq 17.15$$

よって，この場合，気体分子1個に割り当てられる平均の体積の空間を立方体とみなしたとき，その1辺の長さ l は，気体分子の直径 $2r$ の約 **17** 倍になるんだね。

解答　(ア) RT　(イ) $\frac{RT}{p}$　(ウ) 6.022×10^{23}　(エ) 8.31　(オ) 1.013×10^5

演習問題 15 ● 気体分子の運動エネルギーの平均値 ●

ベルヌーイの式：$p = \frac{2}{3} \cdot \eta \cdot <\varepsilon> = \frac{2}{3} \cdot \frac{N}{V} \cdot <\varepsilon>$ と，理想気体の状態方程式：$pV = nRT$ を用いて，質量 m の単原子気体分子の運動エネルギーの平均値 $<\varepsilon>$ は，

$<\varepsilon> = \frac{1}{2} m <v^2> = \frac{3}{2} kT$ …$(*1)$ となることを導け。

（ただし，ボルツマン定数 $k = \frac{R}{N_A}$，分子の個数密度 $\eta = \frac{N}{V}$
（N：体積 V の気体分子数））

ヒント！ ベルヌーイの式より，$pV = \frac{2}{3} N <\varepsilon>$ これと状態方程式：$pV = nRT$ より，pV を消去すればいい。

解答＆解説

ベルヌーイの式：$p = \frac{2}{3} \cdot \underbrace{\frac{N}{V}}_{\eta\text{(分子の個数密度)}} \cdot <\varepsilon>$ より，$pV = \frac{2}{3} N \cdot <\varepsilon>$ ……①

①の右辺と，状態方程式：$pV = nRT$ の右辺を比較して，

$\frac{2}{3} N \cdot <\varepsilon> = nRT$ となる。この両辺に $\frac{3}{2N}$ をかけて，

$<\varepsilon> = \frac{3}{2} \frac{nR}{N} T$ ……②　（N → nN_A）

ここで，n(mol) の気体分子の個数 N は，アボガドロ数 $N_A(\fallingdotseq 6.022 \times 10^{23}(1/\text{mol}))$ を用いて，$N = n \cdot N_A$ …③となる。

③を②に代入して，質量 m の気体分子の運動エネルギーの平均値 $<\varepsilon>$ は，

$$<\varepsilon> = \frac{1}{2} m <v^2> = \frac{3}{2} \cdot \frac{\cancel{n}R}{\cancel{n}N_A} \cdot T = \frac{3}{2} \cdot \underbrace{\frac{R}{N_A}}_{k\text{(ボルツマン定数)}} \cdot T$$

$\therefore <\varepsilon> = \frac{1}{2} m <v^2> = \frac{3}{2} kT$ …$(*1)$ が導かれる。…………………(答)

ボルツマン定数は，$k = \frac{R}{N_A} = \frac{8.31}{6.022 \times 10^{23}} \fallingdotseq 1.38 \times 10^{-23}(\text{J/K})$ となる。

演習問題 16 ●気体分子の速さの 2 乗平均根●

質量 m の単原子気体分子の速さの 2 乗平均根 $\sqrt{<v^2>}$ が，

$$\sqrt{<v^2>} = \sqrt{\frac{3\times 10^3 RT}{M}}\ (\text{m/s}) \quad \cdots(*2) \quad \left(\begin{array}{l} R = 8.31,\ T：絶対温度 \\ M：単原子分子の分子量 \end{array} \right)$$

となることを導け。また，$(*2)$ を用いて，$20(℃)$ におけるネオン (Ne) の速さの 2 乗平均根を求めよ。

ヒント！ 質量 m の気体分子の運動エネルギーの平均値 $<\varepsilon>$ が，$\frac{1}{2}m<v^2> = \frac{3}{2}kT \quad \cdots(*1)$ となることを使う。(演習問題 15)

解答＆解説

質量 m の気体分子の運動エネルギーの平均値：

$$\frac{1}{2}m<v^2> = \frac{3}{2}kT \text{ より，} \sqrt{<v^2>} = \sqrt{\frac{3kT}{m}} \quad \cdots\cdots ①$$

①にボルツマン定数 $k = \frac{R}{N_A}$ を代入して，

$$\sqrt{<v^2>} = \sqrt{\frac{3RT}{mN_A}} \quad \cdots\cdots ② \quad \text{となる。}$$

（mN_A = M(分子量)(g)）

ここで，m は気体分子 1 個の質量，N_A はアボガドロ数 (1(mol) の気体分子の個数 6.022×10^{23}(1/mol)) より，mN_A は気体 1(mol) の質量，すなわち分子量 $M(\text{g}) = M\times 10^{-3}(\text{kg})$ となる。

$\therefore\ mN_A = M\times 10^{-3}(\text{kg})$ を②に代入して，

$$\sqrt{<v^2>} = \sqrt{\frac{3\times 10^3 RT}{M}}\ (\text{m/s}) \quad \cdots(*2) \quad \text{となる。} \quad \cdots\cdots(終)$$

$20(℃)$ におけるネオン (Ne) の速さの 2 乗平均根 $\sqrt{<v^2>}$ は，$(*2)$ より，

$$\sqrt{<v^2>} = \sqrt{\frac{3\times 10^3\times 8.31\times 293.15}{20.18}} \fallingdotseq \underline{601.8(\text{m/s})} \quad \cdots\cdots(答)$$

（このネオン (Ne) の速さは，演習問題 12 の結果と一致する。）

演習問題 17　●ドルトンの分圧の法則●

体積 V の容器の中に，分子の個数 N_1 の理想気体 1 と分子の個数 N_2 の理想気体 2 が入っている。このとき，この理想気体の圧力 p は，気体 1 が単独でこの容器に入っているとしたときの圧力 p_1 と，気体 2 が単独でこの容器に入っているとしたときの圧力 p_2 との和に等しい，すなわち，ドルトンの分圧の法則：$p = p_1 + p_2$　…①が成り立つことを示せ。

ヒント！ 圧力 p は，ベルヌーイの式より，$p = \frac{2}{3}\eta\langle\varepsilon\rangle = \frac{2}{3}\cdot\frac{N}{V}\cdot\langle\varepsilon\rangle$ となる。この右辺の $N\cdot\langle\varepsilon\rangle$ は，全分子の運動エネルギーの総和を表し，これは当然，気体 1 と気体 2 それぞれの全運動エネルギーの和になるんだね。

解答＆解説

混合気体
分子数 $N = N_1 + N_2$
圧力 p，体積 V

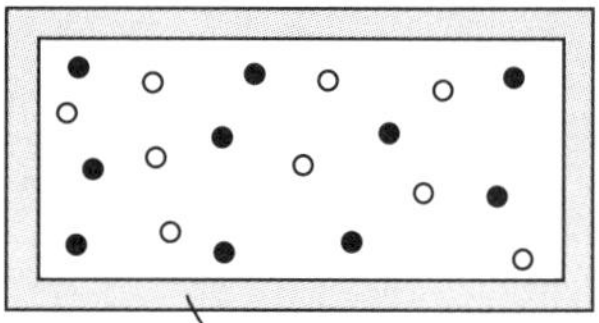

混合気体の全分子数を N $(= N_1 + N_2)$ とおく。気体 1 と気体 2 の混合気体の圧力を p とおくと，

$p = \frac{2}{3}\eta\langle\varepsilon\rangle$　……②　となる。

（分子の個数密度 $\eta = \frac{N}{V}$：単位体積当たりの分子数
$\langle\varepsilon\rangle$：各分子の運動エネルギーの平均値）

(i) $k = 1, 2, \cdots, N_1$ として，気体 1 の各分子の質量を m_1，速さを v_{1k} とおく。また，気体 1 の運動エネルギーの平均値を $\langle\varepsilon_1\rangle$ とおくと，気体 1 が単独で容器を占めたときの圧力 p_1 は，②より，

気体 1
分子数 N_1
圧力 p_1，体積 V

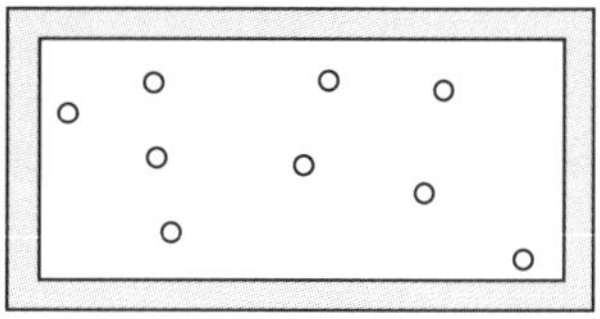

$p_1 = \frac{2}{3}\cdot\eta_1\cdot\langle\varepsilon_1\rangle$　…③　となる。

(ただし，気体 1 の分子の個数密度 $\eta_1 = \frac{N_1}{V}$　…④)

ここで，気体 1 の各分子の運動エネルギーの平均値 $\langle\varepsilon_1\rangle$ は，

$$\langle \varepsilon_1 \rangle = \frac{1}{N_1}\sum_{k=1}^{N_1}\frac{1}{2}m_1\cdot v_{1k}^{\ 2} \quad \cdots\cdots ⑤ \quad \text{となる。}$$

③に④，⑤を代入して，圧力 p_1 は，

$$p_1 = \frac{2}{3}\cdot\frac{\cancel{N_1}}{V}\cdot\frac{1}{\cancel{N_1}}\sum_{k=1}^{N_1}\frac{1}{2}m_1\cdot v_{1k}^{\ 2} \quad \therefore\ p_1 = \frac{2}{3V}\cdot\sum_{k=1}^{N_1}\frac{1}{2}m_1\cdot v_{1k}^{\ 2} \quad \cdots\cdots ⑥$$

(ⅱ) $k=1,\ 2,\ \cdots,\ N_2$ として，気体 2 の各分子の質量を m_2，速さを v_{2k} とおく。また，気体 2 の運動エネルギーの平均値を $\langle \varepsilon_2 \rangle$ とおくと，気体 2 が単独で容器を占めたときの圧力 p_2 は，②より，

気体 2
分子数 N_2
圧力 p_2，体積 V

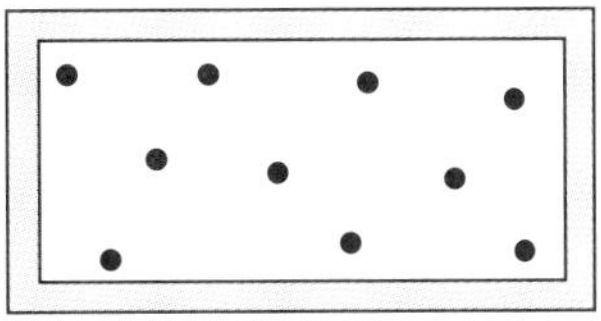

$$p_2 = \frac{2}{3}\cdot\eta_2\cdot\langle \varepsilon_2 \rangle \quad \cdots ⑦ \quad \text{となる。}$$

（ただし，気体 2 の分子の個数密度 $\eta_2 = \dfrac{N_2}{V}$ …⑧）

ここで，気体 2 の各分子の運動エネルギーの平均値 $\langle \varepsilon_2 \rangle$ は，

$$\langle \varepsilon_2 \rangle = \frac{1}{N_2}\sum_{k=1}^{N_2}\frac{1}{2}m_2\cdot v_{2k}^{\ 2} \quad \cdots\cdots ⑨ \quad \text{となる。}$$

⑦に⑧，⑨を代入して，圧力 p_2 は，

$$p_2 = \frac{2}{3}\cdot\frac{\cancel{N_2}}{V}\cdot\frac{1}{\cancel{N_2}}\cdot\sum_{k=1}^{N_2}\frac{1}{2}m_2\cdot v_{2k}^{\ 2} \quad \therefore\ p_2 = \frac{2}{3V}\cdot\sum_{k=1}^{N_2}\frac{1}{2}m_2\cdot v_{2k}^{\ 2} \quad \cdots\cdots ⑩$$

ここで，気体 1 と気体 2 の混合気体の全分子の運動エネルギーの総和は $N\cdot\langle \varepsilon \rangle$ であり，これは，各分子の運動エネルギーの和より，

$$N\cdot\langle \varepsilon \rangle = \sum_{k=1}^{N_1}\frac{1}{2}m_1\cdot v_{1k}^{\ 2} + \sum_{k=1}^{N_2}\frac{1}{2}m_2\cdot v_{2k}^{\ 2} \quad \cdots\cdots ⑪ \quad \text{となる。}$$

⑪を②に代入し，さらに，⑥と⑩より，混合気体の圧力 p は，

$$p = \frac{2}{3}\cdot\underbrace{\frac{N}{V}}_{\eta}\cdot\langle \varepsilon \rangle = \frac{2}{3V}\cdot N\cdot\langle \varepsilon \rangle = \frac{2}{3V}\cdot\left(\sum_{k=1}^{N_1}\frac{1}{2}m_1\cdot v_{1k}^{\ 2} + \sum_{k=1}^{N_2}\frac{1}{2}m_2\cdot v_{2k}^{\ 2}\right)$$

ドルトンの分圧の法則

$$= \underbrace{\frac{2}{3V}\cdot\sum_{k=1}^{N_1}\frac{1}{2}m_1\cdot v_{1k}^{\ 2}}_{p_1(⑥より)} + \underbrace{\frac{2}{3V}\cdot\sum_{k=1}^{N_2}\frac{1}{2}m_2\cdot v_{2k}^{\ 2}}_{p_2(⑩より)} = p_1 + p_2 \quad \cdots ①\text{となる。}\cdots\cdots(\text{終})$$

演習問題 18　●気体と固体壁面とのエネルギー交換（Ⅰ）●

図(ⅰ)に示すように，固体の容器に気体が入っており，この気体を系 A，容器を系 B とおく。

系 A と系 B の壁面において，気体分子は固体分子と衝突してはね返る。このとき，A と B は運動エネルギーを交換する。

図(ⅱ)に示すように，質量 m，速度 v の気体分子が，質量 M，速度 V の固体分子と衝突する場合を考える。ここで，v も V も x 軸方向の成分のみをもち，衝突も完全弾性衝突をするものとする。

そして，図(ⅲ)に示すように，衝突後，気体分子の速度は v' に，固体分子の速度が V' になったものとする。このとき，気体分子の衝突による運動エネルギーの変化分を Δk とおくと，

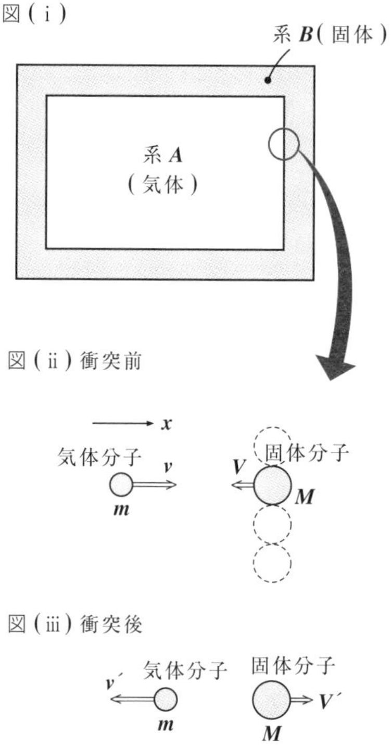

$$\Delta k = \frac{2mM}{(m+M)^2}\{MV^2 - mv^2 - (M-m)vV\} \quad \cdots(*)$$ となることを示せ。

ヒント！ 気体分子は壁面と完全弾性衝突をするので，衝突前後で力学的エネルギーが保存される。これと運動量の保存則を連立して，まず V' を消去し，これから v' を m，M，v，V で表そう。

解答＆解説

運動量の保存則と，運動エネルギーの保存則より，

$$\begin{cases} mv + MV = \boxed{(ア)\qquad} & \cdots\cdots\cdots① \leftarrow \text{運動量の保存則} \\ \dfrac{1}{2}mv^2 + \dfrac{1}{2}MV^2 = \boxed{(イ)\qquad} & \cdots\cdots② \leftarrow \text{力学的エネルギーの保存則} \end{cases}$$

気体分子の衝突による運動エネルギーの変化分 Δk は，

$\Delta k = \frac{1}{2}mv'^2 - \frac{1}{2}mv^2$ ……③ となる。

①，②を変形して，

$m(v' - v) = M(V - V')$ ……①´

$m(v' - v)(v' + v) =$ (ウ) ……②´

②´÷①´より，

$v' + v = V + V'$ ……④

①´+④×M より，V'を消去して，

$m(v' - v) + M(v + v') =$ (エ)

$(m + M)v' = 2MV + (m - M)v$

$\therefore v' = \frac{1}{m+M}\{2MV + (m - M)v\}$ ……⑤

v' を m，M，v，V で表した。

⑤を③に代入して v' を消去すると，

$$\Delta k = \frac{1}{2}m(v'^2 - v^2) = \frac{1}{2}m\left[\frac{1}{(m+M)^2}\{2MV + (m-M)v\}^2 - v^2\right]$$

$$= \frac{1}{2}m\left[\frac{1}{(m+M)^2}\{4M^2V^2 + (m-M)^2v^2 + 4M(m-M)vV\} - v^2\right]$$

$$= \frac{2mM^2}{(m+M)^2}V^2 + \frac{m}{2}\left\{\frac{(m-M)^2}{(m+M)^2} - 1\right\}v^2 + \frac{2mM(m-M)}{(m+M)^2}vV$$

$$\frac{(m-M)^2 - (m+M)^2}{(m+M)^2} = -\frac{4mM}{(m+M)^2}$$

$\therefore \Delta k = \frac{2mM}{(m+M)^2}\{MV^2 - mv^2 - (M - m)vV\}$ ……(＊) が導かれる。

………(終)

解答 (ア) $mv' + MV'$ (イ) $\frac{1}{2}mv'^2 + \frac{1}{2}MV'^2$ (ウ) $M(V - V')(V + V')$

(エ) $2MV$

演習問題 19　● 気体と固体壁面とのエネルギー交換 (Ⅱ) ●

演習問題 **18** より，気体と固体が接触している場合，質量 m，速度 v の気体分子が，質量 M，速度 V の固体分子と衝突するとき，気体分子の運動エネルギーの変化分 Δk は，衝突前後の運動がすべて一直線上にあり，衝突が完全弾性衝突であるものとして次式で表される。

$$\Delta k=\frac{2mM}{(m+M)^2}\{MV^2-mv^2-(M-m)vV\}\quad\cdots(*)$$

ここで，気体分子と固体分子の衝突は，壁面の至るところで生じており，この多数の衝突において，Δk は様々な値をとる。この Δk の平均値を $<\Delta k>$ とおくと，$<\Delta k>$ は次式で表されることを導け。

$$<\Delta k>=\frac{4mM}{(m+M)^2}\left\{\frac{1}{2}M<V^2>-\frac{1}{2}m<v^2>\right\}\quad\cdots(**)$$

また，運動エネルギーの平均値が大きい状態は小さい状態より温度が高いと考えて，$(**)$ の意味を解釈せよ。

ヒント！ 固体分子は振動するので，V は正負の値をとることに注意しよう。

解答＆解説

衝突の前後における気体分子の運動エネルギーの変化分 Δk は，

$\Delta k=\frac{1}{2}mv'^2-\frac{1}{2}mv^2$ ……① である。

衝突が完全弾性衝突だから，力学的エネルギーは保存されて，

$\frac{1}{2}mv^2+\frac{1}{2}MV^2=\frac{1}{2}mv'^2+\frac{1}{2}MV'^2$ ……② となる。

①と②より，$\Delta k=\frac{1}{2}mv'^2-\frac{1}{2}mv^2=$ [(ア)　　　　] ……③ を得る。

ここで，$(*)$ の両辺の平均をとると，

$$<\Delta k>=\left\langle\underbrace{\frac{2mM}{(m+M)^2}}_{\text{定数}}\{\underbrace{M}_{\text{定数}}V^2-\underbrace{m}_{\text{定数}}v^2-\underbrace{(M-m)}_{\text{定数}}vV\}\right\rangle$$

$$=\frac{2mM}{(m+M)^2}\{M<V^2>-m<v^2>-(M-m)\underline{<vV>}\}$$

（v と V は独立より → $<vV>=<v><V>$）

$$= \frac{2mM}{(m+M)^2}\{M<V^2>-m<v^2>-(M-m)<v><V>\} \quad \cdots④$$

ここで，固体分子はある範囲で振動しているから，V は正・負の値をとって変動する。よって，$<V>=$ (イ) としてよいので，④は，

$$<\Delta k>=\frac{4mM}{(m+M)^2}\left\{\frac{1}{2}M<V^2>-\frac{1}{2}m<v^2>\right\}\cdots(**)$$ となる。…(終)

（$\frac{1}{2}M<V^2>$：衝突前の固体分子の平均運動エネルギー）
（$\frac{1}{2}m<v^2>$：衝突前の気体分子の平均運動エネルギー）

ここで，気体を系 A，固体を系 B とおき，A と B の温度をそれぞれ T_A，T_B とおく。平均運動エネルギーの大・小が，温度の高・低に対応していると考えると，

(i) $\frac{1}{2}M<V^2>\,>\,\frac{1}{2}m<v^2>$，すなわち $T_B>T_A$ のとき，$(**)$ より，

（固体の温度 $>$ 気体の温度）

$<\Delta k>\,>0$　　よって，③から，

$\frac{1}{2}mv^2<\frac{1}{2}mv'^2$ かつ $\frac{1}{2}MV^2>\frac{1}{2}MV'^2$ となる。

これより，気体の温度は上がり，固体の温度は (ウ) 。

つまり，熱エネルギーは高温の固体から低温の気体に移る。

(ii) $\frac{1}{2}M<V^2>\,<\,\frac{1}{2}m<v^2>$，すなわち $T_B<T_A$ のとき，$(**)$ より，

（固体の温度 $<$ 気体の温度）

$<\Delta k>\,<0$　　よって，③から，

$\frac{1}{2}mv^2>\frac{1}{2}mv'^2$ かつ $\frac{1}{2}MV<\frac{1}{2}MV'^2$ となる。

これより，気体の温度は下がり，固体の温度は (エ) 。

つまり，熱エネルギーは高温の気体から低温の固体に移る。

(iii) $\frac{1}{2}M<V^2>\,=\,\frac{1}{2}m<v^2>$，すなわち $T_B=T_A$ のとき，$(**)$ より，

$<\Delta k>\,=0$　　よって，③より，衝突前後において，

気体と固体の温度に変化はなく，熱平衡状態が保たれる。………(答)

解答　(ア) $\frac{1}{2}MV^2-\frac{1}{2}MV'^2$　　(イ) 0　　(ウ) 下がる　　(エ) 上がる

演習問題 20 ●n(mol)の気体のファン・デル・ワールスの状態方程式●

1(mol) の気体のファン・デル・ワールスの状態方程式は，

$\left(p+\dfrac{a}{v^2}\right)(v-b)=RT$ ……① $(v>b)$ となる。

①を基に，n**(mol)** の気体のファン・デル・ワールスの状態方程式が，

$\left(p+\dfrac{n^2a}{V^2}\right)(V-nb)=nRT$ $(V>nb)$ ……② となることを導け。

ヒント！ 断熱材で囲まれた容器を仕切りで n 等分し，各部屋に (p, v, T) の状態の同じ気体を **1(mol)** ずつ入れる。この $n-1$ 枚の仕切りを取り除いて一緒にすると，p と T は変わらないが，体積とモル数は n 倍になるんだね。

解答＆解説

図 (i) n 個の部屋に仕切られた状態

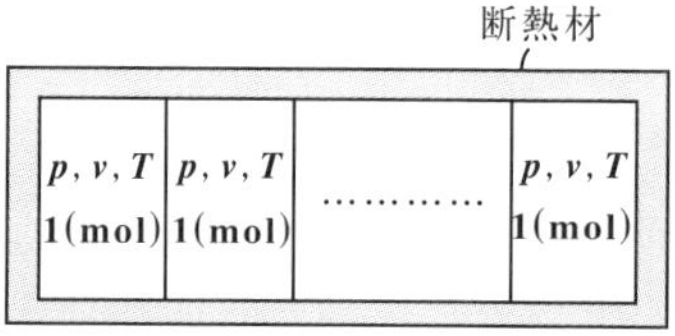

(n 個の各部屋に (p, v, T) の状態の同一の気体が **1(mol)** ずつ入っている。)

図 (ii) 仕切りを取り除いた状態

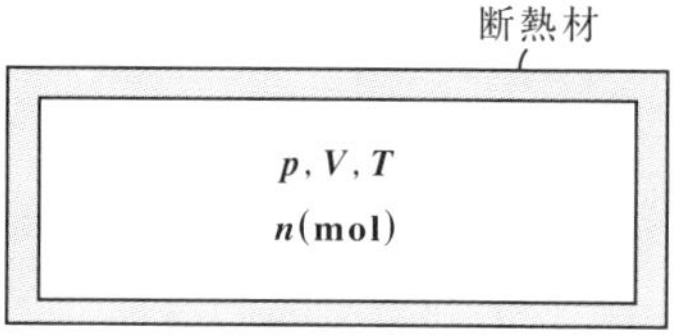

図 (i) に示すように，断熱材で囲まれた容器を $n-1$ 枚の仕切りで n 等分し，n 個の部屋に (p, v, T) の状態の同一の気体が **1(mol)** ずつ入っている。
次に，この $n-1$ 枚の仕切りを同時に取り除いて，これらの気体を一緒にすると，図 (ii) に示すように，圧力 p と温度 T は変わらず，体積は nv の気体になる。この体積を $V=nv$ とおくと，

$v=\dfrac{V}{n}$ $(>b)$ ……③ となる。ここで，(p, v, T) は **1(mol)** のファン・デル・ワールスの状態方程式：$\left(p+\dfrac{a}{v^2}\right)(v-b)=RT$ …① をみたすので，

③を①に代入して，

$\left(p+\dfrac{n^2a}{V^2}\right)\left(\dfrac{V}{n}-b\right)=RT$ $\left(\dfrac{V}{n}>b\right)$ この両辺を n 倍すると，

$\left(p+\dfrac{n^2a}{V^2}\right)(V-nb)=nRT$ ……② $(V>nb)$ が導かれる。…………(終)

演習問題 21　● n(mol) の理想気体の状態方程式 ●

1(**mol**) の理想気体の状態方程式は，$pv = RT$　……①　となる。
①を基に，n(**mol**) の理想気体の状態方程式が，
$pV = nRT$　……②　となることを導け。

ヒント！　前問と同様に考えよう。

解答＆解説

図 (ⅰ) n 個の部屋に仕切られた状態

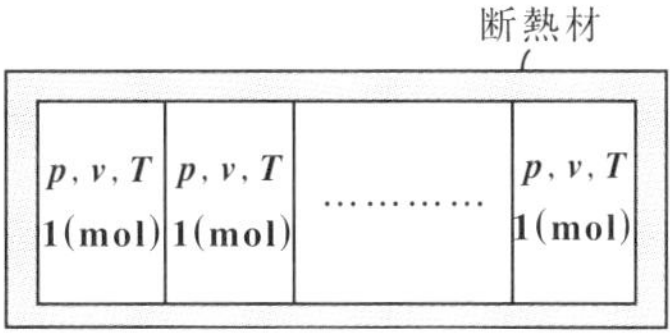

（n 個の各部屋に (p, v, T) の状態の同一の気体が **1**(**mol**) ずつ入っている。）

図 (ⅱ) 仕切りを取り除いた状態

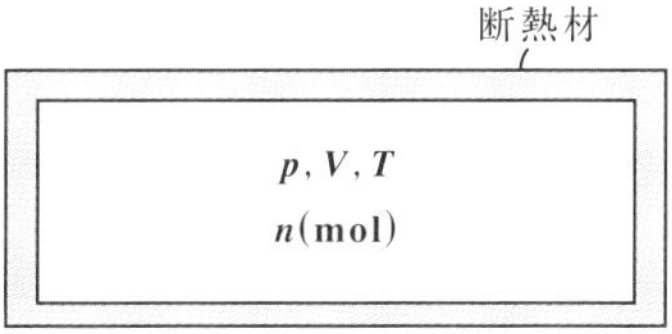

図 (ⅰ) に示すように，断熱材で囲まれた容器を $n-1$ 枚の仕切りで n 等分し，n 個の部屋に (p, v, T) の状態の同一の理想気体が **1**(**mol**) ずつ入っている。次に，この $n-1$ 枚の仕切りを同時に取り除いて，これらの気体を一緒にすると，図 (ⅱ) に示すように，圧力 p と温度 T は [(ア)　　] が，体積は [(イ)] の気体になる。この体積を $V =$ [(イ)] とおくと，

$v =$ [(ウ)]　……③　となる。

ここで，(p, v, T) は **1**(**mol**) の理想気体の状態方程式：

$pv = RT$　…①　をみたすので，③を①に代入して，

$p \cdot \frac{V}{n} = RT$　この両辺を n 倍すると，n(**mol**) の理想気体の状態方程式：

$pV = nRT$　……②　が導かれる。 ……………………………………………(終)

解答　(ア) 変わらない　　(イ) nv　　(ウ) $\frac{V}{n}$

演習問題 22　● 還元状態方程式の導出 ●

(1) ファン・デル・ワールスの状態方程式：

$\left(p+\frac{a}{v^2}\right)(v-b)=RT$ ……(＊1)　$(v>b)$　に従う気体が臨界状態にあるとき，臨界圧力 p_c，臨界体積 v_c，臨界温度 T_c を求めよ。

(2) p_c，v_c，T_c を基にした新しい圧力 $p_r=\frac{p}{p_c}$，体積 $v_r=\frac{v}{v_c}$，温度 $T_r=\frac{T}{T_c}$ を用いて，(＊1) から還元状態方程式：

$\left(p_r+\frac{3}{{v_r}^2}\right)\left(v_r-\frac{1}{3}\right)=\frac{8}{3}T_r$ ……(＊2)　$\left(v_r>\frac{1}{3}\right)$　を導け。

ヒント！ (1) $T=T_c$ のときの pv 図 (等温曲線) では，臨界点 C は変曲点であり，かつ C における接線の傾きは 0 となる。(2) $p=p_cp_r$，$v=v_cv_r$，$T=T_cT_r$ を (＊1) に代入するんだね。

解答＆解説

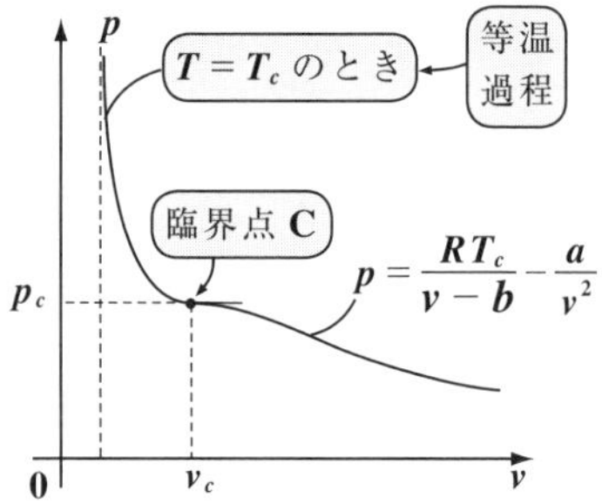

(1) $T=T_c$ のとき，ファン・デル・ワールスの状態方程式は，(＊1) より，

$p=p(v)=RT_c\cdot(v-b)^{-1}-av^{-2}$ …①

（R，T_c，a，b は定数より，圧力 p は v のみの関数となる。）

右図に示すように，臨界点 C において，

(i) $\frac{dp}{dv}=$ (ア) …②　かつ　(ii) $\frac{d^2p}{dv^2}=$ (イ) …③　となる。

(i) ②より，

$$\frac{dp}{dv}=-RT_c(v-b)^{-2}+2av^{-3}=\boxed{-\frac{RT_c}{(v-b)^2}+\frac{2a}{v^3}=\text{(ア)}}$$

$$\therefore\ \frac{RT_c}{(v-b)^2}=\frac{2a}{v^3}\quad\cdots\cdots④$$　となる。

(ⅱ) ③より,

$$\frac{d^2p}{dv^2} = 2RT_c(v-b)^{-3} - 6av^{-4} = \boxed{\frac{2RT_c}{(v-b)^3} - \frac{6a}{v^4} = \boxed{(イ)}}$$

$\therefore \dfrac{RT_c}{(v-b)^3} = \dfrac{3a}{v^4}$ ……⑤ となる。

④を⑤の左辺に代入して T_c を消去すると,

$$\frac{1}{(v-b)} \cdot \frac{2a}{v^3} = \frac{3a}{v^4}$$

$\therefore 2v = 3(v-b)$ より, $v = v_c = \boxed{(ウ)}$ ……⑥ ……………………(答)

⑥を④に代入して,

$\dfrac{RT_c}{(3b-b)^2} = \dfrac{2a}{(3b)^3}$　　$\dfrac{R}{4b^2}T_c = \dfrac{2a}{27b^3}$　　$\therefore T_c = \boxed{(エ)\qquad}$ …⑦ …(答)

⑥, ⑦を①に代入して, 臨界圧力 p_c は,

$$p_c = \frac{RT_c}{v_c - b} - \frac{a}{v_c^2} = \frac{R}{2b} \cdot \frac{8^{4}}{27R} \cdot \frac{a}{b} - \frac{a}{9b^2} = \boxed{(オ)\qquad}$$ ……⑧ ……(答)

(2) $p_r = \dfrac{p}{p_c}$, $v_r = \dfrac{v}{v_c}$, $T_r = \dfrac{T}{T_c}$ より,

$p = p_cp_r$, $v = v_cv_r$, $T = T_cT_r$ ……⑨

⑨をファン・デル・ワールスの状態方程式 (＊1) に代入して,

$$\left(p_cp_r + \frac{a}{v_c^2v_r^2}\right)(v_cv_r - b) = RT_cT_r$$

これに⑥, ⑦, ⑧を代入して,

$$\left(\frac{1}{27} \cdot \frac{a}{b^2}p_r + \frac{a}{9b^2v_r^2}\right)(3bv_r - b) = R \cdot \frac{8}{27R} \cdot \frac{a}{b}T_r$$

$$\frac{1}{27} \cdot \frac{a}{b^2}\left(p_r + \frac{3}{v_r^2}\right) \cdot 3b\left(v_r - \frac{1}{3}\right) = \frac{8}{27} \cdot \frac{a}{b} \cdot T_r$$

これより, 還元状態方程式:

$\left(p_r + \dfrac{3}{v_r^2}\right)\left(v_r - \dfrac{1}{3}\right) = \dfrac{8}{3}T_r$ ……(＊2)　$\left(v_r > \dfrac{1}{3}\right)$ が導ける。…………(終)

解答　(ア) 0　(イ) 0　(ウ) $3b$　(エ) $\dfrac{8}{27R} \cdot \dfrac{a}{b}$　(オ) $\dfrac{1}{27} \cdot \dfrac{a}{b^2}$

演習問題 23　●還元状態方程式のグラフ●

還元状態方程式：

$$\left(p_r+\frac{3}{v_r^2}\right)\left(v_r-\frac{1}{3}\right)=\frac{8}{3}T_r \quad \cdots\cdots(*2) \quad \left(v_r>\frac{1}{3}\right)$$

による p_rv_r 図の概形を，次の各場合について描け。

(ⅰ) $T_r>1$，(ⅱ) $T_r=1$，(ⅲ) $0<T_r<1$

ヒント！ まず，T_r を一定にして，p_r の v_r による微分 $\frac{dp_r}{dv_r}$ を求める。この正，0，負を，T_r の (ⅰ)，(ⅱ)，(ⅲ) のそれぞれの場合について，調べよう。

解答＆解説

T_r を一定にして，$p_r=p_r(v_r)$ と，p_r を v_r の1変数関数とみると，

$$p_r=p_r(v_r)=\frac{8}{3}T_r\cdot\frac{1}{v_r-\frac{1}{3}}-\frac{3}{v_r^2}=8T_r\cdot(3v_r-1)^{-1}-3v_r^{-2} \quad \cdots\cdots①となる。$$

p_r を v_r で微分して，

$$\frac{dp_r}{dv_r}=p'_r(v_r)=-8T_r(3v_r-1)^{-2}\cdot 3+6v_r^{-3}=-24T_r(3v_r-1)^{-2}+6v_r^{-3}$$

$$=6\left\{\frac{1}{v_r^3}-\frac{4T_r}{(3v_r-1)^2}\right\}$$

$$\therefore \frac{dp_r}{dv_r}=6\cdot\frac{(3v_r-1)^2-4T_rv_r^3}{v_r^3(3v_r-1)^2} \quad \cdots\cdots②$$

（$(3v_r-1)^2-4T_rv_r^3$：$\frac{dp_r}{dv_r}$ の符号の本質的な部分）（6 と $v_r^3(3v_r-1)^2$：⊕ $\left(\because v_r>\frac{1}{3}\right)$）

$\frac{dp_r}{dv_r}$ の符号の本質的な部分を $\widetilde{\frac{dp_r}{dv_r}}$ とおくと，$\widetilde{\frac{dp_r}{dv_r}}=(3v_r-1)^2-4T_rv_r^3$　この右辺の $4T_r$ を定数とみて，(ⅰ)(ⅱ)(ⅲ)の各場合について，$\widetilde{\frac{dp_r}{dv_r}}$ の符号の変化を調べる。

②の右辺の分子に着目して，

$(3v_r-1)^2-4T_rv_r^3=0$　とおくと，

$$\frac{(3v_r-1)^2}{v_r^3}=4T_r \quad \cdots\cdots③$$

（$4T_r$：定数（$\because T_r$ は定数扱いより））（定数 $4T_r$ を分離して，v_r の方程式とみる！）

③を分解して，

$$\begin{cases} u=f(v_r)=\dfrac{(3v_r-1)^2}{v_r^3} \\ u=4T_r \end{cases}$$

（$u=4T_r$：v_r 軸に平行な直線）

とおく。

$u=f(v_r)$ のグラフと定数関数 $u=4T_r$ のグラフ（直線）との大小関係を，T_r の値によって分類しよう。

$$f'(v_r) = \frac{2(3v_r-1)\cdot 3v_r^{3} - (3v_r-1)^2\cdot 3v_r^{2}}{v_r^{6}} \leftarrow \left(\frac{f}{g}\right)' = \frac{f'g-fg'}{g^2}$$

$$= \frac{3(3v_r-1)\{2v_r-(3v_r-1)\}}{v_r^{4}}$$

$$= \frac{3(3v_r-1)(-v_r+1)}{v_r^{4}} \quad \left(\because v_r > \frac{1}{3}\right)$$

$f'(v_r)$ の符号に関する本質的な部分を

$\widetilde{f'(v_r)}$ で表すと，

$\widetilde{f'(v_r)} = -v_r + 1$

$\widetilde{f'(v_r)} = 0$ のとき，$v_r = 1$

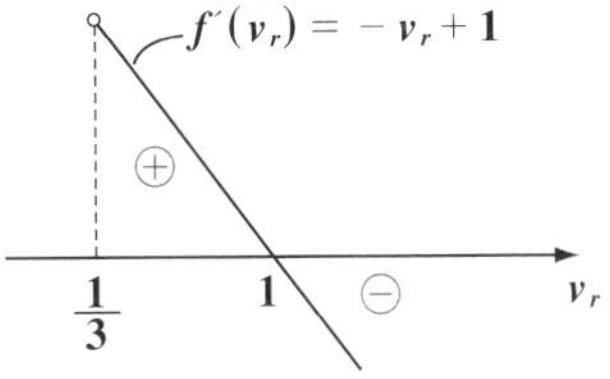

よって，$v_r > \frac{1}{3}$ における $u = f(v_r)$

の増減表は右に示すようになる。

$u = f(v_r)$ の増減表

v_r	$\left(\frac{1}{3}\right)$		1	
u'		+	0	−
u		↗	極大	↘

$u = f(v_r)$ の極大値は，

$$f(1) = \frac{(3\cdot 1-1)^2}{1^3} = 4$$

さらに，$v_r \to \frac{1}{3}+0$ と $v_r \to \infty$ の

2つの極限を求めると，

$$\lim_{v_r\to\frac{1}{3}+0} f(v_r) = \lim_{v_r\to\frac{1}{3}+0} \frac{(3v_r-1)^2}{v_r^{3}} = 0 \quad (3v_r-1 \to 0,\ v_r^3 \to \tfrac{1}{27})$$

$$\lim_{v_r\to+\infty} f(v_r) = \lim_{v_r\to+\infty} \frac{\left(3-\frac{1}{v_r}\right)^2}{v_r} = 0 \quad (\tfrac{1}{v_r}\to 0,\ v_r \to +\infty)$$

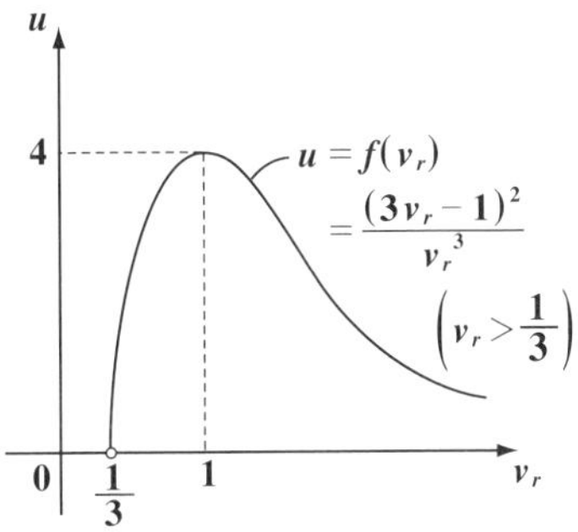

以上より，$u = f(v_r)$ のグラフは

右図のようになる。

(ⅰ) $T_r > 1$ のとき，

$4T_r > 4$ より，図(ⅰ)に示すように，

$$4T_r > \frac{(3v_r-1)^2}{v_r^3} \quad \left(\because v_r > \frac{1}{3}\right)$$

$$4T_r v_r^3 > (3v_r-1)^2$$

$$\therefore \frac{dp_r}{dv_r} = 6\cdot\frac{(3v_r-1)^2-4T_rv_r^3}{v_r^3(3v_r-1)^2} \quad \cdots\cdots②$$ より，$\frac{dp_r}{dv_r} < 0$

よって，$p_r(v_r) = \frac{8T_r}{3v_r-1} - \frac{3}{v_r^2}$ は，$\frac{1}{3} < v_r < \infty$

で単調に減少する。また，

$$\lim_{v_r \to \frac{1}{3}+0} p_r(v_r) = \lim_{v_r \to \frac{1}{3}+0}\left(\frac{8T_r}{3v_r-1} - \frac{3}{v_r^2}\right)$$

$$= +\infty$$ となり，

$$\lim_{v_r \to +\infty} p_r(v_r) = \lim_{v_r \to +\infty}\left(\frac{8T_r}{3v_r-1} - \frac{3}{v_r^2}\right)$$

$$= 0$$ となる。

以上より，$T_r > 1$ のときの p_rv_r 図の概形は，右図のようになる。…(答)

図(ⅰ) $T_r > 1$ のとき

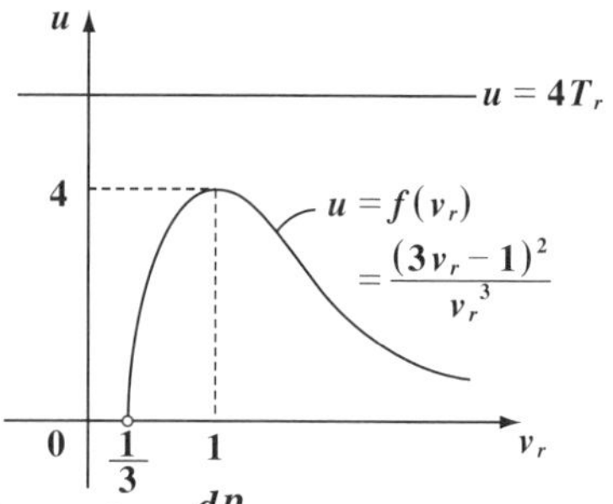

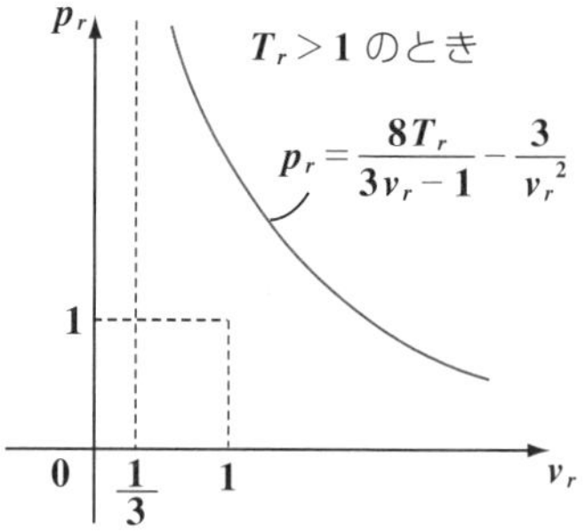

(ⅱ) $T_r = 1$ のとき，

$4T_r = 4$ より，図(ⅱ)に示すように，

$u = f(v_r)$ と $u = 4T_r$ は，$v_r = 1$ で接する。

これより，

(ア) $v_r \neq 1$ のとき，

$$4T_r > \frac{(3v_r-1)^2}{v_r^3}$$

$$4T_rv_r^3 > (3v_r-1)^2$$

図(ⅱ) $T_r = 1$ のとき

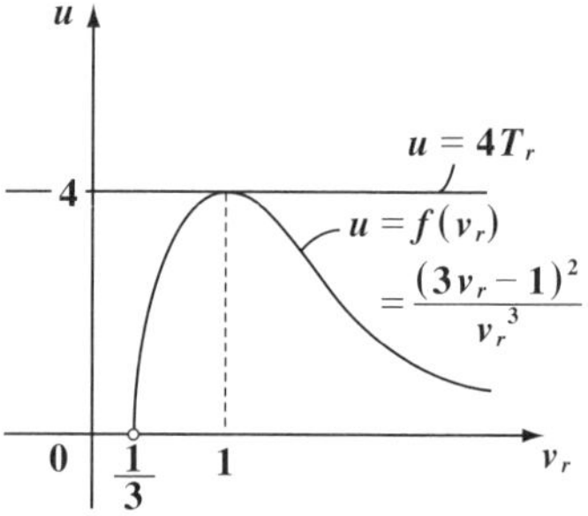

$\dfrac{dp_r}{dv_r}$ ⊖

$$\therefore \frac{dp_r}{dv_r} = 6\cdot\frac{(3v_r-1)^2-4T_rv_r^3}{v_r^3(3v_r-1)^2} \quad \cdots\cdots ② \quad \text{より，} \quad \frac{dp_r}{dv_r}<0$$

よって，$p_r(v_r)=\dfrac{8T_r}{3v_r-1}-\dfrac{3}{v_r^2}$ ……① は，

$\dfrac{1}{3}<v_r<1$，$1<v_r$ のとき単調に減少する。

$\dfrac{dp_r}{dv_r}=-24T_r(3v_r-1)^{-2}+6v_r^{-3}$ より，

$\dfrac{d^2p_r}{dv_r^2}=18\cdot\dfrac{8T_rv_r^4-(3v_r-1)^3}{v_r^4(3v_r-1)^3}$

$T_r=1$ のとき，この2階微分を0にする v_r は，

$8=\dfrac{(3v_r-1)^3}{v_r^4}$ より，$v_r=1$ と $v_r \fallingdotseq 1.88$

(イ) $v_r=1$ のとき，

$$4T_r=\frac{(3v_r-1)^2}{v_r^3}$$

$$4T_rv_r^3=(3v_r-1)^2$$

よって，②の右辺 $=0$ より，

$\dfrac{dp_r}{dv_r}=0$ となる。

また，このときの p_r の値は，

①に $T_r=1$，$v_r=1$ を代入して，

$$p_r(1)=\frac{8}{3\cdot1-1}-\frac{3}{1^2}=1$$

以上(ア)(イ)と，

$$\lim_{v_r\to\frac{1}{3}+0}p_r(v_r)=+\infty,$$

$$\lim_{v_r\to+\infty}p_r(v_r)=0$$

より，p_rv_r 図の概形は，右上図のようになる。……………(答)

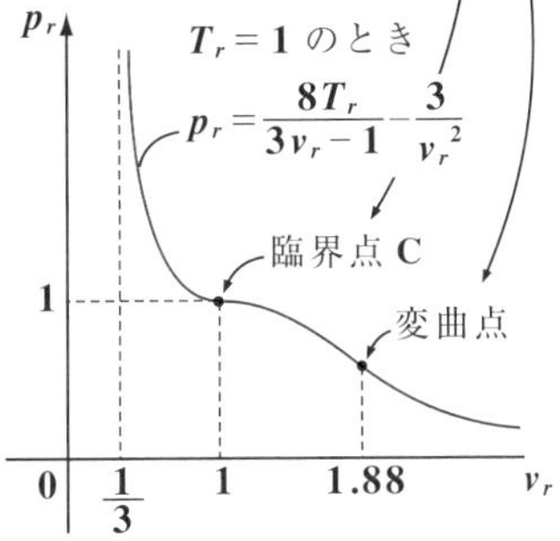

(iii) $0<T_r<1$ のとき，

$0<4T_r<4$ より，図(iii)に示すように，$u=f(v_r)$ と $u=4T_r$ は異なる2点で交わり，それぞれの v_r の値を α，$\beta\,(\alpha<\beta)$ とおくと，

$\dfrac{1}{3}<\alpha<1<\beta$ となる。

図(iii) $0<T_r<1$ のとき

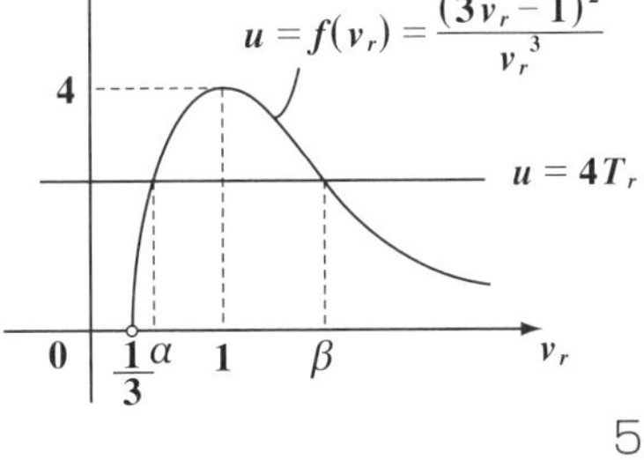

図(iii)より，

(ウ) $\frac{1}{3} < v_r < \alpha$，$\beta < v_r$ のとき，

$$4T_r > \frac{(3v_r - 1)^2}{v_r^3}$$

$$4T_r v_r^3 > (3v_r - 1)^2$$

$\widetilde{\frac{dp_r}{dv_r}}$ ⊖

$$\therefore \frac{dp_r}{dv_r} = 6 \cdot \frac{(3v_r - 1)^2 - 4T_r v_r^3}{v_r^3 (3v_r - 1)^2} \quad \cdots ② \text{ より，}$$

$\frac{dp_r}{dv_r} < 0$ $\therefore p_r(v_r)$ は減少する。

(エ) $v_r = \alpha$，β のとき，

$4T_r = \frac{(3v_r - 1)^2}{v_r^3}$，$4T_r v_r^3 = (3v_r - 1)^2$ よって，②より，

$\frac{dp_r}{dv_r} = 0$ となる。

(オ) $\alpha < v_r < \beta$ のとき，

$$4T_r < \frac{(3v_r - 1)^2}{v_r^3}$$

$$4T_r v_r^3 < (3v_r - 1)^2$$

$\widetilde{\frac{dp_r}{dv_r}}$ ⊕

$$\therefore \frac{dp_r}{dv_r} = 6 \cdot \frac{(3v_r - 1)^2 - 4T_r v_r^3}{v_r^3 (3v_r - 1)^2} \quad \cdots ② \text{ より，}$$

$\frac{dp_r}{dv_r} > 0$ $\therefore p_r(v_r)$ は増加する。

以上(ウ)(エ)(オ)より，$p_r = p_r(v_r)$ の増減表を，右上に示す。これと，

$$\begin{cases} \lim_{v_r \to \frac{1}{3}+0} p_r(v_r) = +\infty, \\ \lim_{v_r \to +\infty} p_r(v_r) = 0 \end{cases} \quad \text{より，}$$

$0 < T_r < 1$ のとき，$p_r v_r$ 図の概形は，右図のようになる。……(答)

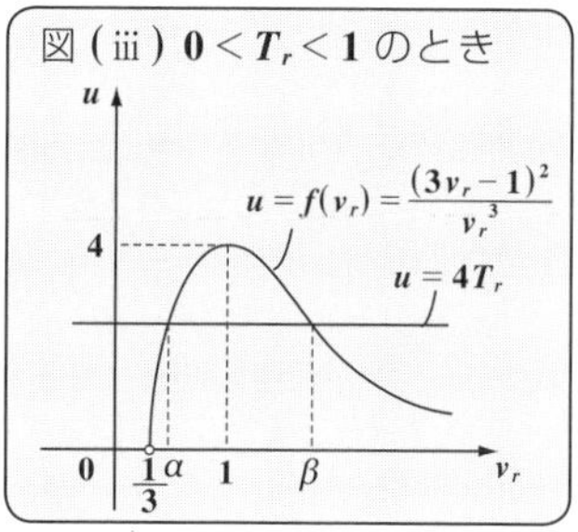

v_r	$\left(\frac{1}{3}\right)$		α		β	
$\frac{dp_r}{dv_r}$		$-$	0	$+$	0	$-$
p_r		↘	極小	↗	極大	↘

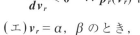

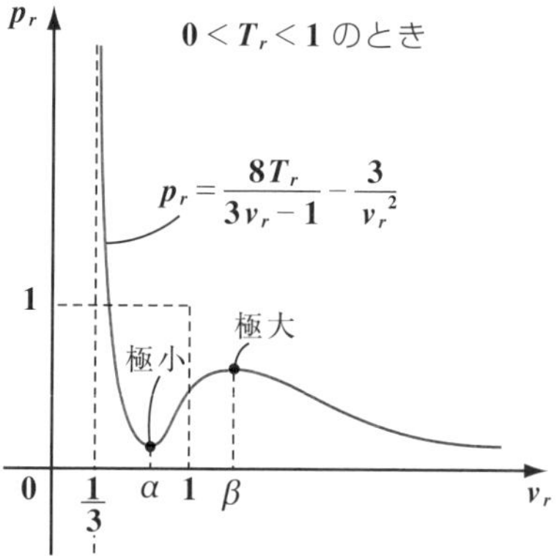

参考

$p_r = p_r(v_r) = \frac{8}{3v_r - 1}T_r - \frac{3}{v_r^2}$ ……① について，v_r を固定して考えると，p_r は T_r の単調増加な1次関数となる。よって，

(ⅰ) $T_r > 1$，(ⅱ) $T_r = 1$，(ⅲ) $0 < T_r < 1$ の各場合における $p_r v_r$ 図のグラフを1枚の $v_r p_r$ 平面に描くと，重なり合うことなく，p_r 軸方向に上から下へ(ⅰ)，(ⅱ)，(ⅲ)の順に並ぶ。

ここで，(ⅲ) $0 < T_r < 1$ の場合，極小値と極大値を与える v_r は，

$\frac{dp_r}{dv_r} = 6\left\{\underbrace{\frac{1}{v_r^3} - \frac{4T_r}{(3v_r - 1)^2}}_{0}\right\} = 0$ をみたす。これより，

$$\frac{4T_r}{(3v_r - 1)^2} = \frac{1}{v_r^3}, \quad 8T_r = \frac{2(3v_r - 1)^2}{v_r^3} \quad \cdots\cdots④$$

④と①から T_r を消去すれば，極大値と極小値の座標 (v_r, p_r) が描く軌跡が求まる。

④を①に代入して，

$$p_r = \frac{1}{3v_r - 1} \cdot \frac{2(3v_r - 1)^2}{v_r^3} - \frac{3}{v_r^2}$$

$$= \frac{2(3v_r - 1)}{v_r^3} - \frac{3}{v_r^2}$$

$$= \frac{6v_r - 2 - 3v_r}{v_r^3}$$

よって，極大点と極小点の描く図形の方程式を $p_r = g(v_r)$ とおくと，

$p_r = g(v_r) = \frac{3v_r - 2}{v_r^3}$ となる。

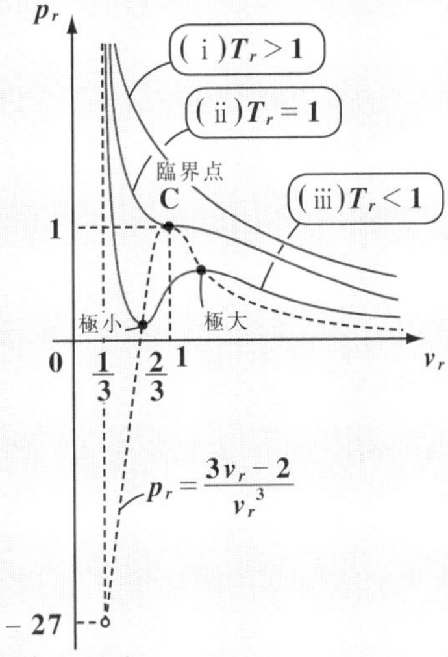

この $p_r = g(v_r)$ のグラフを，右上図に破線で示す。

$g'(v_r) = \frac{6(-v_r + 1)}{v_r^4}$

$\lim_{v_r \to +\infty} g(v_r) = \lim_{v_r \to +\infty}\left(\frac{3}{v_r^2} - \frac{2}{v_r^3}\right)$

$= 0$ となる。

v_r	$\left(\frac{1}{3}\right)$		1	
$g(v_r)'$	／	＋	0	−
$g(v_r)$	／	↗	1	↘

講義 Lecture 3 熱力学第1法則 methods & formulae

§1. 熱力学第1法則

図1(i)に，1(mol)の理想気体の pv 図を示す。この図の点 **A** と点 **B** は，その圧力と体積と温度が，それぞれ $(p_1,\ v_1,\ T_1)$ と $(p_1,\ v_2,\ T_2)$ の状態を表す点とする。このとき，点 **A** と点 **B** において，系は**熱平衡状態**にある。

マクロに見て等方・均一で，系のどこの圧力も温度も一定の状態

そして，図1では，点 **A** から点 **B** に向かう線分が引かれているので，圧力は p_1 一定のまま体積と温度を増加させている。

この定圧過程の具体的なイメージを図1(ii)に示す。これは，ピストンにかかる外力と系の圧力が常につり合っているような過程で，このようなゆっくりした変化であれば，その途中のどの時点でも，系は熱平衡状態にあり，その状態を pv 図上に点 **A**, $\mathbf{A_2}$, $\mathbf{A_3}$, …, **B** などで表せる。

図1 準静的過程

(i) 定圧過程を表す pv 図

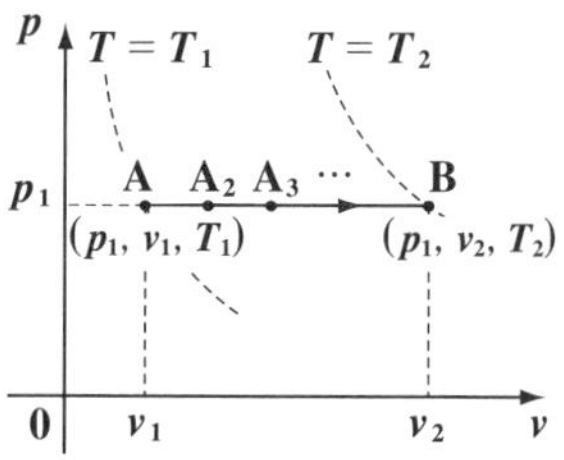

(ii) 具体的なイメージ

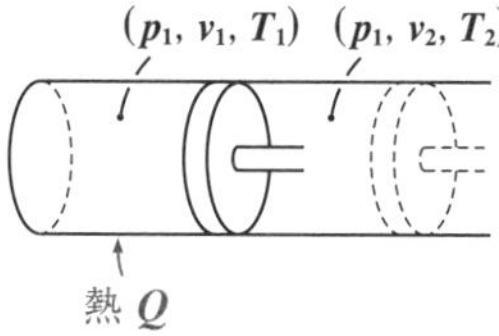

ゆっくりじわじわと気体を膨張させる。

このように，「いつも系の熱平衡状態を保ちながら，無限にゆっくり変化させる理想的な過程」のことを**準静的過程**という。当然，この過程は逆行可能な**可逆過程**である。熱力学的な系の**状態量**として圧力 p，体積 V，温度 T の他に，**内部エネルギー U** がある。これは，その系に含まれている分子または原子のミクロな不規則な運動エネルギーの総和である。単原子分子理想気体の1分子がもつ平均運動エネルギーは，

これには，分子間力のポテンシャルエネルギーも含まれているが，ここでは無視することにする。

$$\frac{1}{2}m\langle v^2\rangle = \frac{3}{2}kT \quad \cdots\cdots ① \qquad \left(k\left[=\frac{R}{N_A}\right]：ボルツマン定数\right)$$

となる（演習問題15（P36））ので，この場合の n(mol) の理想気体の内部エネルギー U は，

$$U = nN_A\cdot\frac{1}{2}m\langle v^2\rangle = nN_A\cdot\frac{3}{2}\boxed{k}T \quad \left(k=\frac{R}{N_A}\right) \qquad \therefore\ U = \frac{3}{2}nRT \text{ となる。}$$

ここで，理想気体の場合，内部エネルギー U は温度 T のみの関数となるが，実在の気体では，体積 V が小さくなると分子間力が働くため，運動エネルギー，すなわち内部エネルギーが減少するので，U は $U=U(T,V)$ と，T と V の2変数関数になることに注意しよう。

それでは，2原子分子や3原子以上の多原子分子の理想気体の場合，その内部エネルギーはどうなるのか？これについては，分子の**自由度**と，**エネルギー等分配の法則**が決め手となる。演習問題11(P30)で示したように，単原子分子理想気体では，気体分子の速度について，

$<v^2> = <v_x^2> + <v_y^2> + <v_z^2>$，$<v_x^2> = <v_y^2> = <v_z^2>$ より，①は，

$$\frac{1}{2}m(<v_x^2> + <v_y^2> + <v_z^2>) = \frac{3}{2}kT$$

$$\underbrace{\frac{1}{2}m<v_x^2>}_{\boxed{\frac{1}{2}kT}} + \underbrace{\frac{1}{2}m<v_y^2>}_{\boxed{\frac{1}{2}kT}} + \underbrace{\frac{1}{2}m<v_z^2>}_{\boxed{\frac{1}{2}kT}} = 3\cdot\frac{1}{2}kT$$

$$\therefore \frac{1}{2}m<v_x^2> = \frac{1}{2}m<v_y^2> = \frac{1}{2}m<v_z^2> = \frac{1}{2}kT$$

図2 エネルギー等分配の法則

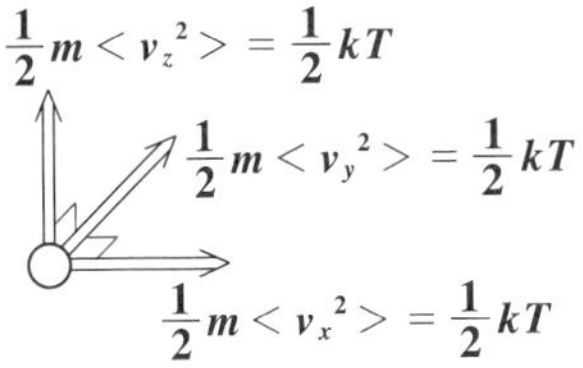

となる。よって図2に示すように，1個の分子は x 軸，y 軸，z 軸の3つの方向に運動できるため，3つの自由度をもち，この3つの自由度に，平均として等しいエネルギー $\frac{1}{2}kT$ が割り当てられる。これを**エネルギー等分配の法則**と呼ぶ。

自由度を f とおくと，図3に示すように，(i) 単原子分子：$f=3$，

(ii) 常温の2原子分子：$f=5$，（高温になると2原子分子の2つの原子の間に振動が生じるので，自由度が2増えて，$f=7$）

(iii) 多原子分子：$f=6$ となる。（3原子以上の多原子分子を剛体とみる）

図3 分子運動の自由度

(i) 単原子分子（自由度 $f=3$）　(ii) 2原子分子（自由度 $f=5$）　(iii) 3原子分子（多原子分子）（自由度 $f=6$）

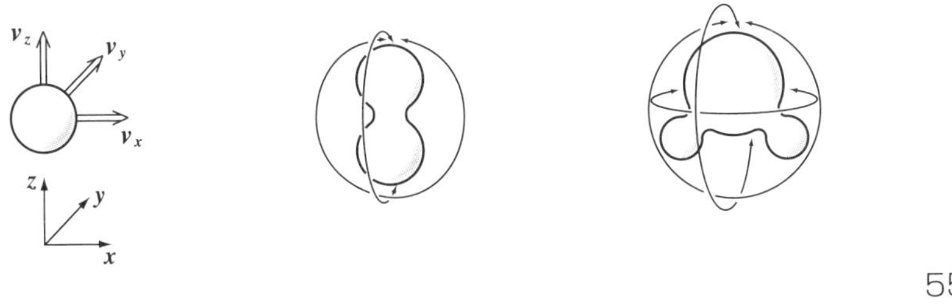

一般に自由度fの理想気体分子の平均運動エネルギーは，エネルギー等分配の法則により，$\frac{1}{2}m<v^2> = f\cdot\frac{1}{2}kT = \frac{f}{2}kT$ となるので，その気体n(mol)の内部エネルギーUは，$U = n\cdot N_A\cdot\frac{1}{2}m<v^2> = n\cdot N_A\cdot\frac{f}{2}kT$（$k = \frac{R}{N_A}$）より，$U = \frac{f}{2}nRT$ ……②となる。

図4に示すように，シリンダーとピストンで出来た容器内の気体を熱力学的な系とする。これにQ(J)の熱量が加えられると，気体の温度がΔT(K)だけ上昇して，その内部エネルギーが増加する。また，この気体の体積がΔVだけ増加すると，この気体は外部に仕事をすることになる。

図4 熱力学第1法則
$Q = \Delta U + W$

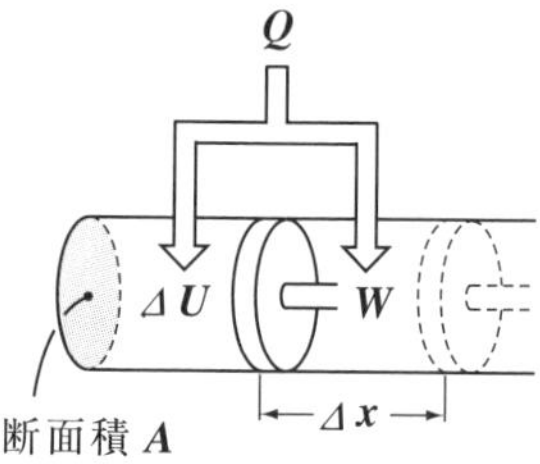

この内部エネルギーの増分をΔU(J)，また気体が外部にした仕事をW(J)とおくと，

$Q = \Delta U + W$ すなわち $\Delta U = Q - W$ ……③が成り立つ。この③を**熱力学第1法則**と呼ぶ。つまり，熱力学的なエネルギー保存則が，この熱力学第1法則ということになる。

ここで，$W = p\cdot\Delta V$ とおくと，③は，$\Delta U = Q - p\cdot\Delta V$ となる。

> ピストンの断面積をA(m²)とおくと，$W = pA\cdot\Delta x = p\cdot\Delta V$(J)となる。（$A\cdot\Delta x = \Delta V$）

ここでUは，p，V，Tによって定まる状態量だから，Uの微小な変化をdUと表せる。これに対して，QとWは状態量ではないので，その微少量については，それぞれ$d'q$，$d'W$とおく。よって，③を微分形式で示すと，熱力学第1法則は，

$dU = d'Q - d'W$ ……④と表せる。さらに，$d'W = pdV$ とおけば，④は，

$dU = d'Q - pdV$ ……④′となる。

ある1つの状態から出発した熱力学的な系が，様々な状態を変化した後，また元の状態に戻るような過程のことを**循環過程**，または**サイクル**という。一般に熱機関は繰り返し運動をして仕事をするため，必然的にこの循環過程を繰り返すことになる。そして，この熱機関で用いられる熱力学的な系を，**作業物質**と呼ぶ。

§2．比熱と断熱変化

ある物質1(mol)を温度1(K)だけ上昇させるのに必要な熱量を**モル比熱**と呼び，これをC(J/mol K)で表す。モル比熱には**定積モル比熱**と**定圧モル比熱**の2通りがあり，その定義と公式は次の通りである。(演習問題31(P72))

(i) **定積モル比熱** C_V：体積一定の下で，物質1(mol)を温度1(K)だけ上昇させるのに必要な熱量　$C_V=\left(\frac{\partial u}{\partial T}\right)_v$

(ii) **定圧モル比熱** C_p：圧力一定の下で，物質1(mol)を温度1(K)だけ上昇させるのに必要な熱量　$C_p=C_V+\left\{\left(\frac{\partial u}{\partial v}\right)_T+p\right\}\left(\frac{\partial v}{\partial T}\right)_p$

ここで，n(mol)の熱力学的な系(または，作業物質)の**状態変数** V, Uを，1(mol)当たりの物質で換算したものを，それぞれ$v\left(=\frac{V}{n}\right)$，$u\left(=\frac{U}{n}\right)$で表している。

ここで新たな状態量として**エンタルピー** Hを，$H=U+pV$で定義すると，定圧モル比熱は，$C_p=\left(\frac{\partial h}{\partial T}\right)_p$ $\left(\text{ただし，}h=\frac{H}{n}\right)$と，スッキリした形で表せる。(演習問題32(P74))

C_VとC_pを並べて示すと，次のようにまとめられる。

●定積モル比熱 $C_V=\left(\frac{\partial u}{\partial T}\right)_v$　●定圧モル比熱 $C_p=\left(\frac{\partial h}{\partial T}\right)_p$

②より，1(mol)の理想気体の内部エネルギーは，$u=\frac{f}{2}RT$ $(n=1)$となる。

よって，この系の定積モル比熱は，$C_V=\frac{du}{dT}$より，$C_V=\frac{f}{2}R$ ……⑤となる。

ここで，理想気体のC_VとC_pの間には，$C_p=C_V+R$の関係がある。(演習問題33(P75))これを**マイヤーの関係式**といい，これに⑤を代入して，

$C_p=\frac{f+2}{2}R$となる。

系に熱の出入りがないようにして，系を膨張させたり圧縮させたりする変化を**断熱変化**という。n(mol)の理想気体の準静的な断熱過程においては，

$pV^\gamma=$(一定) ……⑥が成り立つ。$\left(\gamma=\frac{C_p}{C_V}：\textbf{比熱比}\right)$(演習問題36(P78))

⑥を**ポアソンの関係式**(または，**ポアソンの式**)という。

演習問題 24　●等温膨張による仕事(Ⅰ)●

1(mol) の理想気体について，温度を **23(℃)** に保ったまま，その体積を **1(l)** から **1.5(l)** になるまで準静的に膨張させたとき，この気体がした仕事はいくらか。ただし，$\log 1.5 = 0.4055$ とする。

ヒント！ 体積が v_1 から v_2 まで気体が膨張するとき，気体が外部にした仕事 W は，$W = \int_{v_1}^{v_2} p dv$ となるんだね。

解答＆解説

右図に示すように，

体積 $v_1 = 1(l)$，$v_2 = 1.5(l)$

温度 $T = 273.15 + 23 = 296.15(\mathrm{K})$

とおき，さらに，

状態 $\mathrm{A}(p_1,\ v_1,\ T)$

状態 $\mathrm{B}(p_2,\ v_2,\ T)$ とおく。

$\mathrm{A} \to \mathrm{B}$ の等温膨張において，

気体が外部にした仕事 W は，

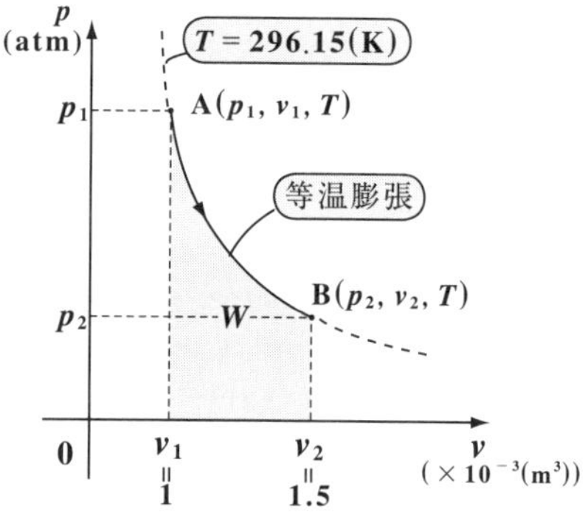

$$W = \int_{v_1}^{v_2} p dv \cdots\cdots ①$$

1(mol) の理想気体の状態方程式：$pv = RT$ より，$p = \dfrac{RT}{v} \cdots\cdots ②$

②を①に代入して，

$$W = \int_{v_1}^{v_2} \frac{RT}{v} dv = RT \int_{v_1}^{v_2} \frac{1}{v} dv = RT\left[\log v\right]_{v_1}^{v_2}$$

$$= RT(\log v_2 - \log v_1) = RT \log \frac{v_2}{v_1} \cdots\cdots ③$$

③に，$R = 8.31(\mathrm{J/mol\ K})$，$T = 296.15(\mathrm{K})$，

$v_1 = 1 \times 10^{-3}(\mathrm{m^3})$，$v_2 = 1.5 \times 10^{-3}(\mathrm{m^3})$ を代入して，

$$W = 8.31 \times 296.15 \times \log \frac{1.5 \times \cancel{10^{-3}}}{1 \times \cancel{10^{-3}}}$$

$= 8.31 \times 296.15 \times 0.4055 \fallingdotseq 997.9(\mathrm{J})$ となる。……………………………(答)

演習問題 25　●定圧膨張による仕事●

1(mol) の理想気体について，圧力を **1(atm)** に保ったまま，その体積を **1(l)** から **3(l)** になるまで準静的に膨張させたとき，この気体がした仕事はいくらか。

ヒント！ 気体が外部にする仕事 $W = \int_{v_1}^{v_2} p\,dv$ の公式を使う。

解答＆解説

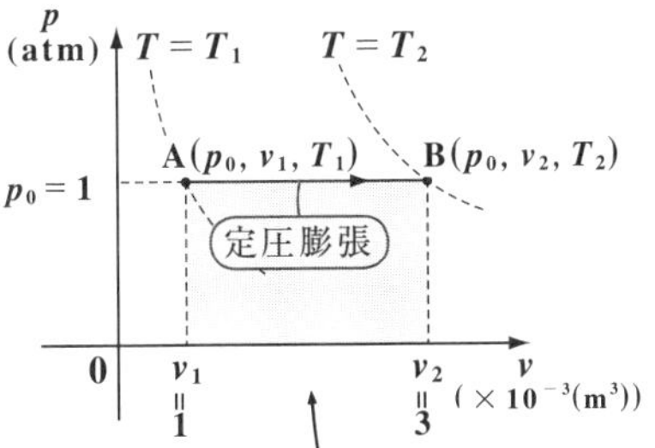

右図に示すように，
状態 $A(p_0,\ v_1,\ T_1)$ から
状態 $B(p_0,\ v_2,\ T_2)$ まで
理想気体を準静的に定圧膨張させる。ここで，

$p_0 = 1\text{(atm)}$
$= \boxed{(ア)}\ \text{(N/m}^2\text{)}$

$v_1 = 1(l) = 1 \times \boxed{(イ)}\ \text{(m}^3\text{)}$

$v_2 = 3(l) = 3 \times \boxed{(イ)}\ \text{(m}^3\text{)}$ とする。

気体が外部にする仕事は，上図の網目部の面積に等しいので，積分を使わずに，
$W = p_0(v_2 - v_1)$
として求めることもできる。

このとき，この気体が外部にした仕事 W は，

$$W = \boxed{(ウ)} = p_0\int_{v_1}^{v_2} dv = p_0[v]_{v_1}^{v_2}$$

$$= p_0(v_2 - v_1) = 1.013 \times 10^5 \times (3 \times 10^{-3} - 1 \times 10^{-3})$$

$$= 1.013 \times 10^5 \times 2 \times 10^{-3} = 2.026 \times 10^2$$

$= 202.6\text{(J)}$ となる。……………………………………………(答)

解答　(ア) 1.013×10^5　(イ) 10^{-3}　(ウ) $\int_{v_1}^{v_2} p_0\,dv$

演習問題 26　●等温膨張による仕事(II)●

$\mathbf{1(mol)}$ の理想気体について，温度を $\mathbf{27(°C)}$ に保ったまま，その圧力を $\mathbf{2(atm)}$ から $\mathbf{1(atm)}$ になるまで準静的に膨張させたとき，この気体がした仕事はいくらか。ただし，$\mathbf{0(°C)}$ の絶対温度 $T_0 = 273(K)$，気体定数 $R = 8.31(J/mol\ K)$，$\log 2 = 0.6931$ とする。

ヒント！ 体積が v_1 から v_2 になるまで準静的に気体を膨張させたとき，気体が外部にする仕事 W は，$W = \int_{v_1}^{v_2} p dv$ となる。ここでは，圧力の値が与えられているので，理想気体の状態方程式：$pv = RT$ を利用する。また，等温過程より，$dT = 0$ に注意しよう。

解答＆解説

右図に示すように，

圧力 $p_1 = 2(atm)$，$p_2 = 1(atm)$

温度 $T = 273 + 27 = 300(K)$

とおき，さらに，

状態 $A(p_1,\ v_1,\ T)$

状態 $B(p_2,\ v_2,\ T)$ とおく。

$A \to B$ の等温膨張において，

気体が外部にする仕事 W は，

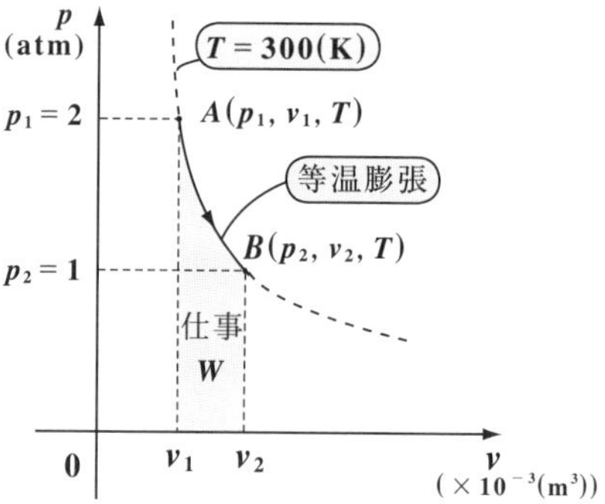

$W = \int_{v_1}^{v_2} p dv$ ……①である。

ここで，$\mathbf{1(mol)}$ の理想気体の状態方程式：$pv = RT$ より，

$v = v(p,\ T) = RT \cdot p^{-1}$

よって，体積 v の全微分 dv は，

$$dv = \left(\frac{\partial v}{\partial p}\right)_T dp + \left(\frac{\partial v}{\partial T}\right)_p \underset{0}{dT} \cdots\cdots ②$$

ここで，$A \to B$ は等温過程より，$dT = 0$　　よって，②は，

$$dv = \left(\frac{\partial v}{\partial p}\right)_T dp = \frac{\partial}{\partial p}(RT \cdot p^{-1})_T dp = -RT \cdot p^{-2} dp \cdots\cdots ③$$

（RT：定数扱い）

③を①に代入して，求める気体のした仕事 W は，

$$W=\int_{v_1}^{v_2}\underset{\sim\sim}{p\,dv}=\int_{p_1}^{p_2}p\cdot\underbrace{(-\underset{\text{定数扱い}}{RT}\cdot p^{-2})dp}$$

← 積分変数を v から p に変えた！

$$=-RT\int_{p_1}^{p_2}\frac{1}{p}\,dp=-RT[\log\underset{\oplus}{p}]_{p_1}^{p_2}$$

$$=RT(\log p_1-\log p_2)=\underset{8.31}{R}\,\underset{300}{T}\log\frac{\overset{2}{p_1}}{\underset{1}{p_2}}$$

$$=8.31\times300\times\underset{0.6931}{\log 2}=8.31\times300\times0.6931$$

$\fallingdotseq 1728\,(\mathrm{J})$ ……………………………………………………………(答)

別解

$p_1=2(\mathrm{atm})$，$p_2=1(\mathrm{atm})$，$T=273+27=300(\mathrm{K})$ とおき，

状態 $A(p_1,\ v_1,\ T)$，状態 $B(p_2,\ v_2,\ T)$ とおく。

$A\to B$ の等温過程で気体のした仕事 $W(\mathrm{J})$ は，

$W=\int_{v_1}^{v_2}p\,dv$ ……① である。

ここで，状態方程式 $pv=RT$ より，$v=\dfrac{RT}{p}$　$(T=300(\mathrm{K}))$

(ⅰ) $v=v_1$ のとき，$p=p_1=2$ より，

$$v_1=\frac{RT}{p_1}=\frac{R\cdot300}{2}=150R$$

(ⅱ) $v=v_2$ のとき，$p=p_2=1$ より，

$$v_2=\frac{RT}{p_2}=\frac{R\cdot300}{1}=300R$$

(ⅰ)(ⅱ) より①は，

$$W=\int_{v_1}^{v_2}\underset{\frac{RT}{v}}{p}\,dv=\underset{\text{定数}}{RT}\int_{v_1}^{v_2}\frac{1}{v}\,dv=RT[\log\underset{\oplus}{v}]_{v_1}^{v_2}$$

$$=RT\log\frac{v_2}{v_1}=RT\log\frac{\overset{2}{\cancel{300R}}}{\cancel{150R}}=RT\log 2$$

$=8.31\times300\times0.6931\fallingdotseq1728(\mathrm{J})$ となる。………………………(答)

ボイルの法則より，T 一定のとき，$p_1v_1=p_2v_2$

$$\therefore\ \frac{v_2}{v_1}=\frac{p_1}{p_2}=\frac{2}{1}=2$$

$$\therefore\ W=\int_{v_1}^{v_2}p\,dv=RT\int_{v_1}^{v_2}\frac{1}{v}\,dv$$
$$=RT[\log v]_{v_1}^{v_2}=RT\log\frac{v_2}{v_1}$$
$$=RT\log2\fallingdotseq1728(\mathrm{J})$$

でもいいね。

演習問題 27　●定圧圧縮による仕事●

1(mol) の理想気体を，圧力を p**(atm)** に保ったまま，状態 $A(p,\ v_1,\ T_1)$ から状態 $B(p,\ v_2,\ T_2)$ までゆっくりと圧縮した。このとき，気体が外部にした仕事を求めよ。ただし，$T_1 = 290$**(K)**，$T_2 = 280$**(K)**，気体定数 $R = 8.31$**(J/mol K)** とする。

ヒント！ 演習問題 **26** と同様に，v の全微分 dv を使う。今回は定圧過程なので，$dp = 0$ より，dv は dT で表される。

解答＆解説

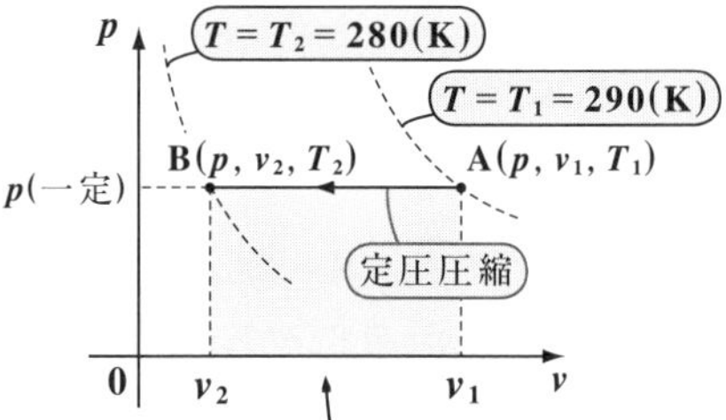

右図に示すように，
状態 $A(p,\ v_1,\ T_1)$ から
状態 $B(p,\ v_2,\ T_2)$ まで
理想気体を準静的に
定圧圧縮したとき，
気体が外部にした仕事 W は，

$W =$ (ア) ……① である。

実は，気体が外部になす仕事 W は，上図の網目部の面積に，⊖を付けたものに等しいので，積分を使わず，

$W = -p(v_1 - v_2)$
$= pv_2 - pv_1$
$= RT_2 - RT_1$
$= R(T_2 - T_1)$

と求めることもできる。

ここで，**1(mol)** の理想気体の
状態方程式：(イ) より，

$$v = v(p,\ T) = \frac{RT}{p}$$

よって，v の全微分 dv は，

$dv =$ (ウ) ……②

$A \rightarrow B$ は定圧過程より，$dp =$ (エ)　　よって，②は，

$$dv = \left(\frac{\partial v}{\partial T}\right)_p dT = \frac{\partial}{\partial T}\left(\frac{R}{p}T\right)_p dT = \text{(オ)} \quad \cdots\cdots③$$

（$\frac{R}{p}$：定数扱い）

③を①に代入して，求める気体のした仕事 W は，

$$W = \int_{V_1}^{V_2} p\,dV = \int_{T_1}^{T_2} p\cdot \boxed{(オ)\quad}$$

$$= R\int_{T_1}^{T_2} dT = R[T]_{T_1}^{T_2}$$

$$= R(T_2 - T_1)$$

$$= 8.31\cdot(280 - 290)$$

$$= -83.1(\text{J})$$ ……………………………………………………(答)

本当は，気体は外部から **83.1(J)** の仕事をされたので，⊖になるんだね。

別解

$A(p,\ v_1,\ T_1) \to B(p,\ v_2,\ T_2)$ の定圧圧縮において，気体のした仕事 $W(\text{J})$ は，

$W = \boxed{(ア)\quad}$ ……①となる。

ここで，状態方程式 $\boxed{(イ)\quad}$ より，$v = \dfrac{R}{p}T$　　(p 一定)

(ⅰ) $v = v_1$ のとき，$T = T_1 = 290$ より，

$$v_1 = \frac{RT_1}{p} = \frac{R\cdot 290}{p}$$

(ⅱ) $v = v_2$ のとき，$T = T_2 = 280$ より，

$$v_2 = \frac{RT_2}{p} = \frac{R\cdot 280}{p}$$

(ⅰ)(ⅱ) より，①は，

$$W = \int_{v_1}^{v_2} \underset{\text{一定}}{p}\,dv = p\int_{v_1}^{v_2} dv = p[v]_{v_1}^{v_2}$$

$$= p(v_2 - v_1) = p\cdot\left(\frac{280R}{p} - \frac{290R}{p}\right)$$

$$= -10\cdot R = -10\times 8.31 = -83.1(\text{J})$$ となる。………………(答)

シャルルの法則より，p 一定のとき，$\dfrac{v_1}{T_1} = \dfrac{v_2}{T_2}$

$\therefore \dfrac{v_1}{v_2} = \dfrac{T_1}{T_2}$

$$\therefore W = \int_{v_1}^{v_2} p\,dv = p[v]_{v_1}^{v_2}$$
$$= p(v_2 - v_1)$$
$$= pv_2\left(1 - \frac{v_1}{v_2}\right)$$
$$= RT_2\left(1 - \frac{T_1}{T_2}\right)$$
$$= R(T_2 - T_1) = R\times(-10)$$
$= -83.1(\text{J})$ でもいいね。

解答　(ア) $\displaystyle\int_{v_1}^{v_2} p\,dv$　(イ) $pv = RT$　(ウ) $\left(\dfrac{\partial v}{\partial p}\right)_T dp + \left(\dfrac{\partial v}{\partial T}\right)_p dT$

(エ) 0　(オ) $\dfrac{R}{p}dT$

演習問題 28　●循環過程で系が外部にする仕事●

n(mol) の理想気体の作業物質が，右図に示すような 4 つの状態 $A(p_1, V_1, T_1)$，$B(p_2, V_2, T_1)$，$C(p_3, V_2, T_2)$，$D(p_4, V_1, T_2)$ を $A \to B \to C \to D \to A$ の順に 1 周する循環過程について，この 1 サイクルでこの作業物質がした仕事 W を求めよ。ただし，(i)$A \to B$ は等温過程，(ii)$B \to C$ は定積過程，(iii)$C \to D$ は等温過程，(iv)$D \to A$ は定積過程とする。

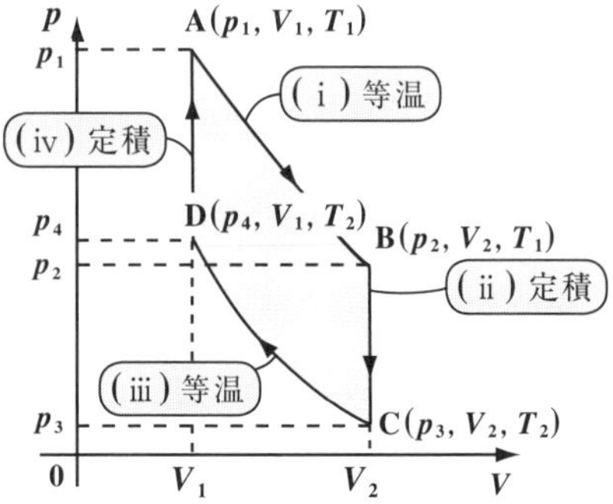

ヒント！ (i)〜(iv)のそれぞれの過程における微小な仕事 $d'W = pdV$ を積分して，各過程における理想気体の仕事を求め，その和をとるんだね。

解答&解説

(i)(ii)(iii)(iv) の 4 つの過程で，作業物質が外部になす仕事をそれぞれ，W_{AB}，W_{BC}，W_{CD}，W_{DA} とおくと，この 1 サイクルで作業物質が外部になす仕事の総和 W は，

$W = W_{AB} + W_{BC} + W_{CD} + W_{DA}$ ……① となる。

(i)$A \to B$ における微小な仕事 $d'W$ は，

$$d'W = pdV = nRT_1 \cdot \frac{dV}{V}$$ より，W_{AB} は，

（$p = \frac{nRT_1}{V}$ ← 理想気体の状態方程式：$pV = nRT_1$）

$$W_{AB} = \int_{V_1}^{V_2} nRT_1 \cdot \frac{1}{V}dV = nRT_1 \cdot \int_{V_1}^{V_2} \frac{1}{V}dV = nRT_1[\log V]_{V_1}^{V_2}$$

（nRT_1：定数）

$$= nRT_1(\log V_2 - \log V_1)$$

$$\therefore W_{AB} = nRT_1 \log \frac{V_2}{V_1} \quad \cdots\cdots ②$$

となる。

②は，これは曲線 AB と V 軸とで挟まれる部分の面積を表す。

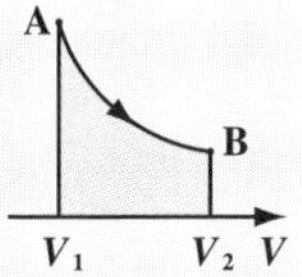

(ii) B → C は定積変化より，$dV = 0$　よって，B → C における微小な仕事

$d'W = p\underbrace{dV}_{0}$ より，$W_{BC} = 0$ ……③となる。

(iii) C → D における微小な仕事 $d'W$ は，

$d'W = \underbrace{p}_{\frac{nRT_2}{V}} dV = nRT_2 \cdot \dfrac{dV}{V}$ より，W_{CD} は，

理想気体の状態方程式：$pV = nRT_2$

$$W_{CD} = \int_{V_2}^{V_1} \underbrace{nRT_2}_{\text{定数}} \frac{1}{V} dV = nRT_2[\log V]_{V_2}^{V_1}$$

$$= nRT_2(\log V_1 - \log V_2)$$

$$= -nRT_2(\log V_2 - \log V_1)$$

$$\therefore W_{CD} = -nRT_2 \log \frac{V_2}{V_1} \quad \cdots\cdots ④$$

となる。

これは曲線 CD と V 軸とで挟まれる部分の面積に ⊖ を付けたものだ。

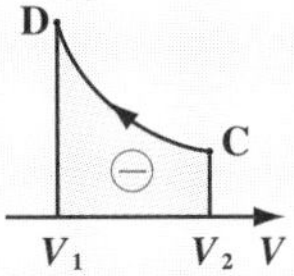

(iv) D → A は定積変化より，$dV = 0$　よって，D → A における微小な仕事

$d'W = p\underbrace{dV}_{0} = 0$ より，$W_{DA} = 0$ ……⑤となる。

以上②，③，④，⑤を①に代入すると，このサイクル（循環過程）により，作業物質が外部にする仕事 W が，次のように求まる。

$$W = W_{AB} + \underbrace{W_{BC}}_{0} + W_{CD} + \underbrace{W_{DA}}_{0} = nRT_1 \log \frac{V_2}{V_1} - nRT_2 \log \frac{V_2}{V_1}$$

$$= nR(T_1 - T_2) \cdot \log \frac{V_2}{V_1} \quad \cdots\cdots\cdots\cdots\cdots\cdots (答)$$

実は，この結果は，問題文の図の網目部の面積に等しいことも大丈夫だね。

本問の循環過程 (i) 等温→(ii) 定積→(iii) 等温→(iv) 定積を，スターリング・サイクルと呼ぶ。

演習問題 29 ●循環過程で吸収される熱量(I)●

n(mol) の理想気体の作業物質が，右図に示すような 4 つの状態 $A(p_1, V_1, T_1)$，$B(p_2, V_2, T_1)$，$C(p_3, V_2, T_2)$，$D(p_4, V_1, T_2)$ を A → B → C → D → A の順に 1周する循環過程について，この 1 サイクルで吸収される熱量 Q を，微分形式の熱力学第 1 法則 $d'Q = dU + pdV$ を用いて求めよ。

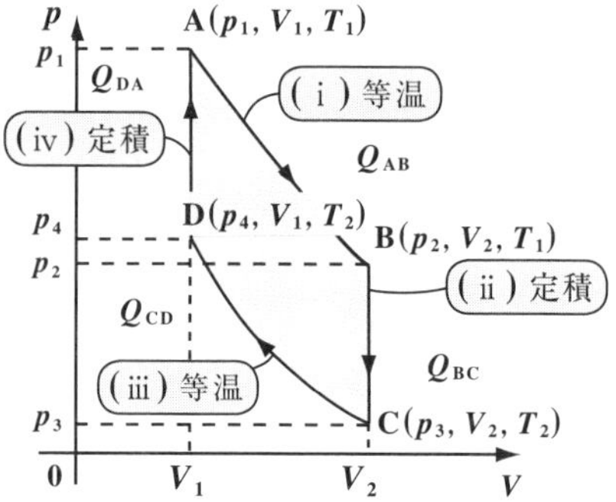

ただし，(i)A→B は等温過程，(ii)B→C は定積過程，(iii)C→D は等温過程，(iv)D→A は定積過程とする。

ヒント！ (i)〜(iv)の各過程で吸収される熱量を，$d'Q$ を積分することによって求め，それらの和をとればいい。循環過程の場合，1 周すると内部エネルギーの変化分 ΔU が，$\Delta U = U_A - U_A = 0$ となる。これを，熱力学第 1 法則：$\Delta U = Q - W$ に代入すると，$Q = W$ となる。この 1 サイクルにより，この循環過程が外部にする仕事 W は，演習問題 28 から $W = nR(T_1 - T_2)\cdot\log\frac{V_2}{V_1}$ だね。よって，$Q = W = nR(T_1 - T_2)\cdot\log\frac{V_2}{V_1}$ となるはずだ。この結果を実際に計算して求めてみよう。

解答＆解説

微分形式の熱力学第 1 法則：

$$d'Q = \underset{nC_VdT}{dU} + pdV = nC_VdT + pdV \cdots\cdots ①$$ を用いる。

（n(mol) の理想気体では，$dU = nC_VdT$ と変形できる。）

(i) A → B は $T = T_1$ 一定の等温過程より，$dT = 0$ ∴①は，$d'Q = pdV$ となるので，この過程で吸収される熱量を Q_{AB} とおくと，

$$Q_{AB} = \int_A^B d'Q = \int_{V_1}^{V_2} \underset{\frac{nRT_1}{V}}{p}dV = nRT_1\int_{V_1}^{V_2}\frac{1}{V}dV$$

（理想気体の状態方程式：$pV = nRT_1$）

$$= nRT_1[\log V]_{V_1}^{V_2} = nRT_1\log\frac{V_2}{V_1} \cdots\cdots ②$$ となる。

(ii) $B \to C$ は $V = V_2$ 一定の定積過程より，$dV = 0$ ∴①は，$d'Q = nC_V dT$ となるので，この過程で吸収される熱量を Q_{BC} とおくと，

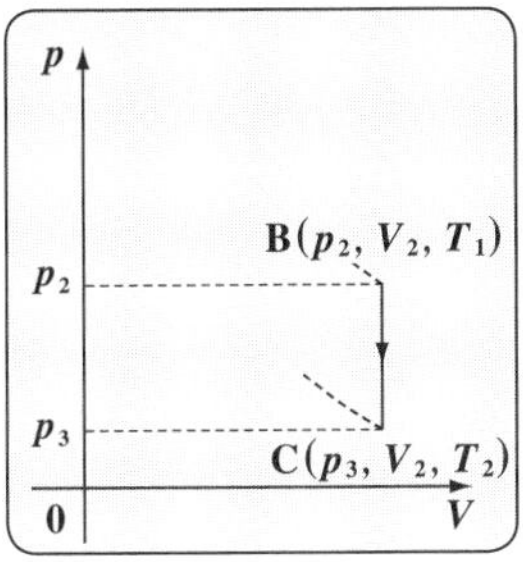

$$Q_{BC} = \int_B^C d'Q = \int_{T_1}^{T_2} nC_V dT$$

（nC_V：定数）

$$= nC_V [T]_{T_1}^{T_2}$$

$$= -nC_V(T_1 - T_2) \quad \cdots\cdots ③ \text{ となる。}$$

$T_1 - T_2$ は ⊕ （∵ $T_1 > T_2$）

⊖より，$B \to C$ の過程では $|Q_{BC}|$ の熱量が放出される。

(iii) $C \to D$ は $T = T_2$ 一定の等温過程より，$dT = 0$ ∴①は，$d'Q = pdV$ となるので，この過程で吸収される熱量を Q_{CD} とおくと，

$$Q_{CD} = \int_C^D d'Q = \int_{V_2}^{V_1} pdV = nRT_2 \int_{V_2}^{V_1} \frac{1}{V} dV$$

（$p = \frac{nRT_2}{V}$ ← 理想気体の状態方程式：$pV = nRT_2$）

$$= nRT_2[\log V]_{V_2}^{V_1} = -nRT_2 \log \frac{V_2}{V_1} \quad \cdots\cdots ④ \text{ となる。}$$

⊖より，$C \to D$ の過程では $|Q_{CD}|$ の熱量が放出される。

(iv) $D \to A$ は $V = V_1$ 一定の定積過程より，$dV = 0$ ∴①は，$d'Q = nC_V dT$ となるので，この過程で吸収される熱量を Q_{DA} とおくと，

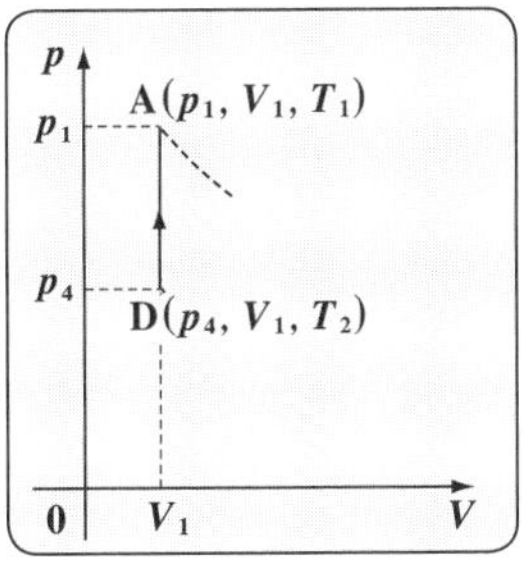

$$Q_{DA} = \int_D^A d'Q = \int_{T_2}^{T_1} nC_V dT$$

$$= nC_V[T]_{T_2}^{T_1}$$

$$= nC_V(T_1 - T_2) \quad \cdots\cdots ⑤ \text{ となる。}$$

以上②，③，④，⑤の和をとることにより，この1サイクルで吸収される熱量 Q が求まる。

$$\therefore Q = Q_{AB} + Q_{BC} + Q_{CD} + Q_{DA}$$

$$= nRT_1 \log \frac{V_2}{V_1} - nC_V(T_1 - T_2) - nRT_2 \log \frac{V_2}{V_1} + nC_V(T_1 - T_2)$$

$$= nR(T_1 - T_2) \log \frac{V_2}{V_1} \text{ となる。} \quad \cdots\cdots\cdots\cdots (\text{答})$$

演習問題28で求めた $W(=Q)$ の値と一致したね。

演習問題 30　●循環過程で吸収される熱量(Ⅱ)●

n(mol) の理想気体の作業物質が右図に示すような 3 つの状態 $A(3p_1,\ V_1,\ 3T_1)$, $B(p_1,\ 3V_1,\ 3T_1)$, $C(p_1,\ V_1,\ T_1)$ を，A → B → C → A の順に 1 周する循環過程について，この 1 サイクルで吸収される熱量 Q を求めよ。ただし，(ⅰ)A → B は等温過程，(ⅱ)B → C は定圧過程，そして(ⅲ)C → A は定積過程とする。

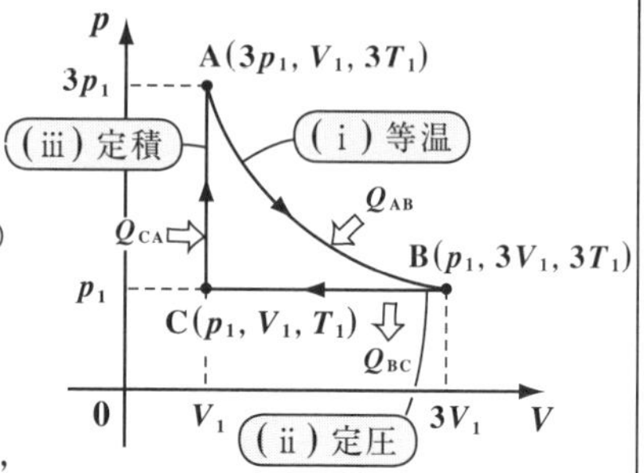

ヒント！ 循環過程においては，1 周すると内部エネルギーの変化 $\Delta U = U_A - U_A = 0$ となるので，これと熱力学第 1 法則：$\Delta U = Q - W$ から $Q = W$ が導かれる。Q を直接求める代わりに，作業物質がこの 1 サイクルにより外部にする仕事 W を求めればいいんだね。

解答＆解説

状態 A から始めて，循環過程を 1 周して状態 A で 1 サイクルが終了するので，内部エネルギーの変化は $\Delta U = 0$ となる。これを熱力学第 1 法則 $\Delta U =$ [(ア)　　] に代入すると，

$0 = Q - W$　∴ $Q = W$ となるので，この 1 サイクルで作業物質が外部にした仕事 W を求めれば，それが，この 1 サイクルで吸収される熱量 Q と一致する。よって，この仕事 W を求める。

(ⅰ)(ⅱ)(ⅲ) の 3 つの過程で作業物質が外部になす仕事をそれぞれ W_{AB}, W_{BC}, W_{CA} とおくと，この 1 サイクルで作業物質が外部にする仕事の総和 W，すなわち，この作業物質が吸収した熱量 Q は，

$Q = W = W_{AB} + W_{BC} + W_{CA}$ ……① となる。

(ⅰ)A → B における微小な仕事 $d'W$ は，

$$d'W = pdV = 3nRT_1 \cdot \frac{dV}{V}$$ より，W_{AB} は，

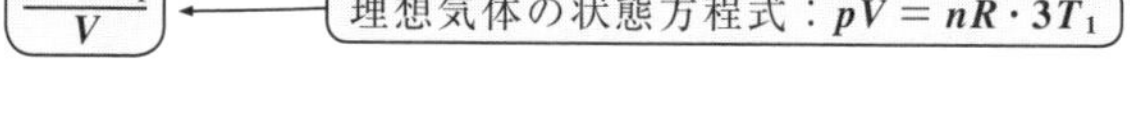

$$W_{AB}=\int_A^B d'W=\int_{V_1}^{3V_1}\underbrace{3nRT_1}_{\text{定数}}\frac{dV}{V}=3nRT_1\int_{V_1}^{3V_1}\frac{1}{V}dV=3nRT_1[\log V]_{V_1}^{3V_1}$$

$$=3nRT_1(\log 3V_1-\log V_1)$$

$$=3nRT_1\log\frac{3\cancel{V_1}}{\cancel{V_1}}$$

$=3nRT_1\cdot\log 3$ ……②となる。

これは曲線 **AB** と V 軸とで挟まれる部分の面積を表す。

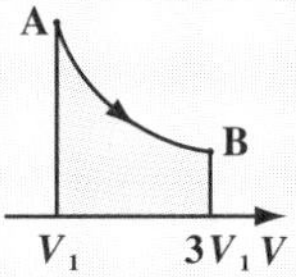

(ⅱ) **B → C** における微小な仕事 $d'W$ は，

$d'W=p_1dV$ より，W_{BC} は，

$$W_{BC}=\int_B^C d'W=\int_{3V_1}^{V_1}\underbrace{p_1}_{\text{定数}}dV=p_1\int_{3V_1}^{V_1}dV$$

$$=p_1[V]_{3V_1}^{V_1}=p_1(V_1-3V_1)$$

$=-2p_1V_1$ ……③となる。

これは，線分 **BC** と V 軸とで挟まれる部分の面積に㊀をつけたものだ。

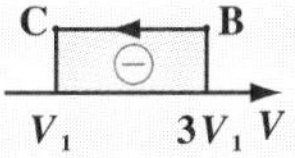

(ⅲ) **C → A** における微小な仕事 $d'W=p\underset{0}{\underline{dV}}$ は，定積変化より，$dV=0$

∴ $W_{CA}=$ (イ) ……④となる。

以上②，③，④を①に代入して，このサイクル (循環過程) により，

作業物質が吸収した熱量 Q は，

$Q=W=W_{AB}+W_{BC}+\underset{0}{\cancel{W_{CA}}}=3nRT_1\cdot\log 3-2p_1V_1$ となる。………………(答)

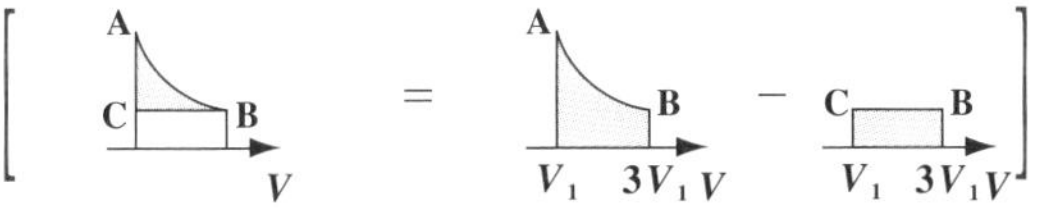

これから，この右回りのサイクル (循環過程) で作業物質が外部にする仕事 W，すなわち外部からこの作業物質が吸収する熱量 Q は，pV 図上の図形 **ABC** の面積に等しいことがわかる。もし左回りのサイクルであれば，W_{AB}，W_{BC} の値は，符号が逆になるので，図形 **ABC** の面積に㊀を付けたものになるんだね。

次に，別解として，本問を微分形式の熱力学第 **1** 法則：

$d'Q = dU + pdV =$ (ウ) ……①を用いて，直接 Q を求めてみよう。

別解

微分形式の熱力学第 **1** 法則：

$d'Q = \underline{dU} + pdV =$ (ウ) ……①を直接用いて，熱量 Q を求める。

$dU = nC_v dT$ ← n(mol) の理想気体の場合，$dU = nC_V dT$ となる。

(ⅰ) **A→B** のとき，この過程で吸収される熱量を Q_{AB} とおく。**A→B** は $T = 3T_1$ の等温過程より，$dT = 0$　よって①は，$d'Q = pdV$ となる。

$$\therefore Q_{AB} = \int_A^B d'Q = \int_{V_1}^{3V_1} pdV = 3nRT_1 \int_{V_1}^{3V_1} \frac{1}{V} dV$$

$p = \dfrac{3nRT_1}{V}$ ← 理想気体の状態方程式：$pV = nR \cdot 3T_1$

$$= 3nRT_1 [\log V]_{V_1}^{3V_1} = 3nRT_1 \log 3 \text{……②}$$ となる。

(ⅱ) **B→C** のとき，この過程で吸収される熱量を Q_{BC} とおく。

（計算の結果，これは負になるので，熱量は放出されている。）

B→C は $p = p_1$ 一定の定圧過程より，①は，

$d'Q = nC_V dT +$ (エ) となる。

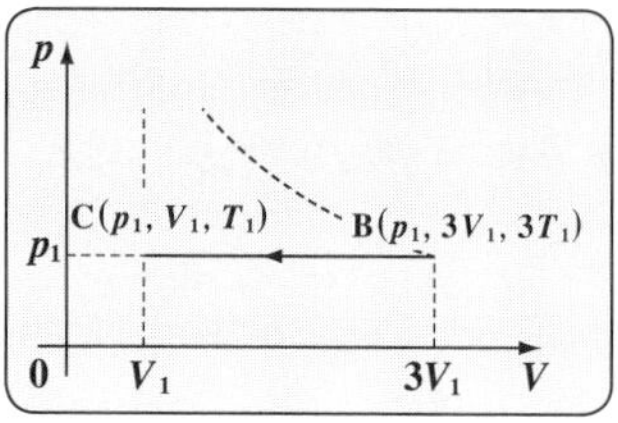

$$\therefore Q_{BC} = \int_B^C d'Q = \int_{3T_1}^{T_1} nC_V dT + \int_{3V_1}^{V_1} p_1 dV$$

（nC_V：定数，p_1：定数）

$$= nC_V \int_{3T_1}^{T_1} dT + p_1 \int_{3V_1}^{V_1} dV$$

$$= nC_V [T]_{3T_1}^{T_1} + p_1 [V]_{3V_1}^{V_1} = nC_V (T_1 - 3T_1) + p_1 (V_1 - 3V_1)$$

$$= \underline{-2nC_V T_1 - 2p_1 V_1} \text{……③}$$ となる。

⊖（熱量 $|Q_{BC}|$ を放出）

(ⅲ) **C→A** のとき，この過程で吸収される熱量を Q_{CA} とおくと，

C→A は $V = V_1$ 一定の定積過程より，$dV = 0$　よって①は，

$d'Q = nC_V dT$ となる。

$$\therefore Q_{CA} = \int_C^A d'Q = \int_{T_1}^{3T_1} nC_V dT$$

$$= nC_V[T]_{T_1}^{3T_1} = nC_V(3T_1 - T_1)$$

$$= 2nC_VT_1 \cdots\cdots ④$$

となる。

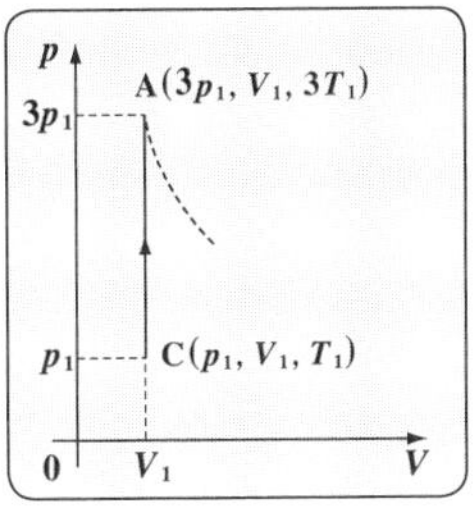

②＋③＋④より，この1サイクルで吸収される熱量 Q は，

$$Q = Q_{AB} + Q_{BC} + Q_{CA}$$

$$= 3nRT_1\log3 \cancel{- 2nC_VT_1} - 2p_1V_1 \cancel{+ 2nC_VT_1}$$

$= 3nRT_1\log3 - 2p_1V_1$ となる。 ……………………………………(答)

(ⅱ)B → C の $p=p_1$ 一定の定圧過程について，③は次のようにしても求まる。

B → C は定圧過程により，定圧モル比熱 C_p を用いると，

$d'Q = nC_pdT$ となる。

$$\therefore Q_{BC} = \int_B^C d'Q = \int_{3T_1}^{T_1} \underbrace{nC_p}_{\text{定数}} dT$$

$$= n\underbrace{C_p}_{C_V+R\text{(マイヤーの関係式)}}\int_{3T_1}^{T_1} dT = n(C_V+R)[T]_{3T_1}^{T_1}$$

$$= n(C_V+R)(T_1 - 3T_1)$$

$$= -2nT_1(C_V+R)$$

$$= -2nC_VT_1 - 2\underbrace{nRT_1}_{p_1V_1}$$

← 理想気体の状態方程式：$p_1V_1 = nRT_1$

$= -2nC_VT_1 - 2p_1V_1 \cdots\cdots$ ③が導かれる。

…………………………………………………………………………………………

解答 (ア) $Q - W$ (イ) 0 (ウ) $nC_VdT + pdV$ (エ) p_1dV

演習問題 31　● 定積モル比熱と定圧モル比熱 ●

(1) 定積モル比熱 C_V は，体積一定の下で，物質 **1(mol)** を温度 **1(K)** だけ上昇させるのに要する熱量のことである。この C_V について，

$C_V = \left(\dfrac{\partial u}{\partial T}\right)_v$ ……$(*1)$ を導け。

(2) 定圧モル比熱 C_p は，圧力一定の下で，物質 **1(mol)** を温度 **1(K)** だけ上昇させるのに要する熱量のことである。この C_p について，

$C_p = C_V + \left\{\left(\dfrac{\partial u}{\partial v}\right)_T + p\right\}\left(\dfrac{\partial v}{\partial T}\right)_p$ ……$(*2)$ を導け。

ただし，u と v はそれぞれ，**1(mol)** 当たりの物質の内部エネルギーと体積を表すものとする。

ヒント！ 定義から，定積モル比熱と定圧モル比熱はそれぞれ，$C_V = \dfrac{d'q}{dT}$ (v 一定)，$C_p = \dfrac{d'q}{dT}$ (p 一定) と表される。ここで，$d'q$ は物質 (熱力学的な系) に加えられた，**1(mol)** 当たりの熱量 q の微分量を表すんだね。

解答＆解説

n(mol) の物質 (系) を ΔT(K) だけ上昇させるのに必要な熱量を ΔQ とおくと，ΔQ は，その系のモル比熱 C(J/mol K) を用いて，

$\Delta Q =$ [(ア)　　　] ……①と表せる。

①の両辺を n で割って，$\dfrac{\Delta Q}{n} = \Delta q$ と表せば，①は，

$\Delta q = C \cdot \Delta T$ ……①′ となる。この①′ をさらに微分量で表すと，

$d'q = C \cdot dT \quad \therefore C = \dfrac{d'q}{dT}$ ……②となる。

ここで，熱力学第 **1** 法則 [(イ)　　　] の両辺を n(mol) で割って，**1(mol)** 当たりの換算式にすると，

$q = \Delta u + p\Delta v$ となる。これをさらに微分量で表すと，

$d'q = du + p \cdot dv$ ……③となる。

(1) 定積モル比熱 C_V

定積変化では，$dv = 0$ より，これを③に代入して，

$d'q = du + p\underbrace{dv}_{0} = du$ ……③′

③´を②に代入して，定積モル比熱 C_V は，

$$C_V = \frac{d'q}{dT} = \left(\frac{\partial u}{\partial T}\right)_v \quad \therefore C_V = \left(\frac{\partial u}{\partial T}\right)_v \cdots\cdots (*1)$$ が導ける。……………(終)

u は，一般に T と v の2変数関数なので，T による偏微分で表す

(2) 定圧モル比熱 C_p

状態量 $u = u(T, v)$ の (ウ) を求めると，

$$du = \underbrace{\left(\frac{\partial u}{\partial T}\right)_v}_{C_V} dT + \boxed{(エ)} \cdots\cdots ④$$

$z = f(x, y)$ のとき，
$dz = \frac{\partial z}{\partial x}dx + \frac{\partial z}{\partial y}dy$

④に $(*1)$ を代入して，

$$du = C_V dT + \left(\frac{\partial u}{\partial v}\right)_T dv \cdots\cdots ⑤$$

⑤を③に代入して，

$$d'q = C_V dT + \left(\frac{\partial u}{\partial v}\right)_T dv + p\,dv$$

$$d'q = C_V dT + \left\{\left(\frac{\partial u}{\partial v}\right)_T + p\right\} dv \cdots\cdots ⑥$$

ここで，状態量 v は p と T の2変数関数 $v = v(p, T)$ であるから，この全微分は，

$$dv = \left(\frac{\partial v}{\partial p}\right)_T \underbrace{dp}_{0} + \left(\frac{\partial v}{\partial T}\right)_p dT \cdots\cdots ⑦$$

定圧変化では $dp = 0$ より，⑦は

$$dv = \left(\frac{\partial v}{\partial T}\right)_p dT \cdots\cdots ⑦'$$

⑦´を⑥に代入し，さらに dT で割ると，

$$\frac{d'q}{dT} = C_V + \left\{\left(\frac{\partial u}{\partial v}\right)_T + p\right\}\left(\frac{\partial v}{\partial T}\right)_p$$ を得る。

よって，p 一定の条件の下で，②より，定圧モル比熱 $C_p = \frac{d'q}{dT}$ は，

$$C_p = C_V + \left\{\left(\frac{\partial u}{\partial v}\right)_T + p\right\}\left(\frac{\partial v}{\partial T}\right)_p \cdots\cdots (*2)$$ となる。……………………(終)

解答　(ア) $nC \cdot \Delta T$　(イ) $Q = \Delta U + p\Delta V$　(ウ) 全微分　(エ) $\left(\frac{\partial u}{\partial v}\right)_T dv$

演習問題 32　●定圧モル比熱とエンタルピー●

エンタルピー H は，熱力学的な系の内部エネルギー U と圧力 p と体積 V により，$H = U + pV$ ……①で定義される。
状態量 H の $1(\text{mol})$ 当たりのエンタルピーを h とおくとき，
定圧モル比熱 C_p は，

$C_p = \left(\dfrac{\partial h}{\partial T}\right)_p$ ……$(*2)'$ と簡単に表されることを導け。

ヒント！ 物質 $1(\text{mol})$ 当たりに換算したエンタルピー $h = \dfrac{H}{n}$ の微分量 dh と $dp = 0$ から，$1(\text{mol})$ 当たりの熱量の微分量 $d'q$ を求めよう。

解答＆解説

エンタルピー $H = U + pV$ ……①

（U と V が示量変数より，H も示量変数となる。）

は (ア)＿＿ 変数で，$n(\text{mol})$ の系 (物質) に対する定義式なので，

物質 $1(\text{mol})$ 当たりに換算したエンタルピーを $h\left(= \dfrac{H}{n}\right)$ とおくと，

①は，(イ)＿＿ ……①′ $\left(u = \dfrac{U}{n},\ v = \dfrac{V}{n}\right)$ と表される。

①′ の両辺の微分量は，

$$dh = du + d(pv) = du + v\,dp + p\,dv \quad (dp = 0)$$

$$d(pv) = \frac{\partial(pv)}{\partial p}dp + \frac{\partial(pv)}{\partial v}dv = v\,dp + p\,dv$$

・**示量変数**：物質の量に比例する状態変数のこと（V や U など）
・**示強変数**：物質の量と無関係な状態変数のこと（p や T など）

ここで，定圧変化を考えているので，(ウ)＿＿
よって，$dh = du + p\,dv$ となる。これと，系に加えられた熱量の
$1(\text{mol})$ 当たりの微分量：$d'q = du + p\,dv$ を比較して，

(エ)＿＿　$\therefore C_p = \dfrac{d'q}{dT} = \left(\dfrac{\partial h}{\partial T}\right)_p$ ……$(*2)'$ が導ける。…………………(終)

解答　(ア) 示量　(イ) $h = u + pv$　(ウ) $dp = 0$　(エ) $d'q = dh$

演習問題 33 ●マイヤーの関係式●

理想気体について，定積モル比熱 C_V と定圧モル比熱 C_p の間に次のマイヤーの関係式が成り立つことを示せ。

$C_p = C_V + R$ ……(＊3)（気体定数 $R \fallingdotseq 8.31(\mathrm{J/mol\,K})$）

ヒント！ 1(mol) の理想気体に加えられた熱量の微分量：$d'q = du + pdv$ に，$du = C_V dT$ を代入し，さらに 1(mol) の理想気体の状態方程式 $pv = RT$ を利用すればいいんだね。

解答＆解説

1(mol) の理想気体に加えられた熱量の微分量 $d'q$ は，

$d'q = du + pdv$ ……① となる。

（微分形式の熱力学第1法則：$d'Q = dU + pdV$ を1(mol) 当たりに換算したもの）

ここで，理想気体では u は温度 T のみの関数で，v によらないので，

$$C_V = \left(\frac{\partial u}{\partial T}\right)_v = \frac{du}{dT} \qquad \therefore du = C_V dT \text{……②}$$ となる。

また，1(mol) の理想気体の状態方程式：$pv = RT$ の両辺の微分量をとると，

$\underline{d(pv)} = RdT$，$vdp + pdv = RdT$

（$d(pv) = vdp + pdv$：$d(pv) = \left(\frac{\partial(pv)}{\partial p}\right)dp + \left(\frac{\partial(pv)}{\partial v}\right)dv$ より）

$\therefore pdv = RdT - vdp$ ……③　　②，③を①に代入して，

$d'q = C_V dT + RdT - vdp = (C_V + R)dT - \underbrace{vdp}_{0}$ ……④

定圧変化では $dp = 0$ より，④は，

$d'q = (C_V + R)dT$ となる。

よって，この両辺を dT で割って，

$$C_p = \frac{d'q}{dT} = C_V + R \text{……(＊3)}$$ が導かれる。 ……………………………………(終)

$C_p = C_V + \left\{\underbrace{\left(\frac{\partial u}{\partial v}\right)_T}_{0} + p\right\}\underbrace{\left(\frac{\partial v}{\partial T}\right)_p}_{\frac{R}{p}}$ ……(＊2) (P72) の公式に，

$\left(\frac{\partial u}{\partial v}\right)_T = 0$（∵理想気体では，$u = u(T)$ と T のみの関数）と，1(mol) の理想気体の状態方程式 $v = \frac{RT}{p}$ の両辺を T で偏微分した式 $\left(\frac{\partial v}{\partial T}\right)_p = \frac{R}{p}$ を代入しても，マイヤーの関係式 $C_p = C_V + R$ ……(＊3) は導かれるんだね。

P56 ②式

演習問題 34 ●断熱膨張●

単原子分子理想気体が，右図に示すように，$A(p_1, V_1, T_1) \to B(p_2, V_2, T_2)$ と準静的に断熱膨張するとき，$V_2(l)$ と $T_2(\mathrm{K})$ を求めよ。
ただし，$p_1 = 10(\mathrm{atm})$，$V_1 = 1(l)$，$T_1 = 293.15(\mathrm{K})$，$p_2 = 1(\mathrm{atm})$ とする。

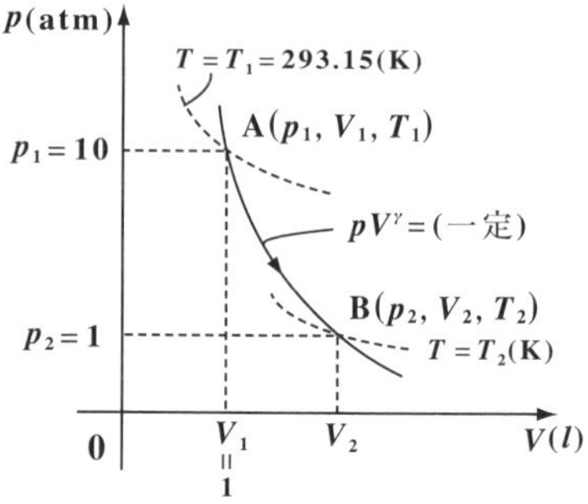

ヒント！ $A \to B$ の断熱過程において，ポアソンの関係式 $pV^{\gamma} = (\text{一定})$ と $TV^{\gamma-1} = (\text{一定})$ が成り立つんだね。(ただし，γ は比熱比を表す。)

解答＆解説

単原子分子理想気体の定積モル比熱 C_V は，

$C_V = \frac{3}{2}R$ となる。

> $C_V = \frac{f}{2}R$ (P57)
> (f：自由度)
> ここで，単原子分子理想気体の分子の自由度 f は，$f = 3$
> よって，
> $C_V = \frac{3}{2}R$ だね。

よって，マイヤーの関係式より定圧モル比熱 C_p は，

$C_p = C_V + R = \frac{5}{2}R$ ← $C_p = \frac{f+2}{2}R$ (P57) に $f = 3$ を代入

したがって，この理想気体の比熱比 γ は，

$$\gamma = \frac{C_p}{C_V} = \frac{\frac{5}{2}R}{\frac{3}{2}R} = \frac{5}{3} \text{ となる。}$$

$A \to B$ の断熱変化において，$pV^{\gamma} = (\text{一定})$ ← ポアソンの式

$\therefore p_1 V_1^{\gamma} = p_2 V_2^{\gamma}$ ……①が成り立つ。①の両辺を $p_2 V_1^{\gamma}$ で割って，

$$\frac{p_1}{p_2} = \left(\frac{V_2}{V_1}\right)^{\gamma} \quad (p_1 = 10(\mathrm{atm}),\ p_2 = 1(\mathrm{atm}),\ V_1 = 1(l),\ \gamma = \tfrac{5}{3})$$

$\therefore \frac{10}{1} = \left(\frac{V_2}{1}\right)^{\frac{5}{3}}$ より，$V_2 = 10^{\frac{3}{5}} \fallingdotseq 3.98(l)$ ……………(答)

また，ポアソンの式：$TV^{\gamma-1} = (\text{一定})$ より，

$T_1 V_1^{\gamma-1} = T_2 V_2^{\gamma-1}$ $\therefore 293.15 \times 1^{\frac{2}{3}} = T_2 \times \left(10^{\frac{3}{5}}\right)^{\frac{2}{3}}$ より，

$293.15 = T_2 \times 10^{\frac{2}{5}}$ $\therefore T_2 = 293.15 \times 10^{-\frac{2}{5}} \fallingdotseq 116.71(\mathrm{K})$ ……………(答)

演習問題 35 ●断熱圧縮●

単原子分子理想気体を，右図に示すように，$A(p_1, V_1, T_1) \rightarrow B(p_2, V_2, T_2)$ と準静的に断熱圧縮するとき，p_2(atm) と T_2(K) を求めよ。
ただし，$p_1 = 1$(atm)，$V_1 = 3(l)$，$T_1 = 298.15$(K)，$V_2 = 1(l)$ とする。

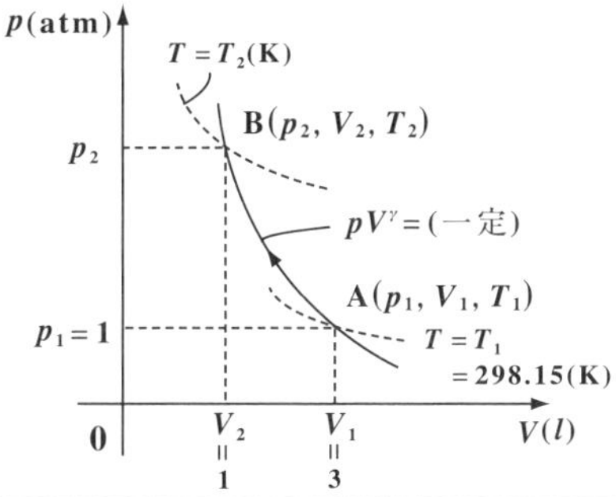

ヒント！ 前問と同様に，断熱変化より，ポアソンの関係式を使う。

解答＆解説

単原子分子理想気体の定積モル比熱 C_V は，$C_V =$ (ア) となる。

よって，マイヤーの関係式より，定圧モル比熱 C_p は，

$$C_p = \text{(イ)} = \frac{5}{2}R$$

したがって，この理想気体の比熱比 γ は，

$$\gamma = \frac{C_p}{C_V} = \text{(ウ)}$$ となる。

> $\cdot\, C_V = \frac{f}{2}R$
> $\cdot\, C_p = \frac{f+2}{2}R$
> (f：自由度)

$A \rightarrow B$ の断熱変化において，(エ) ＝(一定)

$\therefore\ p_1V_1^{\gamma} = p_2V_2^{\gamma}$ ……① が成り立つ。　①の両辺を $p_1V_2^{\gamma}$ で割って，

$$\frac{p_2}{p_1} = \left(\frac{V_1}{V_2}\right)^{\gamma}$$

（$p_1 = 1$(atm)，$V_1 = 3(l)$，$V_2 = 1(l)$，$\gamma = \frac{5}{3}$）

$\therefore\ \frac{p_2}{1} = 3^{\frac{5}{3}}$ より，$p_2 = 3^{\frac{5}{3}} \fallingdotseq 6.24$(atm) ………………(答)

また，ポアソンの関係式：(オ) ＝(一定)より，$T_1V_1^{\gamma-1} = T_2V_2^{\gamma-1}$

$\therefore\ 298.15 \times 3^{\frac{2}{3}} = T_2 \times 1^{\frac{2}{3}}$（$1^{\frac{2}{3}} = 1$）より，$T_2 = 298.15 \times 3^{\frac{2}{3}} \fallingdotseq 620.18$(K) となる。…(答)

解答　(ア) $\frac{3}{2}R$　(イ) $C_V + R$　(ウ) $\frac{5}{3}$　(エ) pV^{γ}　(オ) $TV^{\gamma-1}$

演習問題 36　● 断熱過程におけるポアソンの式 ●

理想気体の準静的な断熱過程において，次のポアソンの式が成り立つことを示せ。

$pV^\gamma = (\text{一定})$ ……(＊)

ヒント！ 断熱過程では，系への熱の出入りが全くないので，微分形式の熱力学第 1 法則：$d'Q = dU + pdV$ において，$dQ = 0$ となる。また，定積モル比熱 $C_V = \left(\frac{\partial u}{\partial T}\right)_v$ は，理想気体では $u = u(T)$ から，$C_V = \frac{du}{dT}$ $\left(u = \frac{U}{n}\right)$ と表せる。これより，$dU = nC_V dT$ となるんだね。

解答＆解説

n(mol) の理想気体について，微分形式の熱力学第 1 法則：

$d'Q = dU + pdV$ ……① が成り立つ。

断熱過程では，系への熱の出入りがないので，$d'Q =$ (ア) ……② となる。

ここで，理想気体の内部エネルギーは T のみの関数より，

定積モル比熱 $C_V =$ (イ) ……③　$\left(\text{ただし，} u = \frac{U}{n} \text{……④}\right)$

④を③に代入して，

$$C_V = \frac{d\left(\frac{U}{n}\right)}{dT} = \frac{1}{n}\cdot\frac{dU}{dT} \quad \therefore dU = \text{(ウ)} \quad \text{……⑤}$$

②と⑤を①に代入すると，$0 = nC_V dT + pdV$ ……⑥ となる。

ここで，理想気体の状態方程式：$pV = nRT$ より，

$p = \frac{nRT}{V}$ ……⑦　　⑦を⑥に代入して，

$$nC_V dT + \frac{nRT}{V}dV = 0$$

両辺を nT で割って，

$C_V \frac{dT}{T} + R\frac{dV}{V} = 0$ ……⑧となる。

ここで，p と V の関係式：$pV^\gamma = (\text{一定})$ を導きたいので，(T と V の式) を (p と V の式) の形にもち込まないといけないんだね。

ここで，再び理想気体の状態方程式：$pV=nRT$ より，この両辺の微分量をとると，

$d(pV)=nR\cdot dT$　　$Vdp+pdV=\frac{pV}{T}dT$　　この両辺を pV で割って，

（$d(pV)$ は $Vdp+pdV$，nR は $\frac{pV}{T}$）

（$d(pV)=\frac{\partial(pV)}{\partial p}dp+\frac{\partial(pV)}{\partial V}dV$ より）

$\frac{dp}{p}+\frac{dV}{V}=\frac{dT}{T}$　……⑨となる。⑨を⑧に代入して $\frac{dT}{T}$ を消去すると，

$C_V\left(\frac{dp}{p}+\frac{dV}{V}\right)+R\cdot\frac{dV}{V}=0$

$\therefore C_V\frac{dp}{p}+(C_V+R)\frac{dV}{V}=0$ より，$C_V\frac{dp}{p}+C_p\frac{dV}{V}=0$　（p と V の式）の形になった！）

（C_V+R は C_p（マイヤーの関係式））

この両辺を C_V で割って，$\frac{dp}{p}+\frac{C_p}{C_V}\cdot\frac{dV}{V}=0$

（$\frac{C_p}{C_V}$ は γ（比熱比））

$\therefore \frac{dp}{p}=-\gamma\frac{dV}{V}$　（変数分離形の微分方程式）

この両辺を積分すると，

$\int\frac{1}{p}dp=-\gamma\int\frac{1}{V}dV$　　$\log p=-\gamma\log V+C_0$　（C_0：定数）

$\therefore \log p+\gamma\log V=C_0$ より，$\log$ [（エ）] $=C_0$　よって，ポアソンの関係式：

$pV^\gamma=$（一定）　……（＊）が成り立つ。……………………………………（終）

理想気体の状態方程式：$pV=nRT$　……（ア）より，$p=\frac{nRT}{V}$

これを（＊）に代入すると，

$\frac{nRT}{V}\cdot V^\gamma=$（一定）　$\therefore$ $TV^{\gamma-1}=$（一定）　……（＊＊）となる。

また，（ア）より，$V=\frac{nRT}{p}$　　これを（＊）に代入すると，

$p\cdot\left(\frac{nRT}{p}\right)^\gamma=$（一定）　$\therefore$ $\frac{T^\gamma}{p^{\gamma-1}}=$（一定）　……（＊＊＊）も導かれる。

（＊），（＊＊），（＊＊＊）のいずれの式も**ポアソンの関係式**，あるいは簡単に**ポアソンの式**と呼ぶ。

解答　（ア）0　（イ）$\frac{du}{dT}$　（ウ）nC_VdT　（エ）pV^γ

演習問題 37　● 断熱線と等温線の勾配 ●

断熱変化を表す pV 図を断熱線，等温変化を表す pV 図を等温線という。理想気体について，断熱線は等温線よりも勾配が急であることを示す次式を導け。

$$\left(\frac{dp}{dV}\right)_{ad} = \gamma\left(\frac{dp}{dV}\right)_T \quad \cdots\cdots(*)$$

ただし，$\left(\frac{dp}{dV}\right)_{ad}$ と $\left(\frac{dp}{dV}\right)_T$ はそれぞれ断熱線と等温線の勾配を表し，γ は理想気体の比熱比を表すものとする。

（注）$\left(\frac{dp}{dV}\right)_{ad}$ の下付添字 ad は *adiabatic process*（断熱過程）を表す。

ヒント！ 断熱変化のとき，$pV^\gamma = C_1$（定数），等温変化のとき，$pV = C_2$（定数）とおいて，両辺を V で微分して，$\frac{dp}{dV}$ を求めればいい。

解答＆解説

（ i ）断熱変化のとき，$pV^\gamma = C_1$（定数）の両辺を V で微分して，

ポアソンの式

$(f\cdot g)' = f'\cdot g + f\cdot g'$

$$\frac{dp}{dV}\cdot V^\gamma + p\cdot\left(\frac{d}{dV}V^\gamma\right) = 0$$

$$\frac{dp}{dV}\cdot V^\gamma = -p\cdot\gamma\cdot V^{\gamma-1}$$

この両辺を V^γ で割ると，

$$\left(\frac{dp}{dV}\right)_{ad} = -\gamma\cdot\frac{p}{V} \quad \cdots\cdots①$$ となる。

断熱変化と等温変化

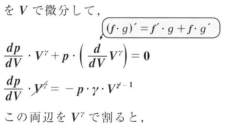

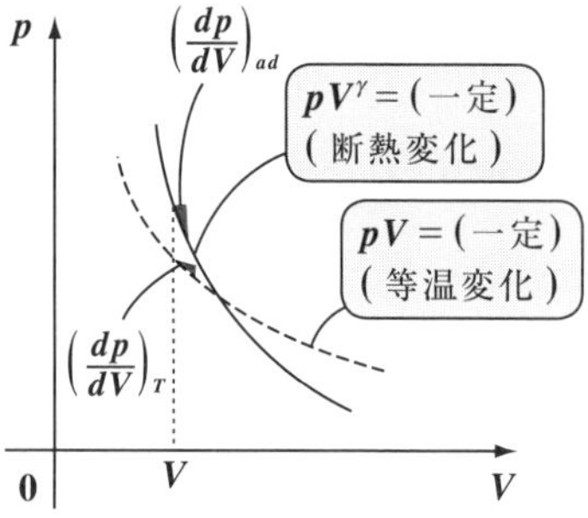

$pV = nRT$（定数）より

（ii）等温変化のとき，$pV = C_2$（定数）の両辺を V で微分して，

$(f\cdot g)' = f'\cdot g + f\cdot g'$

$$\frac{dp}{dV}\cdot V + p\cdot 1 = 0 \quad \therefore \left(\frac{dp}{dV}\right)_T = -\frac{p}{V} \quad \cdots\cdots②$$

以上（ i ）（ii）より，①と②を比較して，

$$\left(\frac{dp}{dV}\right)_{ad} = \gamma\left(\frac{dp}{dV}\right)_T$$ ……（＊）が導かれる。……………………………（終）

（γ：1より大）

演習問題 38 ●空気の上昇による断熱膨張●

右図に示すように，空気のかたまりが地表から対流によって上昇するとき，空気は断熱膨張し，圧力が下がる。このとき，空気のかたまりの温度 T と地表からの高度 y との関係が，

$$\frac{dT}{dy} = -\frac{\gamma - 1}{\gamma} \cdot \frac{Mg}{R} \quad \cdots\cdots ①$$

で与えられることを示せ。

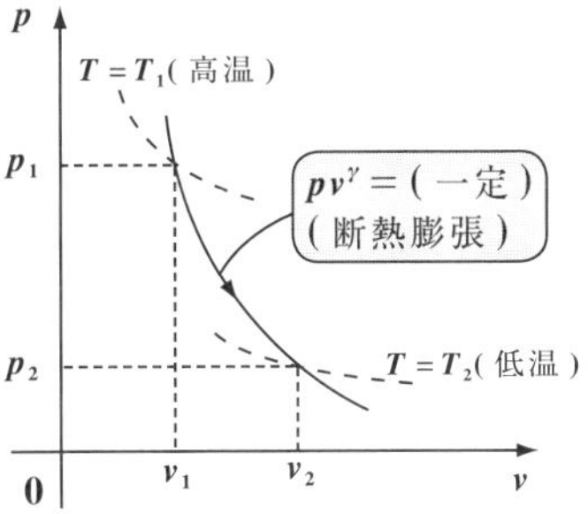

ただし，空気を理想気体であるものとし，R を気体定数，γ を空気の比熱比，M を空気の分子量，g を重力加速度とする。

ヒント！ 気体は，固体や液体に比べて熱伝導率が小さく，熱を通しにくいので，空気が上昇する間，近似的に熱の出入りはないと考えていい。空気のかたまりを1(mol)の理想気体とみて，断熱膨張のポアソンの式：$pv^{\gamma} = (一定)$ と，理想気体の状態方程式を利用して導く。

解答＆解説

空気のかたまりを1(mol)の理想気体とみる。

1(mol)の空気が上昇するとき，断熱膨張するので，

$pv^{\gamma} = C_1 \cdots\cdots ②$ $(C_1$：正の定数$)$ ← ポアソンの式

が成り立つ。また，1(mol)の理想気体の状態方程式より，

$pv = RT \quad \cdots\cdots ③$

③の両辺を γ 乗して，

$p^{\gamma}v^{\gamma} = R^{\gamma}T^{\gamma} \quad \cdots\cdots ③'$

③′÷②より v^{γ} を消去すると，

$$\frac{p^{\gamma}\cancel{v^{\gamma}}}{p\cancel{v^{\gamma}}} = \frac{R^{\gamma}T^{\gamma}}{C_1} \qquad \therefore p^{\gamma-1} = \boxed{\frac{R^{\gamma}}{C_1}} \cdot T^{\gamma} \text{ より，}$$

（定数）

$$\frac{T^{\gamma}}{p^{\gamma-1}} = C \cdots\cdots ④ \quad \left(C = \frac{C_1}{R^{\gamma}}\right)$$ ← ④もポアソンの式だね。

ここで，④の両辺の自然対数をとると，

$$\log \frac{T^{\gamma}}{p^{\gamma-1}} = \log C \qquad \gamma \log T - (\gamma - 1)\log p = \log C \cdots\cdots ⑤$$

（$\gamma \log T - (\gamma - 1)\log p$）（定数）

温度 T を圧力 p の関数とみて，⑤の両辺を p で微分すると，

$$\gamma \frac{d}{dT}(\log T)\cdot\frac{dT}{dp} - (\gamma - 1)\cdot\frac{1}{p} = 0$$

（合成関数の微分）

$$\gamma\cdot\frac{1}{T}\cdot\frac{dT}{dp} - \frac{\gamma - 1}{p} = 0 \qquad \gamma\cdot\frac{1}{T}\cdot\frac{dT}{dp} = \frac{\gamma - 1}{p} \cdots\cdots ⑥$$

⑥の両辺を $\frac{dp}{\gamma}$ 倍して，

$$\frac{dT}{T} = \frac{\gamma - 1}{\gamma}\ \frac{dp}{p} \cdots\cdots ⑦$$

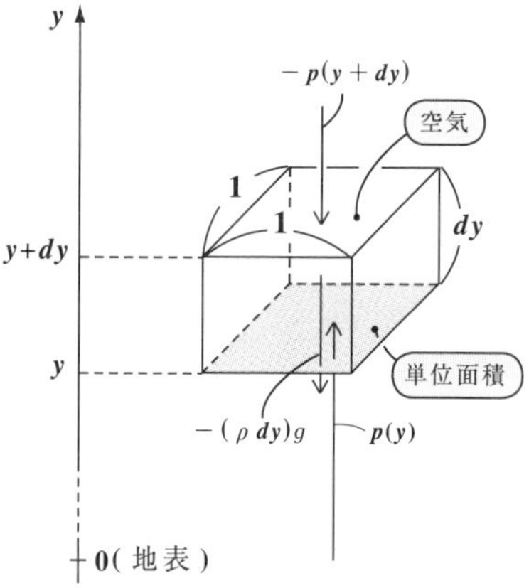

ここで，右図に示すように，鉛直上向きに y 軸をとり，高度 y の圧力を $p(y)$ と表すと，右図の微小な厚さの直方体の空気に働く重力は，

$(\rho\cdot 1^2\cdot dy)\cdot g$ $\left(\text{ただし，}\rho = \frac{M}{v}\right)$

となる。よって，この直方体の空気に働く重力と圧力のつり合いの式は，

$p(y) - p(y + dy) - \rho\cdot g\cdot dy = 0$ となる。

よって，圧力の変化分 dp は，

$dp = p(y + dy) - p(y)$ より，$dp = -\rho g dy \cdots\cdots ⑧$ となる。

⑧を⑦に代入して，

$$\frac{dT}{T} = \frac{\gamma - 1}{\gamma}\left(-\frac{\rho g dy}{p}\right) \qquad \frac{dT}{T} = -\frac{\gamma - 1}{\gamma}\cdot\frac{Mgdy}{pv}$$

（$\rho = Mv^{-1}$）（$pv = RT$：1(mol) の理想気体の状態方程式）

$$\therefore \frac{dT}{dy} = -\frac{\gamma - 1}{\gamma}\cdot\frac{Mg}{R} \cdots\cdots ①$$ が導かれる。 ……………………………………(終)

（⊖ の定数）

演習問題 39　●空気の上昇による温度降下●

空気が上昇するとき，断熱膨張し，温度が下がる。このとき，空気を理想気体とすると，温度 T と高度 y との関係は，

$\frac{dT}{dy} = -\frac{\gamma - 1}{\gamma} \cdot \frac{Mg}{R}$ ……① で与えられる。(演習問題 38)

①を用いて，$y = 0$(m)(地表)における気温が $T_0 = 300$(K)のとき，$y = 1000$(m)における気温 T(K)を求めよ。

ただし，空気の比熱比を $\gamma = 1.40$，空気の分子量を $M = 28.8$(g/mol)，重力加速度 $g = 9.8$(m/s^2)，気体定数 $R = 8.31$(J/mol K)とする。

ヒント！ $k = \frac{\gamma - 1}{\gamma} \cdot \frac{Mg}{R}$ とおいて，$dT = -kdy$　この両辺を積分しよう。

解答＆解説

$k = \frac{\gamma - 1}{\gamma} \cdot \frac{Mg}{R}$ とおくと，これに

$\gamma = 1.40$，$M = 28.8$(g/mol)，

$g = 9.8$(m/s^2)，$R = 8.31$(J/mol K)

を代入して，

$k \fallingdotseq$ (ア)＿＿＿＿ (K/m) となる。

> $\gamma = \frac{C_P}{C_V} = 1.40$ は無次元，
> $M = 28.8 \times 10^{-3}$(Kg/mol) より
> $\frac{dT}{dy}\left(= -\frac{\gamma - 1}{\gamma} \cdot \frac{Mg}{R}\right)$ の単位は，
> $\left[\frac{\text{Kg} \cdot \text{mol}^{-1} \cdot \text{m} \cdot \text{s}^{-2}}{(\text{Kg} \cdot \text{m} \cdot \text{s}^{-2} \cdot \text{m}) \cdot \text{mol}^{-1} \cdot \text{K}^{-1}}\right]$　（$\text{Kg} \cdot \text{m} \cdot \text{s}^{-2} \cdot \text{m} = J$）
> $= [\text{K} \cdot \text{m}^{-1}]$ となる。

この k を用いると，①は，

$\frac{dT}{dy} = -k$　　$dT =$ (イ)＿＿＿＿

この両辺を積分して，

$\int_{T_0}^{T} dT =$ (ウ)＿＿＿＿，$[T]_{T_0}^{T} = -k[y]_0^{1000}$

$T - T_0 = -1000k$　$\therefore T \fallingdotseq 300 - 9.70 =$ (エ)＿＿＿＿ (K) となる。 ………(答)

（$T_0 = 300$(K)，$k = 9.70 \times 10^{-3}$）

実際は，1000(m) 上昇する毎に約 6(K) 下がることが分かっている。

解答　(ア) 9.70×10^{-3}　(イ) $-kdy$　(ウ) $-k\int_0^{1000} dy$　(エ) 290.30

講義 Lecture 4 熱力学第2法則 ● methods & formulae

§1. カルノー・サイクル

熱力学第2法則を理論的に考察する際に重要な役割を果たす熱機関が**カルノー・サイクル**(または,**カルノー・エンジン**)である。カルノー・サイクルは,2つの等温過程と2つの準静的断熱過程からなる循環過程で,その pV 図を図1に示す。この4つの過程の内容を,そのイメージ(図2)と共に,次に示す。

図1 カルノー・サイクルの pV 図

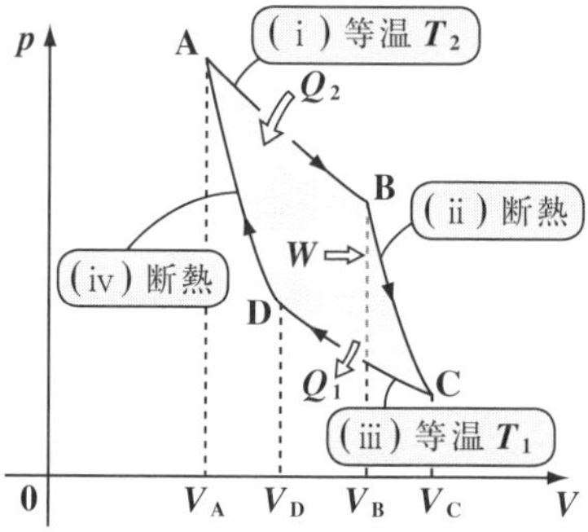

(i) 等温膨張 A → B

系(作業物質)を温度 T_2 の高熱源に接触させて,等温膨張させる。このとき,系は高熱源から熱量 Q_2 を吸収し,外に仕事をする。

(ii) 準静的断熱膨張 B → C

系を高熱源から離し,断熱的に膨張させる。このとき,系に熱の出入りはない。

(iii) 等温圧縮 C → D

系を温度 T_1 の低熱源に接触させて,等温圧縮する。このとき,系は低熱源に熱量 Q_1 を放出し,外から仕事をされる。

(iv) 準静的断熱圧縮 D → A

系を低熱源から離し,断熱的に圧縮して,初めの状態Aに戻す。このとき,系に熱の出入りはない。

図2 カルノー・サイクルのイメージ

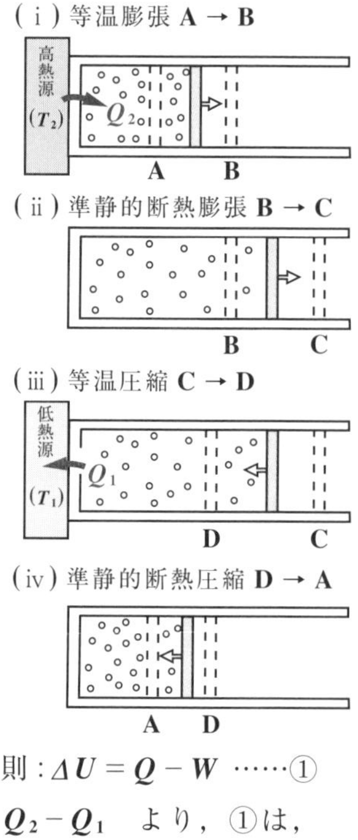

この(i)~(iv)の1サイクルに,熱力学第1法則:$\Delta U = Q - W$ ……①
を当てはめて考えると,$\Delta U = U_A - U_A = 0$,$Q = Q_2 - Q_1$ より,①は,

$0 = (Q_2 - Q_1) - W$ 　よって,カルノー・エンジンが1サイクルで外に

する仕事は，$W = Q_2 - Q_1$ ……② となる。
ここで，このカルノー・サイクルの**熱効率** η を

$\eta = \dfrac{W}{Q_2}$ で定義すると，これに②を代入して，

$\eta = \dfrac{Q_2 - Q_1}{Q_2} = 1 - \dfrac{Q_1}{Q_2}$ となる。理想気体を作業物質とする熱効率 η は，
高熱源の温度 T_2 と低熱源の温度 T_1 のみの関数となり，

$\eta = \dfrac{T_2 - T_1}{T_2} = 1 - \dfrac{T_1}{T_2}$ で表される。(演習問題 40)

このカルノー・サイクルを単純化したイメージを図 3 に示す。つまり，カルノー・サイクルは，系が温度 T_2 の高熱源から熱量 Q_2 を吸収し，その 1 部を仕事 W に変え，残りの熱量 Q_1 を低熱源に放出する熱機関である。

図 3 単純化した カルノー・サイクル

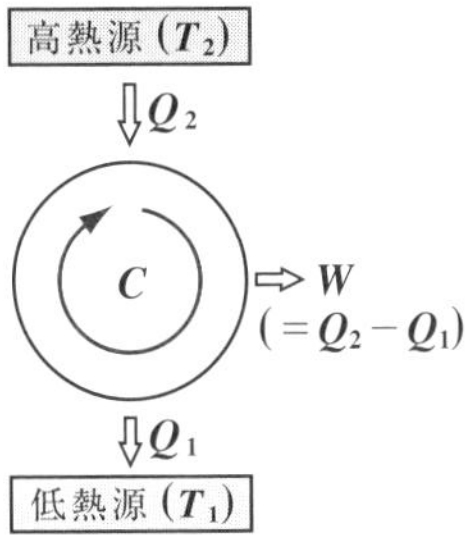

ここで，カルノー・サイクルの 4 つの過程は，すべてゆっくりじわじわの準静的過程なので，可逆過程である。よって，逆回転が可能となる。この逆回転のカルノー・サイクル $\overline{C}$ を，**逆カルノー・サイクル**と呼ぶ。$\overline{C}$ のイメージを図 4 に示す。この $\overline{C}$ は，系が外から仕事 W をされ，温度 T_1 の低熱源から熱量 Q_1 を取り出し，W と Q_1 の和である熱量 Q_2 を温度 T_2 の高熱源に放出することになる。

図 4 逆カルノー・サイクル

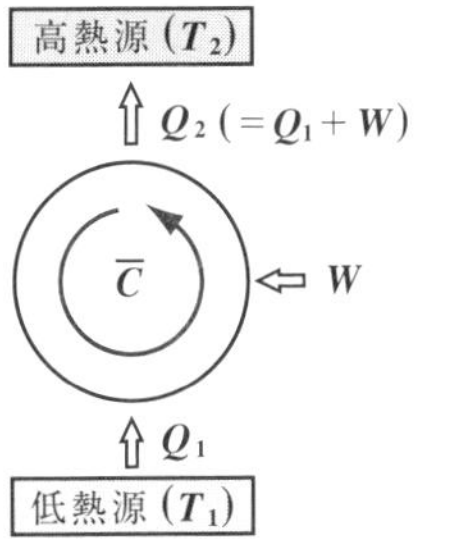

§2. 熱力学第 2 法則

熱力学第 2 法則を表す最も有名な表現法は，次の**クラウジウスの原理**と**トムソンの原理**である。

(Ⅰ) **クラウジウスの原理**：「他に何の変化も残さずに，熱を低温の物体から高温の物体に移すことはできない。」

(Ⅱ) **トムソンの原理**：「他に何の変化も残さずに，ただ 1 つの熱源から熱を取り出し，それをすべて仕事に変え，自身は元の状態に戻ることはできない。」

この(Ⅰ)クラウジウスの原理と(Ⅱ)トムソンの原理のイメージを図**5**に示す。

図**5**　(ⅰ)クラウジウスの原理のイメージ　　(ⅱ)トムソンの原理のイメージ

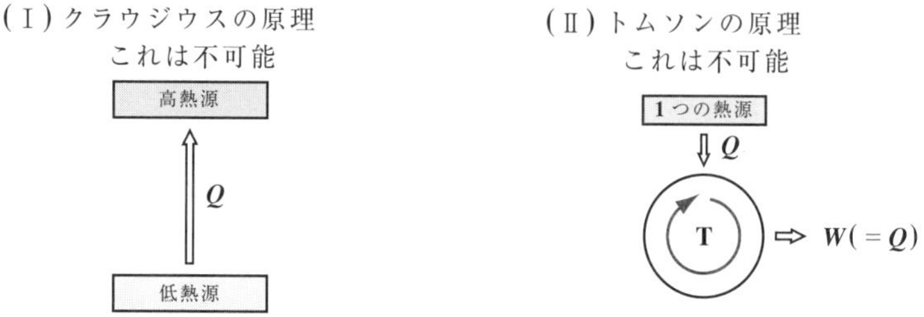

このクラウジウスの原理とトムソンの原理をそれぞれ C と T で表すと，"$C \Leftrightarrow T$" すなわち，クラウジウスの原理とトムソンの原理は同値となる。(演習問題**47**)

無限にゆっくりじわじわの準静的過程は可逆であるが，現実の過程(変化)はどこかに必ず摩擦が生じるため，可逆ではない。ここで，「どのような方法を使っても，他に何の変化も残さずに系を元の状態に戻すことの出来ない過程」のことを，**不可逆過程**と呼ぶ。この"不可逆"という言葉も用いた，クラウジウスの原理とトムソンの原理以外の熱力学第**2**法則の表現法として，次のものがある。

(Ⅲ)「熱が高温の物体から低温の物体に移る現象は不可逆である。」
(Ⅳ)「仕事が熱に変わる現象は不可逆である。」
(Ⅴ)**プランクの原理**：「摩擦により熱が発生する現象は不可逆である。」
(Ⅵ)**オストヴァルトの原理**：「**第2種の永久機関**は実現できない。」

(Ⅲ)～(Ⅵ)はすべて，クラウジウスの原理とトムソンの原理から導かれる。ここで，(Ⅵ)のオストヴァルトの原理にある"**第2種の永久機関**"とは，「他に何の変化も残さずに，ただ**1**つの熱源から熱を取り出し，それをすべて仕事に変え，周期的に動く熱機関」のことで，このような熱機関は存在しないことは，トムソンの原理から直ちに言える。

（不可逆過程を含む熱機関のこと）

次に，**可逆機関**と，現実的な**不可逆機関**の熱効率について述べた**カルノーの定理**を示す。

カルノーの定理:「温度が一定の2つの熱源の間で働く可逆機関の熱効率 η は，2つの熱源の温度だけで決まり，作業物質の種類によらない。また，同じ2つの熱源の間で働く任意の不可逆機関の熱効率 η' は，可逆機関の熱効率 η よりも小さい：$\eta' < \eta$」

講義2で，水銀などの液体の体積の膨張を利用した液体温度計や，理想気体を用いた定圧温度計，定積温度計について見てきた。このような物質に依存する温度を**経験温度**と呼ぶ。

ここで，経験温度 θ_2 の高熱源 R_2 と経験温度 θ_1 の低熱源 R_1 の間で可逆機関を稼動させたとき，この可逆機関が R_2 から吸収する熱量 Q_2 と，R_1 に放出する熱量 Q_1 との比 $\frac{Q_1}{Q_2}$ は，θ_1 と θ_2 のみの関数となって，

$$\frac{Q_1}{Q_2} = f(\theta_1, \theta_2) \quad \cdots\cdots(*) \quad (f: \text{作業物質によらない関数})$$

で表される。(演習問題48)

さらに，$(*)$ を用いて，次の $(**)$ が示される。(演習問題49)

$$\frac{Q_1}{Q_2} = \frac{g(\theta_1)}{g(\theta_2)} \quad \cdots\cdots(**)$$

この $g(\theta)$ は，熱源の温度 θ のみの関数であり，作業物質の種類によらない。

ここで，$T = g(\theta)$ で定義される温度 T を**熱力学的絶対温度**と呼ぶ。

$T_2 = g(\theta_2)$，$T_1 = g(\theta_1)$ とおくと，$(**)$ は，

$$\frac{Q_1}{Q_2} = \frac{T_1}{T_2} \quad \cdots\cdots①$$ となる。

①を可逆機関(カルノー・サイクル)の熱効率 $\eta = 1 - \frac{Q_1}{Q_2}$ に代入すると，

$$\eta = 1 - \frac{T_1}{T_2} \quad \cdots\cdots②$$ と表される。②を変形して，

$$\frac{T_1}{T_2} = 1 - \eta \quad \cdots\cdots②'$$ となる。これは，例えば，T_1 を氷の融点(水の氷点と同じ) $273.15(\mathrm{K})$ $(=0(℃))$ と定めると，可逆機関の熱効率 η の値を測定すれば，作業物質によらず，②´から T_2 の温度を定めることが，原理的に可能となる。

演習問題 40　● カルノー・サイクルの熱効率 (Ⅰ) ●

n(mol) の理想気体を作業物質とする次のようなカルノー・サイクルを考える。

(ⅰ) 等温膨張 A → B

(ⅱ) 断熱膨張 B → C

(ⅲ) 等温圧縮 C → D

(ⅳ) 断熱圧縮 D → A

このとき，このサイクルの熱効率 η が，

$$\eta = 1 - \frac{T_1}{T_2} \quad \cdots\cdots ①$$

で表されることを示せ。

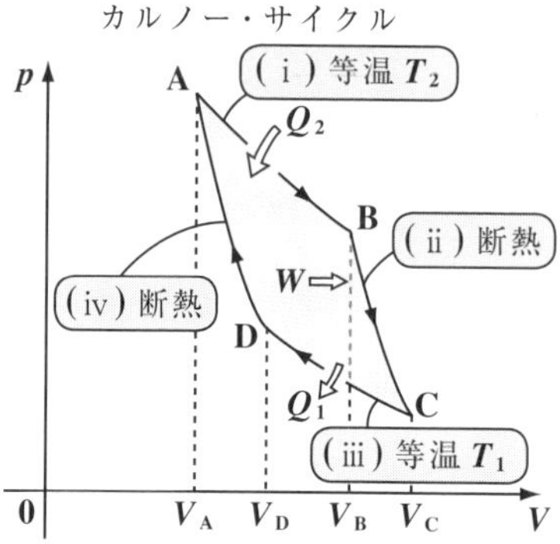

ヒント！ 等温過程で，微分形式の熱力学第 1 法則を使う。準静的断熱過程では，ポアソンの式を用いて，体積の関係式を導けばいい。

解答＆解説

(ⅱ) B → C と (ⅳ) D → A は断熱過程なので（熱源との接触はない），作業物質への熱の出入りはない。(ⅰ) A → B の等温膨張で作業物質は高熱源から熱量 $Q_2(>0)$ を吸収し，(ⅲ) C → D の等温圧縮で作業物質は低熱源へ $Q_1(>0)$ を放出する。

以上より，熱力学第 1 法則 : $\Delta U = Q - W$ を用いると，

（$\Delta U = U_A - U_A = 0$，$Q = Q_2 - Q_1$）

このカルノー・サイクルが 1 サイクル回ることにより，作業物質が外部にする仕事 W は，

$W = Q_2 - Q_1$　となる。

よって，この熱効率 η は，

$$\eta = \frac{W}{Q_2} = \frac{Q_2 - Q_1}{Q_2} \qquad \therefore \eta = 1 - \frac{Q_1}{Q_2} \quad \cdots\cdots ②$$

と表される。

ここで，作業物質が n(mol) の理想気体より，この微分形式の熱力学第 1 法則 : $d'Q = nC_VdT + pdV$　を用いると，

(ⅰ) 等温膨張 A → B において，$dT = 0$

$$\therefore\ Q_2 = \int_{V_A}^{V_B} \underset{\frac{nRT_2}{V}}{p}\, dV = \underset{\text{定数}}{nRT_2} \int_{V_A}^{V_B} \frac{1}{V}\, dV = nRT_2 [\log V]_{V_A}^{V_B}$$

$$= nRT_2(\log V_B - \log V_A) = nRT_2 \log \frac{V_B}{V_A} \quad \cdots\cdots ③$$ となる。

(ⅲ) 等温圧縮 C → D において，$dT = 0$

$$\therefore\ Q_1 = -\int_{V_C}^{V_D} \underset{\frac{nRT_1}{V}}{p}\, dV = -nRT_1 \int_{V_C}^{V_D} \frac{1}{V}\, dV = -nRT_1 [\log V]_{V_C}^{V_D}$$

（Q_1を⊕として求めるために⊖を付けた。）

$$= -nRT_1(\log V_D - \log V_C) = nRT_1 \log \frac{V_C}{V_D} \quad \cdots\cdots ④$$ となる。

③と④を②に代入して，

$$\eta = 1 - \frac{Q_1}{Q_2} = 1 - \frac{nRT_1 \log \frac{V_C}{V_D}}{nRT_2 \log \frac{V_B}{V_A}} = 1 - \frac{T_1 \log \frac{V_C}{V_D}}{T_2 \log \frac{V_B}{V_A}} \quad \cdots\cdots ⑤$$ となる。

ここで，(ⅱ) B → C と (ⅳ) D → A は準静的断熱変化であり，かつこの作業物質は理想気体なので，ポアソンの式より，

$$T_2 {V_B}^{\gamma-1} = T_1 {V_C}^{\gamma-1} \quad \cdots\cdots ⑥ \qquad T_2 {V_A}^{\gamma-1} = T_1 {V_D}^{\gamma-1} \quad \cdots\cdots ⑦$$ となる。

⑥ ÷ ⑦より，

$$\frac{T_2 {V_B}^{\gamma-1}}{T_2 {V_A}^{\gamma-1}} = \frac{T_1 {V_C}^{\gamma-1}}{T_1 {V_D}^{\gamma-1}} \quad \therefore \left(\frac{V_B}{V_A}\right)^{\gamma-1} = \left(\frac{V_C}{V_D}\right)^{\gamma-1}$$ より，$\frac{V_C}{V_D} = \frac{V_B}{V_A}$ …⑧ となる。

⑧を⑤に代入して，

$$\eta = 1 - \frac{T_1 \log \frac{V_B}{V_A}}{T_2 \log \frac{V_B}{V_A}} \qquad \therefore\ \eta = 1 - \frac{T_1}{T_2} \quad \cdots\cdots ①$$ が導ける。 …………(終)

理想気体を作業物質とするカルノー・サイクルの熱効率 η は，2つの熱源の温度 T_2 と T_1 のみの関数であることが分かったんだね。

演習問題 41　● カルノー・サイクルの熱効率 (Ⅱ) ●

右図に示すように，**1(mol)** の理想気体を作業物質として，温度が $T_2 = 580(\mathrm{K})$ の高熱源と温度が $T_1 = 290(\mathrm{K})$ の低熱源の間で，カルノー・サイクルを運転させる。

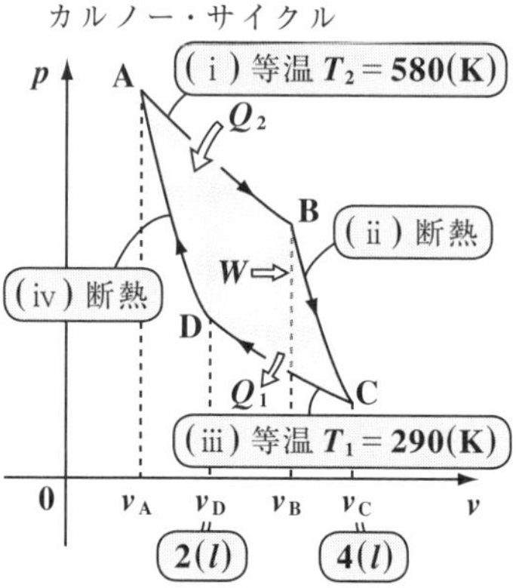

(1) このサイクルの熱効率 η を求めよ。

(2) 気体が (ⅲ) C → D の変化で等温圧縮されるとき，体積が $v_C = 4(l)$ から，$v_D = 2(l)$ まで減少したものとすると，この気体が高熱源から吸収した熱量 Q_2 と，低熱源へ放出した熱量 Q_1，そしてこの気体が外部にした仕事 W を求めよ。ただし，気体定数 $R = 8.31(\mathrm{J/mol\ K})$，$\log 2 = 0.69315$ とする。

ヒント！ (1) 公式 $\eta = 1 - \frac{T_1}{T_2}$ を用いればいい。(2) 2 つの断熱変化でポアソンの関係式より，4 つの体積の関係式 $\frac{v_B}{v_A} = \frac{v_C}{v_D}$ が求まるんだね。

解答＆解説

(1) 温度 $T_2 = 580(\mathrm{K})$ の高熱源と，温度 $T_1 = 290(\mathrm{K})$ の低熱源との間で運転するカルノー・サイクルの熱効率 η は，

$$\eta = 1 - \frac{T_1}{T_2} = 1 - \frac{290}{580} = 1 - \frac{1}{2}$$

カルノー・サイクルの熱効率
$\eta = 1 - \frac{Q_1}{Q_2} = 1 - \frac{T_1}{T_2}$

$= 0.5$　となる。……………………………………(答)

(2) (ⅱ) B → C の準静的断熱過程で，　$T_2 v_B^{\gamma-1} = T_1 v_C^{\gamma-1}$　……①

(ⅳ) D → A の準静的断熱過程で，　$T_2 v_A^{\gamma-1} = T_1 v_D^{\gamma-1}$　……②

① ÷ ②より，

$\frac{v_B}{v_A} = \frac{v_C}{v_D}$　……③　となる。

ここで，(ⅰ) A → B の等温過程で，$dT = 0$　よって，微分形式の熱力学第 1 法則：$d'Q = nC_v dT + pdv = pdv$ （$dT = 0$ より $nC_v dT$ は消える）より，高熱源から吸収する熱量 Q_2 は，

$$Q_2 = \int_A^B d'Q = \int_{v_A}^{v_B} \underset{\left(\frac{RT_2}{v}\right)}{p}\, dv = RT_2 \int_{v_A}^{v_B} \frac{1}{v}\, dv = RT_2[\log v]_{v_A}^{v_B}$$

$p = \frac{RT_2}{v}$ ← 1(mol) の理想気体の状態方程式 : $pv = RT_2$

$$= RT_2 \log\frac{v_B}{v_A} = RT_2 \log\frac{v_C}{v_D} \quad \cdots\cdots④ \quad (③より)$$

同様に，(ⅲ) C → D の等温過程で，低熱源に放出する熱量 Q_1 は，

$$Q_1 = -\int_C^D d'Q = -\int_{v_C}^{v_D} p\, dv = -RT_1 \int_{v_C}^{v_D} \frac{1}{v}\, dv = -RT_1[\log v]_{v_C}^{v_D}$$

$p = \frac{RT_1}{v}$ ← 1(mol) の理想気体の状態方程式 : $pv = RT_1$

$$= -RT_1(\log v_D - \log v_C) = RT_1 \log\frac{v_C}{v_D} \quad \cdots\cdots⑤$$

④ と ⑤ に，$R = 8.31(\mathrm{J/mol\ K})$，$T_2 = 580(\mathrm{K})$，$v_C = 4(l)$，$v_D = 2(l)$ を代入すると，

$\log\frac{4}{2}$: $\log 2 = 0.69315$

$$Q_2 = 8.31 \times 580 \times \log\frac{4}{2} = 8.31 \times 580 \times 0.69315$$

$\fallingdotseq 3340.8(\mathrm{J})$　となる。 ……………………………………………(答)

$Q_1 = 8.31 \times 290 \times \log\frac{4}{2} \fallingdotseq 1670.4(\mathrm{J})$　となる。 ……………………(答)

また，熱力学第 1 法則 : $\Delta U = Q - W$ より，このカルノー・サイクルが

ΔU : $U_A - U_A = 0$

1 サイクル回ることにより，作業物質が外部にする仕事 W は，

$$W = Q = Q_2 - Q_1 = 8.31 \times (580 - 290) \times 0.69315$$

$\fallingdotseq 1670.4(\mathrm{J})$　となる。 ……………………………………………(答)

参考

理想気体を作業物質とするカルノー・サイクルについて，⑤ ÷ ④より，

$$\frac{Q_1}{Q_2} = \frac{\cancel{R}T_1 \cancel{\log\frac{v_C}{v_D}}}{\cancel{R}T_2 \cancel{\log\frac{v_C}{v_D}}} \qquad \therefore \frac{Q_1}{Q_2} = \frac{T_1}{T_2}$$

となるんだね。

演習問題 42　● カルノー・サイクルの仕事と熱量 ●

右図に示すように，高熱源と低熱源の間で，n(mol) の理想気体を作業物質として，カルノー・サイクルを稼動させる。**1** サイクル後，系が高熱源から吸収した熱量 Q_2 と，低熱源に放出した熱量 Q_1，そして外部にした仕事 W の比が，

$Q_2 : Q_1 : W = T_2 : T_1 : (T_2 - T_1)$ ……(a)

となることを確かめよ。

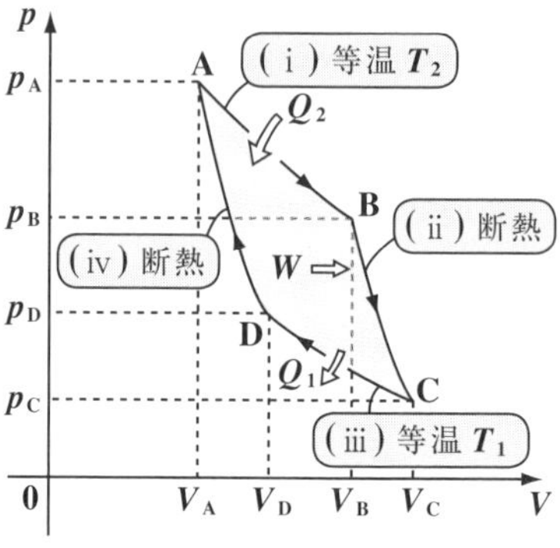

ヒント！ 微分形式の熱力学第 **1** 法則とポアソンの式を使う。

解答＆解説

微分形式の熱力学第 **1** 法則 : $d'Q =$ (ア) $+ pdV$ を用いる。

(ⅰ) 等温膨張 **A → B** のとき，$dT =$ (イ) より，$d'Q = pdV$

よって，系が外部にする仕事を W_{AB} とおくと，

$$W_{AB} = Q_2 = \int_{V_A}^{V_B} p\, dV = nRT_2 \int_{V_A}^{V_B} \frac{1}{V}\, dV$$

$p = \dfrac{nRT_2}{V}$ ← 理想気体の状態方程式 : $pV = nRT_2$

$$= nRT_2[\log V]_{V_A}^{V_B} = nRT_2(\log V_B - \log V_A) = nRT_2 \log \frac{V_B}{V_A} \quad \cdots\cdots ①$$

(ⅱ) 断熱膨張 **B → C** のとき，$d'Q =$ (ウ) より，$pdV = -nC_V dT$

よって，系が外部にする仕事を W_{BC} とおくと，

$$W_{BC} = \int_{V_B}^{V_C} p\, dV = -nC_V \int_{T_2}^{T_1} dT = nC_V(T_2 - T_1) \quad \cdots\cdots ②$$

(ⅲ) 等温圧縮 **C → D** のとき，$dT = 0$ より，$d'Q = pdV$

よって，系が外部からされる仕事を W_{CD} とおくと，

$$W_{CD} = Q_1 = -\int_{V_C}^{V_D} p\, dV = -nRT_1 \int_{V_C}^{V_D} \frac{1}{V}\, dV$$

$p = \dfrac{nRT_1}{V}$ ← 理想気体の状態方程式 : $pV = nRT_1$

$W_{CD} = Q_1$ を⊕として求めるため⊖を付けた。

$$W_{CD}=Q_1=-nRT_1[\log V]_{V_C}^{V_D}=nRT_1(\log V_C-\log V_D)=nRT_1\log\frac{V_C}{V_D}\quad\cdots③$$

(iv) 断熱圧縮 **D → A** のとき，$d'Q=0$ より，$pdV=-nC_VdT$

よって，系が外部からされる仕事を W_{DA} とおくと，

$$W_{DA}=-\int_{V_D}^{V_A}p\,dV=nC_V\int_{T_1}^{T_2}dT=nC_V(T_2-T_1)\quad\cdots\cdots④$$

（W_{DA} ⊕より）

以上①，②，③，④より，**1** サイクル後，系が外部にした仕事 W は，

$$W=W_{AB}+W_{BC}-W_{CD}-W_{DA}$$

$$=nRT_2\log\frac{V_B}{V_A}+nC_V(T_2-T_1)-nRT_1\log\frac{V_C}{V_D}-nC_V(T_2-T_1)$$

$$=nRT_2\log\frac{V_B}{V_A}-nRT_1\log\frac{V_C}{V_D}\quad\cdots\cdots⑤$$

ここで，(ii) **B → C** と (iv) **D → A** の準静的断熱変化より，ポアソンの式から，

$T_2V_B{}^{\gamma-1}=$ (エ) $\cdots\cdots⑥$　　$T_2V_A{}^{\gamma-1}=$ (オ) $\cdots\cdots⑦$

⑥÷⑦より，$\left(\frac{V_B}{V_A}\right)^{\gamma-1}=\left(\frac{V_C}{V_D}\right)^{\gamma-1}$　　∴ (カ) $\cdots\cdots⑧$

⑧を③と⑤に代入して，

$Q_1=nRT_1\log\frac{V_B}{V_A}\quad\cdots\cdots⑨$　　$W=nR(T_2-T_1)\log\frac{V_B}{V_A}\quad\cdots\cdots⑩$

以上①と⑨と⑩より，

$$Q_2:Q_1:W=nRT_2\log\frac{V_B}{V_A}:nRT_1\log\frac{V_B}{V_A}:nR(T_2-T_1)\log\frac{V_B}{V_A}$$

$$=T_2:T_1:(T_2-T_1)\quad\cdots\cdots(a)$$ となる。 ………………………(終)

この結果より，次式が導かれる。

・$Q_2:Q_1=T_2:T_1$ より，$\frac{Q_1}{Q_2}=\frac{T_1}{T_2}$

・$Q_2:W=T_2:(T_2-T_1)$ より，この理想気体を作業物質とするカルノー・サイクルの熱効率 $\eta=\frac{W}{Q_2}$ は，$\eta=\frac{W}{Q_2}=\frac{T_2-T_1}{T_2}=1-\frac{T_1}{T_2}$ となる。

……………………………………………………

解答　(ア) nC_VdT　(イ) 0　(ウ) 0　(エ) $T_1V_C{}^{\gamma-1}$

(オ) $T_1V_D{}^{\gamma-1}$　(カ) $\frac{V_B}{V_A}=\frac{V_C}{V_D}$

演習問題 43　●オットー・サイクルの仕事と熱効率●

右図に示すように，n(mol) の理想気体を作業物質とする次のようなオットー・サイクルを考える。

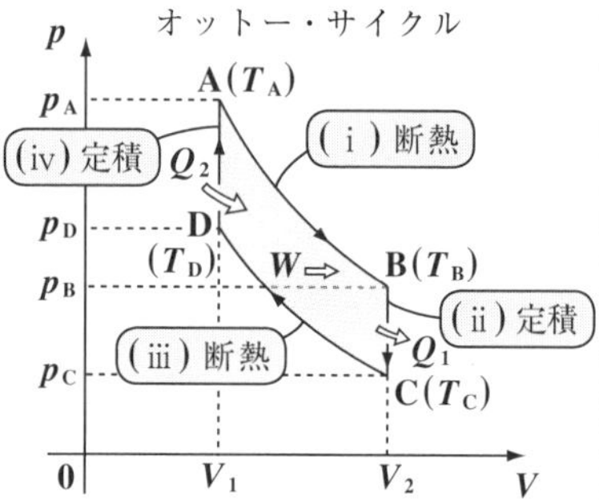

(i) 断熱膨張 $A \to B$

(ii) 定積変化 $B \to C$

(iii) 断熱圧縮 $C \to D$

(iv) 定積変化 $D \to A$

このサイクルが 1 サイクル回ることにより，系が吸収した熱量 Q_2 と放出した熱量 Q_1，そして外部にした仕事 W の比が，$Q_2 : Q_1 : W = (T_A - T_D) : (T_B - T_C) : \{(T_A - T_D) - (T_B - T_C)\}$　…(a)

となることを確かめよ。また，このサイクルの熱効率 η が，

$\eta = 1 - \left(\dfrac{V_1}{V_2}\right)^{\gamma - 1}$　……(b)　で表されることを示せ。

ヒント！ 微分形式の熱力学第 1 法則を使えばいい。

解答＆解説

微分形式の熱力学第 1 法則 : $d'Q =$ (ア) を用いる。

(i) 断熱膨張 $A \to B$ のとき，$d'Q =$ (イ) より，$pdV = -nC_VdT$

よって，系が外部にする仕事を W_{AB} とおくと，

$$W_{AB} = \int_{V_1}^{V_2} p\,dV = -nC_V\int_{T_A}^{T_B} dT = nC_V(\underbrace{T_A}_{高い} - \underbrace{T_B}_{低い}) \quad \cdots\cdots ①$$

(ii) 定積変化 $B \to C$ のとき，$dV =$ (ウ)

よって，系が外部にする仕事を W_{BC} とおくと，$W_{BC} =$ (エ)　……②

(iii) 断熱圧縮 $C \to D$ のとき，$d'Q =$ (イ) より，$pdV = -nC_VdT$

よって，系が外部からされる仕事を W_{CD} とおくと，

$$W_{CD} = -\int_{V_2}^{V_1} p\,dV = nC_V\int_{T_C}^{T_D} dT = nC_V(\underbrace{T_D}_{高い} - \underbrace{T_C}_{低い}) \quad \cdots\cdots ③$$

（W_{CD} を⊕として求めるために⊖を付けた。）

(iv) 定積変化 $D \to A$ のとき，$dV =$ (ウ)

よって，系が外部にする仕事を W_{DA} とおくと，$W_{DA} =$ (エ)　……④

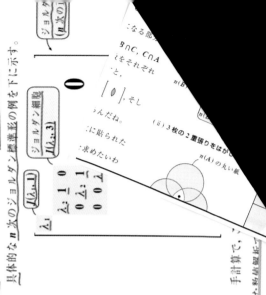

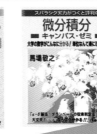

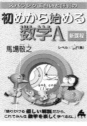

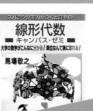

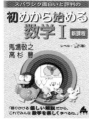

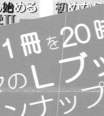

以上①，②，③，④より，1サイクル後，系が外部にした仕事 W は，

$$W = W_{AB} + \underset{0}{\cancel{W_{BC}}} - W_{CD} + \underset{0}{\cancel{W_{DA}}} = nC_V\{(T_A - T_B) - (T_D - T_C)\}$$

$$\therefore\ W = nC_V\{(T_A - T_D) - (\underline{T_B - T_C})\} \quad \cdots\cdots⑤$$ となる。

また，(ⅰ) A → B と (ⅲ) C → D の準静的断熱変化のとき，$d'Q = 0$ より，熱の出入りはない。

(ⅱ) 定積変化 B → C のとき，$dV =$ (ウ) より，$d'Q =$ (オ)

よって，系が放出した熱量 Q_1 は，

$$Q_1 = -\int_{T_B}^{T_C} \underset{d'Q}{nC_V dT} = -nC_V(T_C - T_B) = nC_V(\underset{\oplus}{T_B - T_C}) \quad \cdots\cdots⑥$$

Q_1 を⊕として求めるために⊖を付けた。

(ⅳ) 定積変化 D → A のとき，$dV =$ (ウ) より，$d'Q =$ (オ)

よって，系が吸収した熱量 Q_2 は，

$$Q_2 = \int_{T_D}^{T_A} nC_V dT = nC_V(T_A - T_D) \quad \cdots\cdots⑦$$

以上⑦，⑥，⑤より，

$$\begin{aligned} Q_2 : Q_1 : W &= \cancel{nC_V}(T_A - T_D) : \cancel{nC_V}(T_B - T_C) : \cancel{nC_V}\{(T_A - T_D) - (T_B - T_C)\} \\ &= (T_A - T_D) : (T_B - T_C) : \{(T_A - T_D) - (T_B - T_C)\} \cdots (a) \end{aligned}$$

となる。…(終)

また，(a)より，このサイクルの熱効率 η は，

$$\eta = \frac{W}{Q_2} = \frac{(T_A - T_D) - (T_B - T_C)}{T_A - T_D} = 1 - \frac{T_B - T_C}{T_A - T_D} \quad \cdots\cdots⑧$$ となる。

ここで,(ⅰ) A → B と (ⅲ) C → D は準静的断熱変化より,ポアソンの式から,

$$T_A V_1^{\gamma-1} = T_B V_2^{\gamma-1} \quad \cdots\cdots⑨ \qquad T_D V_1^{\gamma-1} = T_C V_2^{\gamma-1} \quad \cdots\cdots⑩$$

⑨と⑩を用いて，⑧を変形すると，

$$\eta = 1 - \frac{T_B - T_C}{T_A - T_D} = 1 - \Big(\underbrace{\frac{V_1}{V_2} \cdot \frac{V_2}{V_1}}_{1}\Big)^{\gamma-1} \cdot \frac{T_B - T_C}{T_A - T_D} = 1 - \left(\frac{V_1}{V_2}\right)^{\gamma-1} \cdot \frac{V_2^{\gamma-1}(T_B - T_C)}{V_1^{\gamma-1}(T_A - T_D)}$$

$$= 1 - \left(\frac{V_1}{V_2}\right)^{\gamma-1} \cdot \frac{T_B V_2^{\gamma-1} - \cancel{T_C V_2^{\gamma-1}}}{\underset{T_B V_2^{\gamma-1}}{\cancel{T_A V_1^{\gamma-1}}} - \underset{T_C V_2^{\gamma-1}}{T_D V_1^{\gamma-1}}} = 1 - \left(\frac{V_1}{V_2}\right)^{\gamma-1} \cdots (b)$$ が導ける。…(終)

← ⑨，⑩より

解答　(ア) $nC_V dT + p dV$　(イ) 0　(ウ) 0　(エ) 0　(オ) $nC_V dT$

演習問題 44	● ジュール・サイクルの熱効率 ●

右図に示すように，n(mol) の理想気体を作業物質とする次のようなジュール・サイクルを考える。

(ⅰ) 定圧膨張 A → B

(ⅱ) 断熱膨張 B → C

(ⅲ) 定圧圧縮 C → D

(ⅳ) 断熱圧縮 D → A

このとき，このサイクルの熱効率 η が，

$\eta = 1 - \left(\frac{p_1}{p_2}\right)^{\frac{\gamma - 1}{\gamma}}$ ……① で表されることを示せ。

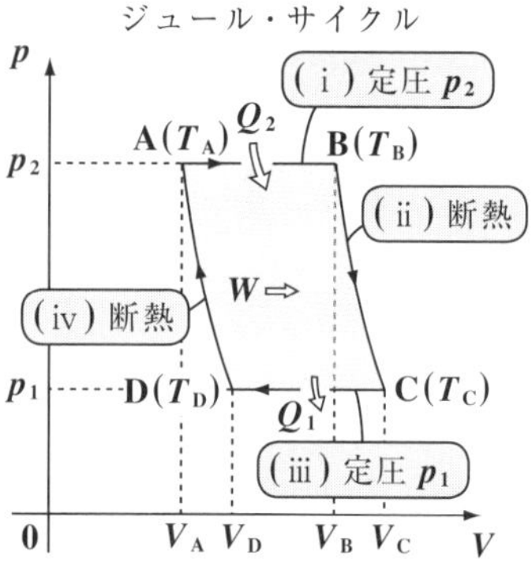

ヒント！ 2 つの定圧変化では，定圧モル比熱 C_p を用いて，外部から吸収する熱量や，外部へ放出する熱量を求めることができるんだね。

解答＆解説

pV 図上の 4 点 A，B，C，D の温度をそれぞれ T_A，T_B，T_C，T_D とおく。(ⅱ) B → C と (ⅳ) D → A は断熱過程なので，作業物質への熱の出入りは [(ア)]。(ⅰ) A → B の定圧膨張では，体積と比例して温度が T_A から T_B に上がるので，熱量 $Q_2(>0)$ が [(イ)] され，(ⅲ) C → D の定圧圧縮では，体積と比例して温度が T_C から T_D に下がるので，熱量 $Q_1(>0)$ が [(ウ)] される。

以上より，熱力学第 1 法則：$\underbrace{\Delta U}_{U_A - U_A = 0} = \underbrace{Q}_{Q_2 - Q_1} - W$ を用いると，

このジュール・サイクルが 1 サイクル回ることにより，作業物質が外部にする仕事 W は，

$W = Q_2 - Q_1$ ……② となる。

よって，この熱効率 η は，②より，

$$\eta = \frac{W}{Q_2} = \frac{Q_2 - Q_1}{Q_2} = 1 - \frac{Q_1}{Q_2} \quad \cdots\cdots ③$$ と表すことができる。

(ⅰ) 定圧膨張 A → B は $p = p_2$ 一定の定圧過程より，定圧モル比熱 C_p を用いて，$d'Q =$ [(エ)]

定圧モル比熱
$C_p = \frac{d'q}{dT}$ $\left(q = \frac{Q}{n}\right)$ より

よって，この過程で吸収される熱量 $Q_2(>0)$ は，

$$Q_2=\int_A^B d'Q=\underbrace{nC_p}_{\text{定数}}\int_{T_A}^{T_B}dT=nC_p[T]_{T_A}^{T_B}$$

$$=nC_p(T_B-T_A)\quad\cdots\cdots④$$ となる。同様に，

(iii) 定圧圧縮 C → D のとき，この過程で放出される熱量 $Q_1(>0)$ は，

$$Q_1=-\int_C^D d'Q=-nC_p\int_{T_C}^{T_D}dT=-nC_p[T]_{T_C}^{T_D}$$

Q_1 を⊕として求めるために⊖を付けた。

$$=nC_p(T_C-T_D)\quad\cdots\cdots⑤$$ となる。

④と⑤を③に代入して，

$$\eta=1-\frac{Q_1}{Q_2}=1-\frac{nC_p(T_C-T_D)}{nC_p(T_B-T_A)}=1-\frac{T_C-T_D}{T_B-T_A}\quad\cdots\cdots⑥$$ となる。

ここで，(ii) B → C と (iv) D → A は準静的断熱変化より，ポアソンの式から，

$$\begin{cases} T_B p_2^{\frac{1-\gamma}{\gamma}}=\boxed{(オ)} & \cdots\cdots⑦ \\ T_A p_2^{\frac{1-\gamma}{\gamma}}=\boxed{(カ)} & \cdots\cdots⑧ \end{cases}$$

ポアソンの式：
$\dfrac{T^\gamma}{p^{\gamma-1}}=$(一定) より，$T^\gamma p^{-(\gamma-1)}=$(一定)
この両辺を $\dfrac{1}{\gamma}$ 乗して，$Tp^{\frac{1-\gamma}{\gamma}}=$(一定)

⑦－⑧より，

$$p_2^{\frac{1-\gamma}{\gamma}}(T_B-T_A)=p_1^{\frac{1-\gamma}{\gamma}}(T_C-T_D)$$

$$\therefore\ \frac{T_C-T_D}{T_B-T_A}=\left(\frac{p_2}{p_1}\right)^{\frac{1-\gamma}{\gamma}}=\left(\frac{p_1}{p_2}\right)^{\frac{\gamma-1}{\gamma}}\quad\cdots\cdots⑨$$

⑨を⑥に代入すると，

$$\eta=1-\left(\frac{p_1}{p_2}\right)^{\frac{\gamma-1}{\gamma}}\quad\cdots\cdots①$$ が導ける。…………………………………………(終)

解答　(ア) ない　(イ) 吸収　(ウ) 放出　(エ) nC_pdT　(オ) $T_Cp_1^{\frac{1-\gamma}{\gamma}}$
(カ) $T_Dp_1^{\frac{1-\gamma}{\gamma}}$

演習問題 45　● 逆カルノー・サイクルの動作係数 ●

右図に示すような理想気体を作業物質とする逆カルノー・サイクル $\overline{C}$ を利用したクーラーについて考える。外部から仕事 W をして，クーラーを稼働させ，低温度 T_1 の室内から熱量 Q_1 を取り出し，高温度 T_2 の屋外に熱量 Q_2 を放出するとき，このクーラー $(\overline{C})$ の動作係数 Γ は，

$\Gamma = \dfrac{Q_1}{W}$ で定義される。この Γ は，

逆カルノー・サイクル $\overline{C}$

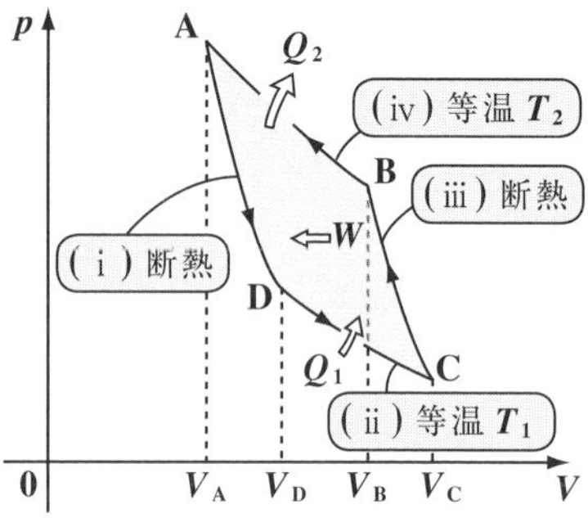

$$\Gamma = \frac{T_1}{T_2 - T_1} \quad \cdots\cdots ①$$ で表されることを示せ。

ヒント！ カルノー・サイクルの **4** つの過程は，すべてゆっくりじわじわの準静的過程なので，可逆過程となる。よって，カルノー・サイクルは逆回転させることが可能なんだね。

解答＆解説

A → B → C → D の順回転のカルノー・サイクルを C と表し，A → D → C → B → A の逆回転の逆カルノー・サイクルを $\overline{C}$ で表すことにする。

図 **1** に示すように，C は高温度 T_2 の高熱源から熱量 Q_2 を吸収し，その **1** 部を仕事 W として取り出し，残りの熱量 Q_1 を低温度 T_1 の低熱源に放出する熱機関である。

$\overline{C}$ は，この C の逆回転のサイクルなので，図 **2** に示すように，外部から W の仕事をされて，低温度 T_1 の低熱源から熱量 Q_1 を取り出し，Q_1 と W の和である熱量 $Q_2(=Q_1+W)$ を，高温度 T_2 の高熱源に放出することになる。

図 **1**　単純化したカルノー・サイクル

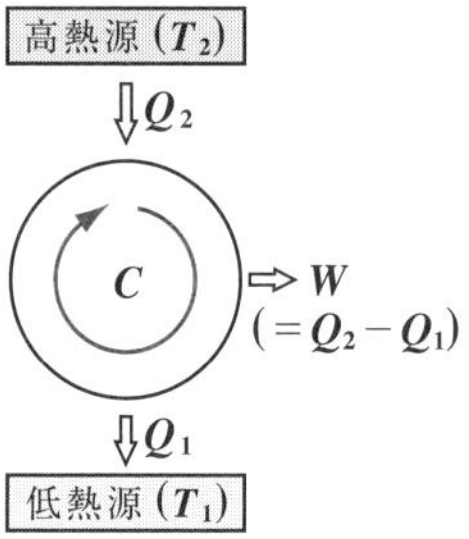

図 **2**　逆カルノー・サイクル

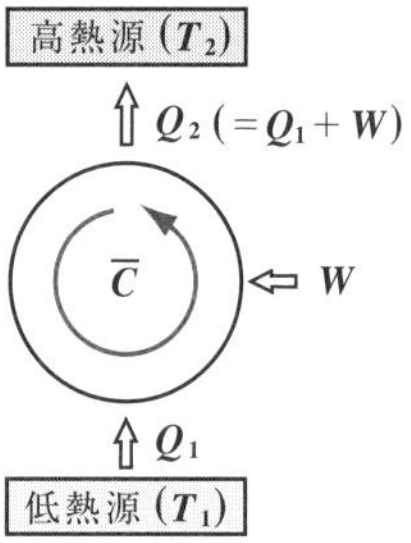

よって，外部からされた仕事 W は，

$W = Q_2 - Q_1$ ……② となる。

また，C の熱効率 η が，

$\eta = \boxed{\cancel{1} - \frac{Q_1}{Q_2} = \cancel{1} - \frac{T_1}{T_2}}$ より， ←演習問題 40

$$\frac{Q_1}{Q_2} = \frac{T_1}{T_2}$$

$\therefore Q_2 = \frac{T_2}{T_1} Q_1$ ……③ となる。

②と③を，$\overline{C}$(クーラー)の動作係数 $\Gamma = \frac{Q_1}{W}$ に代入すると，

$$\Gamma = \frac{Q_1}{W} = \frac{Q_1}{Q_2 - Q_1} = \frac{Q_1}{\frac{T_2}{T_1} Q_1 - Q_1} = \frac{1}{\frac{T_2}{T_1} - 1}$$

（$Q_2 = \frac{T_2}{T_1} Q_1$（③より））

$\therefore \Gamma = \frac{T_1}{T_2 - T_1}$ ……① が導かれる。……………………………………………(終)

別解

n(mol) の理想気体を作業物質とする逆カルノー・サイクル $\overline{C}$ を考える。(ⅰ) A → D と (ⅲ) C → B は断熱過程より，作業物質への熱の出入りはない。(ⅱ) D → C の等温膨張で作業物質は低熱源から熱量 $Q_1(>0)$ を取り出し，(ⅳ) B → A の等温圧縮で作業物質は高熱源へ熱量 $Q_2(>0)$ を放出する。

以上より，作業物質が外部にした仕事を W' とおくと，熱力学第 1 法則：

$\Delta U = Q - W'$ より，

（$\Delta U = U_A - U_A = 0$，$Q = Q_1 - Q_2$）

$W' = Q_1 - Q_2 \ (<0)$ ←$Q_2 > Q_1$ より

よって，$W' < 0$ より，この作業物質が外部からされた仕事 W は，

$W = -W' = Q_2 - Q_1$ となる。よって，この $\overline{C}$ の動作係数 Γ は，

$\Gamma = \frac{Q_1}{W} = \frac{Q_1}{Q_2 - Q_1}$ ……② と表される。

ここで，作業物質が n(mol) の理想気体より，この微分形式の熱力学第 1 法則：$d'Q = nC_V dT + pdV$ を用いると，

(ii) 等温膨張 $\mathbf{D \to C}$ より，$dT = 0$

$$\therefore\ Q_1 = \int_{V_D}^{V_C} \underset{\substack{\| \\ \boxed{\frac{nRT_1}{V}}}}{p}\, dV = nRT_1 \underbrace{\int_{V_D}^{V_C} \frac{1}{V}\, dV}_{\substack{\| \\ \boxed{[\log V]_{V_D}^{V_C}}}} = nRT_1 \log\frac{V_C}{V_D} \quad \cdots\cdots③$$

(iv) 等温圧縮 $\mathbf{B \to A}$ より，$dT = 0$

$$\therefore\ Q_2 = -\int_{V_B}^{V_A} \underset{\substack{\| \\ \boxed{\frac{nRT_2}{V}}}}{p}\, dV = -nRT_2 \int_{V_B}^{V_A} \frac{1}{V}\, dV = -nRT_2 \log\frac{V_A}{V_B}$$

Q_2 を⊕として求めるために⊖を付けた。

$$= nRT_2 \log\frac{V_B}{V_A} \quad \cdots\cdots④$$ となる。

ここで，(i) $\mathbf{A \to D}$ と (iii) $\mathbf{C \to B}$ の準静的断熱変化より，

$T_2 V_A{}^{\gamma-1} = T_1 V_D{}^{\gamma-1}$ ……⑤　　　$T_2 V_B{}^{\gamma-1} = T_1 V_C{}^{\gamma-1}$ ……⑥

⑥ ÷ ⑤より，

$$\frac{V_B}{V_A} = \frac{V_C}{V_D} \quad \cdots\cdots⑦$$

⑦を③に代入して，

$$Q_1 = nRT_1 \log\frac{V_B}{V_A} \quad \cdots\cdots③'$$

③′ ÷ ④より，

$$\frac{Q_1}{Q_2} = \frac{\cancel{nR}T_1 \cancel{\log\frac{V_B}{V_A}}}{\cancel{nR}T_2 \cancel{\log\frac{V_B}{V_A}}} = \frac{T_1}{T_2}, \qquad \frac{Q_2}{T_2} = \frac{Q_1}{T_1}$$

$$\therefore\ Q_2 = \frac{T_2}{T_1} Q_1 \quad \cdots\cdots⑧$$ となる。

⑧を②に代入して，求めるクーラー ($\overline{C}$) の動作係数 Γ は，

$$\Gamma = \frac{Q_1}{Q_2 - Q_1} = \frac{Q_1}{\frac{T_2}{T_1} Q_1 - Q_1} = \frac{T_1}{T_2 - T_1} \quad \cdots\cdots①$$ となる。……………(終)

演習問題 46　●ディーゼル・サイクルの熱効率●

右図に示すように，n(mol) の理想気体を作業物質とする次のようなディーゼル・サイクルを考える。

(ⅰ) 定圧膨張 A → B

(ⅱ) 断熱膨張 B → C

(ⅲ) 定積変化 C → D

(ⅳ) 断熱圧縮 D → A

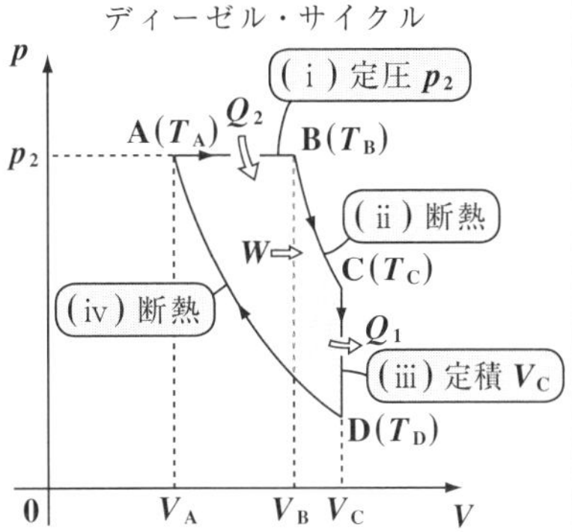

このとき，このサイクルの熱効率 η が，

$$\eta = 1 - \frac{1}{\gamma}\cdot\frac{\left(\frac{V_B}{V_C}\right)^{\gamma} - \left(\frac{V_A}{V_C}\right)^{\gamma}}{\frac{V_B}{V_C} - \frac{V_A}{V_C}} \quad \cdots\cdots①$$

で表されることを示せ。

ヒント！ (ⅰ) 定圧変化では，定圧モル比熱 C_p を用いて，吸収される熱量を求め，(ⅲ) 定積変化では，定積モル比熱 C_V を使って，放出される熱量を求めよう。

解答＆解説

pV 図上の 4 点 A，B，C，D の温度をそれぞれ T_A，T_B，T_C，T_D とおく。(ⅱ) B → C と (ⅳ) D → A は断熱過程なので，作業物質への熱の出入りはない。(ⅰ) A → B の定圧膨張では，体積と比例して温度が T_A から T_B に上がるので，熱量 $Q_2(>0)$ が吸収され，(ⅲ) C → D の定積変化では，圧力と比例して温度が T_C から T_D に下がるので，熱量 $Q_1(>0)$ が放出される。

以上より，熱力学第 1 法則：$\underbrace{\Delta U}_{U_A - U_A = 0} = \underbrace{Q}_{Q_2 - Q_1} - W$　を用いると，

このディーゼル・サイクルが 1 サイクル回ることにより，作業物質が外部にする仕事 W は，

$W = Q_2 - Q_1$　……②　となる。

よって，この熱効率 η は，

$\eta = \frac{W}{Q_2} = \frac{Q_2 - Q_1}{Q_2} = 1 - \frac{Q_1}{Q_2}$　……③　と表すことができる。

(ⅰ) 定圧変化 A → B のとき，この過程で吸収される熱量を $Q_2(>0)$ とおく。

$A \to B$ は，$p = p_2$ 一定の定圧過程より，

$$d'Q = nC_p dT$$ ← 定圧モル比熱 $C_p = \frac{d'q}{dT}$ $\left(q = \frac{Q}{n}\right)$ より

$$\eta = 1 - \frac{Q_1}{Q_2} \quad \cdots\cdots③$$

$$\therefore Q_2 = \int_A^B d'Q = nC_p \int_{T_A}^{T_B} dT = nC_p [T]_{T_A}^{T_B}$$

$$= nC_p(T_B - T_A) \quad \cdots\cdots④ \quad となる。$$

(iii) 定積変化 $C \to D$ のとき，$dV = 0$ よって，微分形式の熱力学第 1 法則：

$d'Q = nC_V dT + p\underset{0}{dV}$ より，$d'Q = nC_V dT$

よって，この過程で放出される熱量を $Q_1(>0)$ とおくと，

$$Q_1 = -\int_C^D d'Q = -nC_V \int_{T_C}^{T_D} dT = -nC_V [T]_{T_C}^{T_D}$$

（Q_1 を⊕として求めるために⊖を付けた。）

$$= nC_V(T_C - T_D) \quad \cdots\cdots⑤ \quad となる。$$

④と⑤を③に代入して，

$$\eta = 1 - \frac{Q_1}{Q_2} = 1 - \frac{n C_V (T_C - T_D)}{n C_p (T_B - T_A)} = 1 - \frac{1}{\gamma} \cdot \frac{T_C - T_D}{T_B - T_A} \quad \cdots\cdots⑥ \quad となる。$$

（$\frac{C_V}{C_p} = \frac{1}{\gamma}$）

ここで，(ii) $B \to C$ と (iv) $D \to A$ は準静的な断熱変化より，ポアソンの関係式から，

$$T_B V_B^{\gamma-1} = T_C V_C^{\gamma-1} \quad \cdots\cdots⑦ \qquad T_A V_A^{\gamma-1} = T_D V_C^{\gamma-1} \quad \cdots\cdots⑧$$

⑦より，$T_C = T_B \left(\frac{V_B}{V_C}\right)^{\gamma-1} = \left(\frac{V_B}{V_C}\right)^{\gamma} \cdot \frac{V_C}{V_B} \cdot T_B \quad \cdots\cdots⑦'$

⑧より，$T_D = T_A \left(\frac{V_A}{V_C}\right)^{\gamma-1} = \left(\frac{V_A}{V_C}\right)^{\gamma} \cdot \frac{V_C}{V_A} \cdot T_A \quad \cdots\cdots⑧'$

ここで，$A \to B$ は $p = p_2$ 一定の定圧過程より，シャルルの法則を用いて，

$$\frac{V_A}{T_A} = \frac{V_B}{T_B} = k \ (一定) \qquad \therefore V_A = kT_A,\ V_B = kT_B \quad \cdots\cdots⑨$$

⑨を⑦′と⑧′の右辺に代入して，

$$\begin{cases} T_C = \left(\frac{V_B}{V_C}\right)^{\gamma} \cdot \frac{V_C}{k\cancel{T_B}} \cdot \cancel{T_B} = \frac{V_C}{k}\left(\frac{V_B}{V_C}\right)^{\gamma} & \cdots\cdots⑦'' \\ T_D = \left(\frac{V_A}{V_C}\right)^{\gamma} \cdot \frac{V_C}{k\cancel{T_A}} \cdot \cancel{T_A} = \frac{V_C}{k}\left(\frac{V_A}{V_C}\right)^{\gamma} & \cdots\cdots⑧'' \end{cases}$$

⑦″－⑧″より，

$$T_C - T_D = \frac{V_C}{k}\left\{\left(\frac{V_B}{V_C}\right)^\gamma - \left(\frac{V_A}{V_C}\right)^\gamma\right\}$$

$$\begin{cases} T_C = \dfrac{V_C}{k}\left(\dfrac{V_B}{V_C}\right)^\gamma \cdots\cdots ⑦'' \\ T_D = \dfrac{V_C}{k}\left(\dfrac{V_A}{V_C}\right)^\gamma \cdots\cdots ⑧'' \end{cases}$$

$$\begin{cases} V_A = kT_A \\ V_B = kT_B \end{cases} \cdots\cdots ⑨$$

$$\therefore \frac{T_C - T_D}{T_B - T_A} = \frac{V_C}{k}\cdot\frac{\left(\frac{V_B}{V_C}\right)^\gamma - \left(\frac{V_A}{V_C}\right)^\gamma}{T_B - T_A}$$

$$= V_C \cdot \frac{\left(\frac{V_B}{V_C}\right)^\gamma - \left(\frac{V_A}{V_C}\right)^\gamma}{\underbrace{kT_B}_{V_B} - \underbrace{kT_A}_{V_A}} = V_C \cdot \frac{\left(\frac{V_B}{V_C}\right)^\gamma - \left(\frac{V_A}{V_C}\right)^\gamma}{V_B - V_A}$$

← ⑨より

$$= \frac{\left(\frac{V_B}{V_C}\right)^\gamma - \left(\frac{V_A}{V_C}\right)^\gamma}{\frac{V_B}{V_C} - \frac{V_A}{V_C}} \cdots\cdots ⑩$$

$$\eta = 1 - \frac{1}{\gamma}\cdot\frac{T_C - T_D}{T_B - T_A} \cdots\cdots ⑥$$

⑩を⑥に代入すると，

$$\eta = 1 - \frac{1}{\gamma}\cdot\frac{T_C - T_D}{T_B - T_A} = 1 - \frac{1}{\gamma}\cdot\frac{\left(\frac{V_B}{V_C}\right)^\gamma - \left(\frac{V_A}{V_C}\right)^\gamma}{\frac{V_B}{V_C} - \frac{V_A}{V_C}} \cdots\cdots ①$$

が導ける。…(終)

空気を 2 原子分子の理想気体とみて，この空気を作業物質とするディーゼル・サイクルを考える。空気の定積モル比熱 C_V，定圧モル比熱 C_p が

$C_V = \frac{5}{2}R$，$C_p = \frac{7}{2}R$ より，比熱比 γ は，$\gamma = \frac{C_p}{C_V} = \frac{7}{5}$ ← 理想気体 (f: 自由度) $C_V = \frac{f}{2}R$，$C_p = \frac{f+2}{2}R$

ここで，例えば，$\frac{V_A}{V_C} = \frac{1}{10}$，$\frac{V_B}{V_C} = \frac{3}{10}$ であるとすると，このサイクルの熱効率 η は，

$$\eta = 1 - \frac{5}{7}\cdot\frac{\left(\frac{3}{10}\right)^{\frac{7}{5}} - \left(\frac{1}{10}\right)^{\frac{7}{5}}}{\frac{3}{10} - \frac{1}{10}} = 1 - \frac{25}{7}\left\{\left(\frac{3}{10}\right)^{\frac{7}{5}} - \left(\frac{1}{10}\right)^{\frac{7}{5}}\right\} \fallingdotseq 0.48$$

となる。

演習問題 47 ●「クラウジウスの原理⇔トムソンの原理」の証明●

クラウジウスの原理：「他に何の変化も残さずに，熱を低温の物体から高温の物体に移すことはできない。」を **C** と表し，
トムソンの原理：「他に何の変化も残さずに，ただ **1** つの熱源から熱を取り出し，それをすべて仕事に変え，自身は元の状態に戻ることはできない。」を **T** と表すとき，
C と **T** は同値，すなわち "**C** ⇔ **T**" ……(＊) が成り立つことを示せ。

ヒント！ "**C** ⇒ **T**" が真であることを示すために，その対偶："∠**T** ⇒∠**C**" を示せばいいんだね。ここで，∠**C** は，命題 **C** の否定を表す。∠**T** も同様だ。

解答＆解説

図 **1** 対偶 "∠**T** ⇒∠**C**" の証明

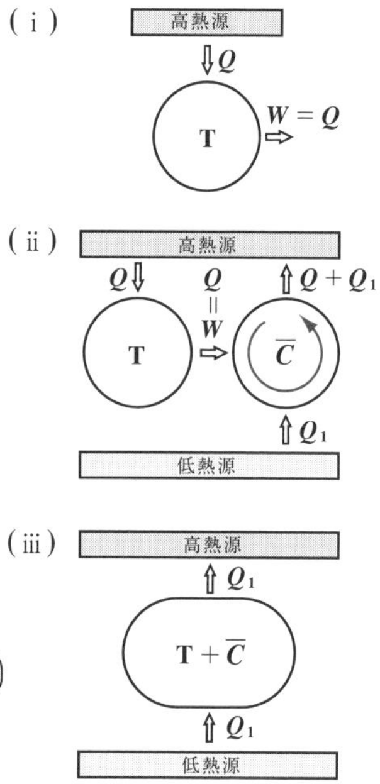

(ⅰ) まず，命題 "**C** ⇒ **T**" ……(＊**1**) が成り立つことを示すために，この対偶：
"∠**T** ⇒∠**C**" ……(＊**1**)´

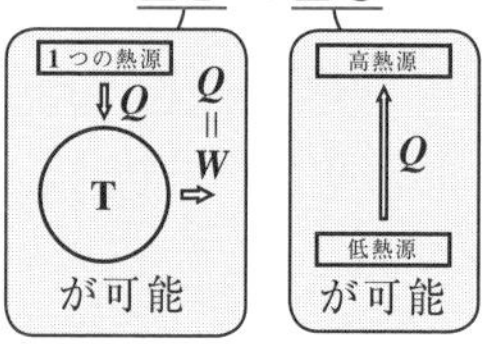

が成り立つことを示せばよい。ここで，命題 p の否定を $\angle p$ で表すことにする。
∠**T**(トムソンの原理の否定)より，まず図 **1**(ⅰ) に示すように，**1** つの高熱源から熱量 $Q(>0)$ を取り出して，それをすべて仕事 $W(=Q)$ に変え，周期的に動く熱機関 **T** が存在することになる。（第 **2** 種の永久機関のこと）
次に，図 **1**(ⅱ) に示すように，**T** から出力される仕事 W をそのまま使って低熱源から $Q_1(>0)$ の熱量を取り出し，高熱源に (ア) $(=W+Q_1)$ を放出する (イ) を稼働させることにする。
ここで，**T** と $\overline{C}$ を組み合わせて，**1** つの熱機関 $\mathbf{T}+\overline{C}$ を考えると，図 **1**(ⅲ) に示すように，これは低熱源から Q_1 の熱量を取り出し，高熱源

に$Q_1(=(\cancel{Q}+Q_1)-\cancel{Q})$を放出しているだけで，他に何の変化も残していないことになる。これはクラウジウスの原理の否定∠**C**を表す。

これから，対偶“∠**T** ⇒∠**C**” ……(＊1)′ が成り立つことが示せたので，元の命題“**C** ⇒ **T**” ……(＊1) が成り立つことも示せた。

(ⅱ) 次に，命題“**T** ⇒ **C**” ……(＊2) が成り立つことを示す。

そのために，この対偶“∠**C** ⇒∠**T**” ……(＊2)′ が成り立つことを示せばよい。

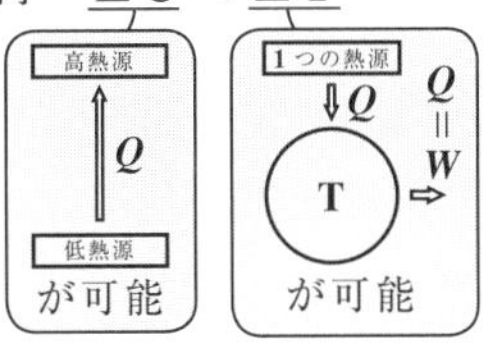

図**2** 対偶“∠**C** ⇒∠**T**”の証明

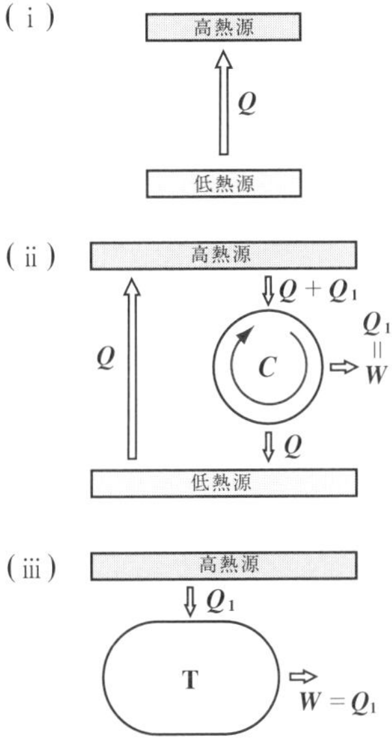

∠**C**(クラウジウス原理の否定)より，まず図**2**(ⅰ)に示すように，他に何の変化も残さずに,低熱源から高熱源へ熱量$Q(>0)$を移すことができる。

次に，図**2**(ⅱ)に示すように，高熱源から熱量 (ウ)　　 $(Q_1>0)$を取り出し，この**1**部を仕事$W(=Q_1)$に変え，残りの熱量Qを低熱源に放出する (エ)　　　　　　 を稼働させることにする。

ここで，図**2**(ⅱ)の**2**つの過程を**1**つの熱機関とみなすと，図**2**(ⅲ)に示すように，低熱源については，$Q-Q=0$となって，熱の出入りはなくなる。そして，高熱源をただ**1**つの熱源として，それから$Q_1(=(\cancel{Q}+Q_1)-\cancel{Q})$の熱量を取り出し，それをすべて仕事$W(=Q_1)$に変えて周期的に働く熱機関**T**が現われることになる。つまり，これはトムソンの原理の否定∠**T**を表す。

これから，対偶“∠**C** ⇒∠**T**” ……(＊2)′ が成り立つことが示せたので，元の命題“**T** ⇒ **C**” ……(＊2) は成り立つ。

以上(ⅰ)，(ⅱ)より，命題“**C** ⇔ **T**”…(＊)が成り立つことが示せた。…(終)

解答 (ア) $Q+Q_1$　(イ) 逆カルノー・サイクル $\overline{C}$　(ウ) $Q+Q_1$
(エ) カルノー・サイクル C

演習問題 48　● カルノーの定理の証明 ●

「温度が一定の **2** つの熱源の間で働く可逆機関の熱効率 η は，**2** つの熱源の温度だけで決まり，作業物質の種類によらない。また，同じ **2** つの熱源の間で働く任意の不可逆機関の熱効率 η' は，可逆機関の熱効率 η よりも小さい。」これをカルノーの定理という。カルノーの定理を証明せよ。

ヒント！「温度が一定の **2** つの熱源の間で働く可逆機関の熱効率 η は，**2** つの熱源の温度だけで決まり，作業物質の種類によらない」…(＊**1**) と，「同じ **2** つの熱源の間で働く任意の不可逆機関の熱効率 η' は，可逆機関の熱効率 η よりも小さい」…(＊**2**) の，**2** つの命題に分け，それぞれを示そう。(＊**1**) では，作業物質の異なる **2** つの可逆機関を同じ **2** つの熱源の間で働かせ，(＊**2**) では，可逆機関と不可逆機関を同じ **2** つの熱源の間で稼働させる。

解答＆解説

・まず，「温度が一定の **2** つの熱源の間で働く可逆機関の熱効率 η は，**2** つの熱源の温度だけで決まり，作業物質によらない。」…(＊**1**)　ことを示す。

図 **1** に示すように，温度一定の **2** つの熱源の間で，作業物質の異なる **2** つの可逆機関 C と C' を稼働させる。C は **1** サイクルで，温度 θ_2 の高熱源から熱量 Q_2 を取り出し，その **1** 部を仕事 W に変え，残りの熱量 Q_1 を温度 θ_1 の低熱源に放出するものとすると，その熱効率 η は，

図 **1**　作業物質の異なる **2** つの可逆機関

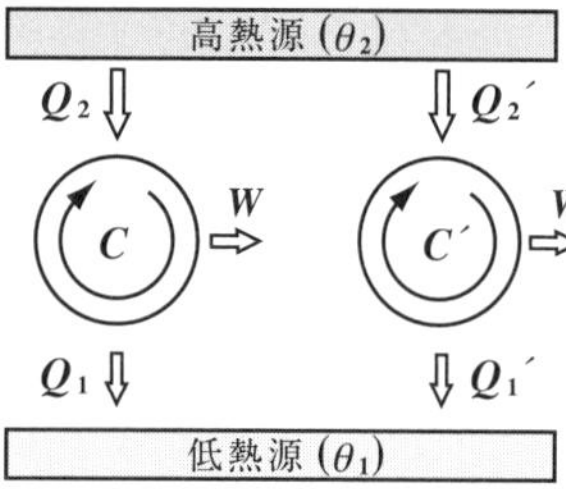

$$\eta = \frac{W}{Q_2} \quad \cdots\cdots①$$ となる。

また，C' は **1** サイクルで，高熱源から熱量 Q_2' を吸収し，その **1** 部を仕事 W に変え，残りの熱量 Q_1' を低熱源に放出するものとすると，その熱効率 η' は，

$$\eta' = \frac{W}{Q_2'} \quad \cdots\cdots②$$ となる。 ← C' が外部にする仕事は，C がする仕事 W と同じになるように，調整しておく。

ここで，図2(ア)に示すように，C'を逆回転させ$\overline{C'}$とし，Cから出力される仕事Wをそのまま使って，低熱源からQ_1'の熱量を取り出し，高熱源に熱量$Q_2'(=Q_1'+W)$を放出させる。このCと$\overline{C'}$を組み合わせて1つの熱機関$C+\overline{C'}$として考えると，1サイクルで，低熱源から$Q_1'-Q_1$の熱量を受け取り，高熱源に$Q_2'-Q_2$の熱量を放出する。そして，他には何の変化も残さない。

図2　$\eta'=\eta$の証明(Ⅰ)

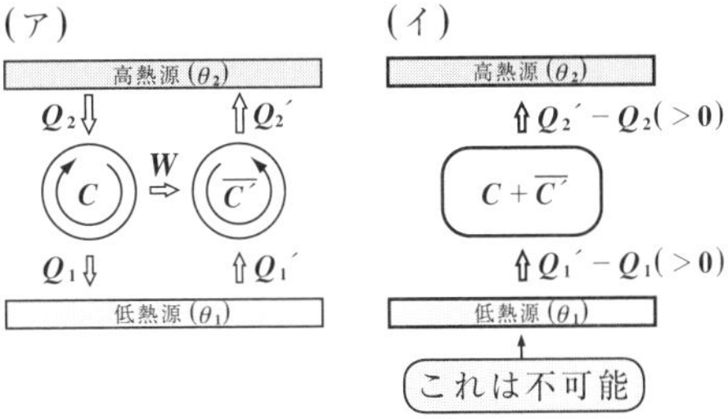

ここで，熱力学第1法則より，

$$\begin{cases} C\text{について，}Q_2=Q_1+W & \cdots\cdots③ \\ \overline{C'}\text{について，}Q_2'=Q_1'+W & \cdots\cdots④ \end{cases}$$

← $\underline{0}=(Q_2-Q_1)-W$ より（$\underline{0}=\Delta U$）
← $\underline{0}=(Q_1'-Q_2')+W$ より（$\underline{0}=\Delta U$）

④－③より，

$Q_2'-Q_2=Q_1'-Q_1$　となる。

ここで，$Q_2'-Q_2=Q_1'-Q_1>0$と仮定すると，図2(イ)に示すように，$Q_2'-Q_2=Q_1'-Q_1(>0)$だけの熱量を低熱源から高熱源に移しただけで，他には何の変化も残さない。これはクラウジウスの原理に矛盾する。

$\therefore\ Q_2'-Q_2=Q_1'-Q_1\leqq 0$　……⑤　となる。

次に，図3(ア)に示すように，CとC'の役割を入れ替えて，Cは逆回転させ$\overline{C}$とし，C'を順回転させる。そして，$\overline{C}$は，C'から出力される仕事Wを使って，低熱源からQ_1の熱量を取り出し，高熱源に熱量$Q_2(=Q_1+W)$を放出させる。図3(イ)に示すように，この$\overline{C}$とC'を組み合わせて1つの熱機関$\overline{C}+C'$として考えると，同様にして，

図3　$\eta'=\eta$の証明(Ⅱ)

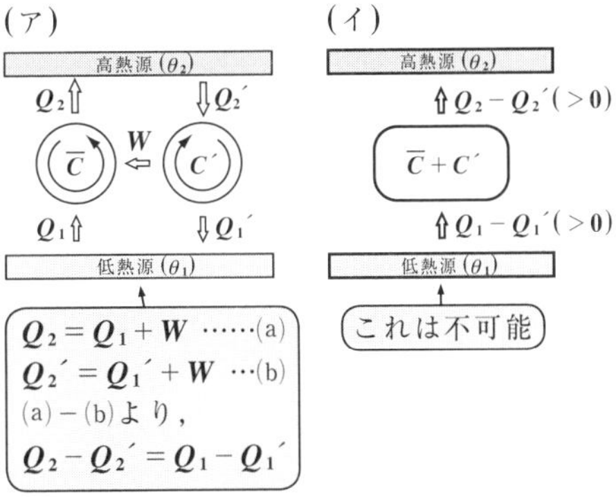

$Q_2-Q_2'=Q_1-Q_1'\leqq 0$　……⑥　となる。

ここで，⑤より，$Q_2-Q_2'=Q_1-Q_1'\geqq 0$　……⑤′

⑥と⑤′を比較して，$Q_2-Q_2'=Q_1-Q_1'=0$

$\therefore Q_2{}' = Q_2, \ Q_1{}' = Q_1$ となる。

よって, C と C' の熱効率 $\eta = \dfrac{W}{Q_2}$ ……① と, $\eta' = \dfrac{W}{Q_2{}'}$ ……② より,

$$\eta' = \frac{W}{\underset{\boxed{Q_2}}{\boxed{Q_2{}'}}} = \frac{W}{Q_2} = \eta \qquad \therefore \eta' = \eta \quad となる。$$

これより, 可逆機関の熱効率 η は作業物質によらず, 一定の値をとる。また, η を関数としてみた場合, この独立変数としては, **2** つの熱源の温度 θ_1 と θ_2 しかないので, η は θ_1 と θ_2 のある **2** 変数関数と考えられる。以上より,「温度が一定の **2** つの熱源の間で働く可逆機関の熱効率 η は, **2** つの熱源の温度だけで決まり, 作業物質によらない。」……(＊1) ことが示された。

・次に,「同じ **2** つの熱源の間で働く任意の不可逆機関の熱効率 η' は, 可逆機関の熱効率 η よりも小さい。」……(＊2) ことを示す。

図 **4** に示すように, 温度が定まった **2** つの熱源の間で働く可逆機関 C と, 不可逆機関 I を考える。 ← I は, *irreversible* (不可逆) の頭文字

図 **4** 可逆機関と不可逆機関

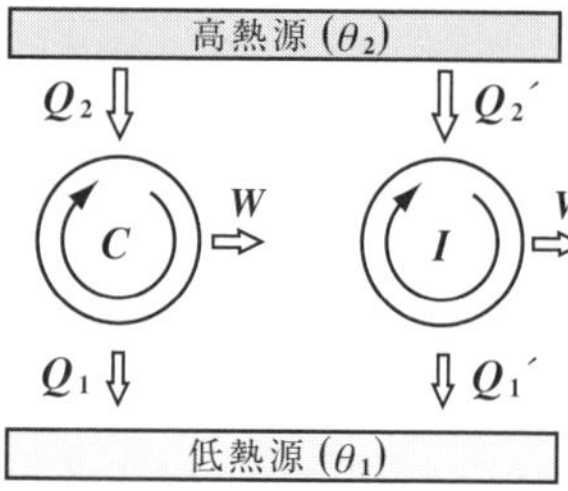

C は, 高熱源から熱量 Q_2 を取り出し, その **1** 部を仕事 W に変え, 残りの熱量 Q_1 を低熱源に放出するものとすると, その熱効率 η は, ← I の出力 W と同じになるように, 調整しておく。

$$\eta = \frac{\boxed{W}}{Q_2} \quad ……⑦ \quad となる。$$

不可逆機関 I は, 高熱源から $Q_2{}'$ を取り出し, その **1** 部を仕事 W に変え, 残りの熱量 $Q_1{}'$ を低熱源に放出するものとすると, その熱効率 η' は,

$$\eta' = \frac{W}{Q_2{}'} \quad ……⑧ \quad となる。$$

ここで, 図 **5**(ア) に示すように, C を逆回転させて $\overline{C}$ とし, I から出力される仕事 W をそのまま使って, 低熱源から Q_1 の熱量を取り出し, 高熱源に $Q_2(=Q_1+W)$ を放出させる。この $\overline{C}$ と I を組み合わせて **1** つの熱機関 $\overline{C}+I$ として考えると, **1** サイクルで, 低熱源から $Q_1 - Q_1{}'$ の熱

量を取り出し，高熱源に $Q_2 - Q_2'$ の熱量を放出する。そして，他には何の変化も残さない。

図 5　$\eta' < \eta$ の証明

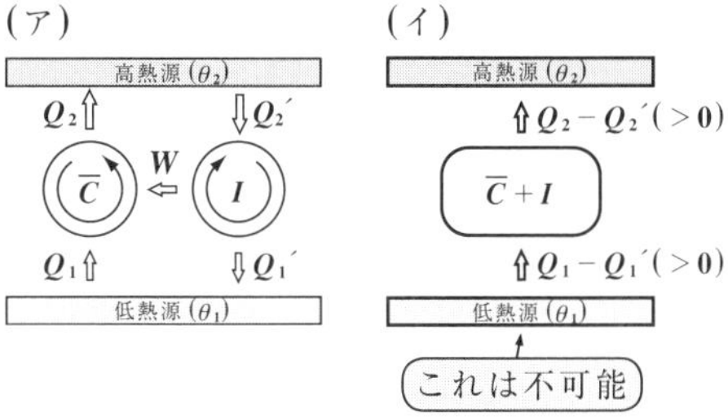

熱力学第 1 法則より，

$$\begin{cases} \overline{C} \text{ について，} Q_2 = Q_1 + W & \cdots\cdots⑨ \\ I \text{ について，} Q_2' = Q_1' + W & \cdots\cdots⑩ \end{cases}$$

⑨ − ⑩より，

$Q_2 - Q_2' = Q_1 - Q_1'$　……⑪

ここで，$Q_2 - Q_2' = Q_1 - Q_1' > 0$ と仮定すると，図 5(イ) より，$Q_2 - Q_2' = Q_1 - Q_1'(>0)$ の熱量を低熱源から高熱源に移しただけで，他に何の変化も残さない。これはクラウジウスの原理に矛盾する。

よって，$Q_2 - Q_2' = Q_1 - Q_1' \leqq 0$　……⑫　となる。

ゆえに，⑫より，$Q_2 \leqq Q_2'$ だから，⑦，⑧より，

$\eta' = \dfrac{W}{Q_2'} \leqq \dfrac{W}{Q_2} = \eta$　よって，$\eta' \leqq \eta$　……⑬　となる。

ここで，$\eta' = \eta$，すなわち $Q_2' = Q_2$　とすると，⑫より，

$Q_2 = Q_2'$ かつ $Q_1 = Q_1'$　となる。このとき，高熱源の受け取った熱量は，$Q_2 - Q_2' = 0$，低熱源が放出した熱量も，$Q_1 - Q_1' = 0$ となり，1 サイクルの後，すべての状態が元の状態に戻ってしまう。これは可逆過程を意味するので，$\overline{C} + I$ は可逆機関となる。

（可逆過程：何らかの方法によって，系とその変化に関わりのある外部の状態をすべて元に戻すことができる過程）

よって，I も可逆機関となって，I が不可逆機関であることに反する。

（不可逆機関：不可逆過程を含む熱機関のこと）

よって，$\eta' \neq \eta$ より，⑬から，$\eta' < \eta$　となる。これで，(＊2) が示された。

以上より，(＊1) と (＊2) を合わせたカルノーの定理が証明された。…(終)

> 可逆機関の熱効率 η は，2 つの熱源の温度 θ_1 と θ_2 の関数：
> $\eta = \eta(\theta_1, \theta_2)$ より，$\eta = \dfrac{W}{Q_2} = \dfrac{Q_2 - Q_1}{Q_2} = \boxed{1 - \dfrac{Q_1}{Q_2} = \eta(\theta_1, \theta_2)}$
> よって，$\dfrac{Q_1}{Q_2}$ も θ_1 と θ_2 の 2 変数関数となって，$\dfrac{Q_1}{Q_2} = f(\theta_1, \theta_2)$ と表せる。

演習問題 49　●熱力学的絶対温度●

経験温度 θ_2 の高熱源 R_2 と経験温度 θ_1 の低熱源 R_1 の間で可逆機関 C_1 を稼働させる。C_1 が R_2 から吸収する熱量を Q_2，R_1 に放出する熱量を Q_1 とおくと，Q_2 と Q_1 の比は，θ_1 と θ_2 のみの関数となって，

$$\frac{Q_1}{Q_2} = f(\theta_1, \theta_2) \quad \cdots\cdots(*) \quad (f : \text{作業物質によらない関数})$$

と表される。この $(*)$ を用いて次式を導け。

$$\frac{Q_1}{Q_2} = \frac{g(\theta_1)}{g(\theta_2)} \quad \cdots\cdots(**) \quad (g : \text{熱源の温度}\ \theta\ \text{のみの関数})$$

ヒント！ R_1 の下に経験温度 $\theta_0(<\theta_1)$ の熱源 R_0 を付け加えて，R_1 と R_0 の間で可逆機関 C_0 を稼働させる。さらに，R_2 と R_0 の間に可逆機関 C を逆回転させて考えよう。

解答＆解説

図1(ⅰ)に示すように，R_1 を中熱源として，その下に低熱源 R_0 を付け加える。高熱源 R_2 と中熱源 R_1 との間で可逆機関 C_1 を順回転させ，R_2 から Q_2 の熱量を取り出し，その1部を仕事 W_1 に変え，残りの熱量 Q_1 を R_1 に放出させる。

また，中熱源 R_1 と低熱源 R_0 の間で可逆機関 C_0 を順回転させ，Q_1 の熱量を R_1 から取り出し，その1部を仕事 W_0 に変え，残りの熱量 Q_0 を R_0 に放出させる。

さらに，高熱源 R_2 と低熱源 R_0 との間に可逆機関 C を逆回転させ $\overline{C}$ とし，外部からされた仕事 W を使って，Q_0 の熱量を R_0 から取り出し，熱量 Q_2' を R_2 に放出させるものとする。

すると，$(*)$ より，

図1(ⅰ)

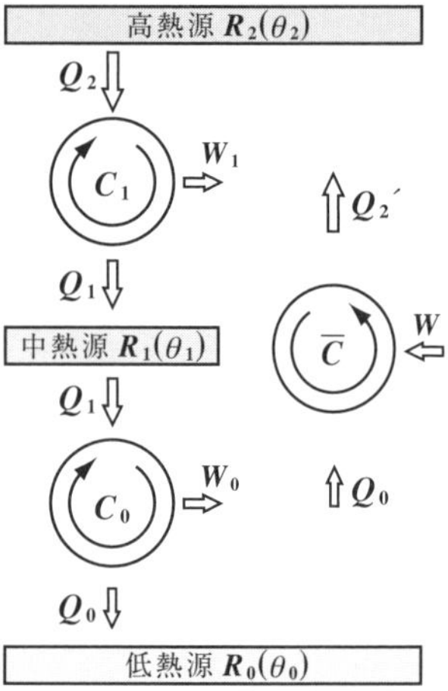

(ⅱ)

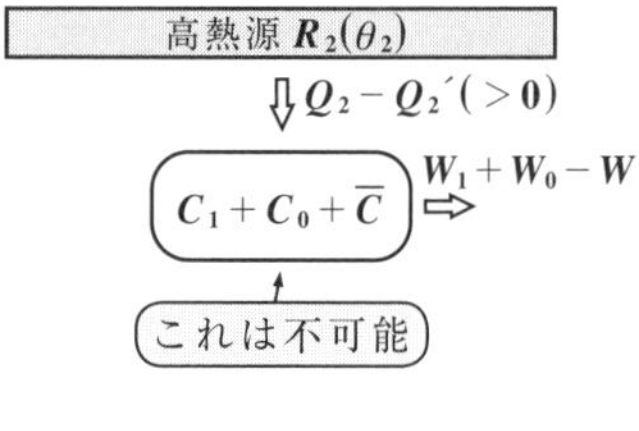

C_1 について， $\dfrac{Q_1}{Q_2} = f(\theta_1, \theta_2)$ ……①

C_0 について， $\dfrac{Q_0}{Q_1} = f(\theta_0, \theta_1)$ ……②

$\overline{C}$ について， $\dfrac{Q_0}{Q_2'} = f(\theta_0, \theta_2)$ ……③ となる。

ここで，C_1 と C_0 と $\overline{C}$ を組み合わせた 1 つの熱機関 $C_1 + C_0 + \overline{C}$ を考えると，これは，高熱源 R_2 から $Q_2 - Q_2'$ の熱量を取り出し，それをそのまま外への仕事 $W_1 + W_0 - W$ に変えているので，

$Q_2 - Q_2' = W_1 + W_0 - W$ となる。

ここで，$Q_2 - Q_2' > 0$ とすると，図 1(ⅱ) に示すように，$C_1 + C_0 + \overline{C}$ は，1 つの熱源 (R_2) から正の熱量 $(Q_2 - Q_2')$ を取り出し，これをすべて外への仕事 $(W_1 + W_0 - W)$ に変えていて，他には何の変化も残さない。よって，これは第 2 種の永久機関となるので，矛盾である。

$\therefore Q_2 - Q_2' \leqq 0$ ……④ となる。

次に，$Q_2 - Q_2' \geqq 0$ ……⑤ となることを示す。

ここで，C_1 と C_0 と $\overline{C}$ をすべて逆回転させると，図 2(ⅰ) に示すように，$\overline{C_1}$ と $\overline{C_0}$ と C を組み合わせた熱機関 $\overline{C_1} + \overline{C_0} + C$ は，高熱源から $Q_2' - Q_2$ の熱量を取り出し，それをそのまま外への仕事 $W - W_1 - W_0$ に変えている。

$\therefore Q_2' - Q_2 = W - W_1 - W_0$ となる。

ここで，$Q_2' - Q_2 > 0$ とすると，図 2(ⅱ) に示すように，$\overline{C_1} + \overline{C_0} + C$ は，1 つの熱源 (R_2) から正の熱量 $(Q_2' - Q_2)$ を取り出し，これをすべて外への仕事 $(W - W_1 - W_0)$ に変えていて，他には何の変化も残さない。よって，これは第 2 種の永久機関となるので，矛盾である。

④と⑤より，
$Q_2 - Q_2' = 0$
$\therefore Q_2' = Q_2$ が導かれるんだね。

図 2(ⅰ)

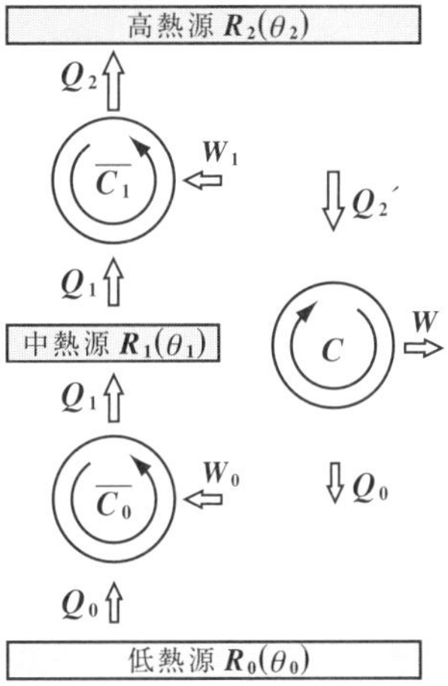

(ⅱ)

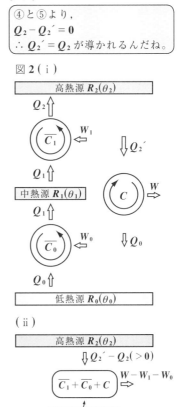

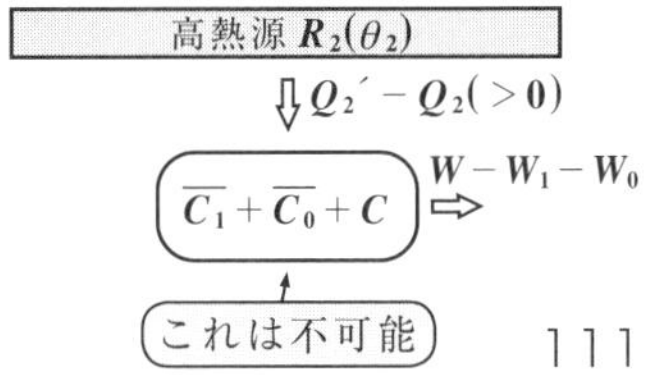

$\therefore Q_2' - Q_2 \leqq 0$　　両辺を -1 倍して，

$Q_2 - Q_2' \geqq 0$ ……⑤

④と⑤より，$Q_2 - Q_2' = 0$

$\therefore Q_2' = Q_2$ ……⑥　となる。

⑥を③に代入すると，

$$\frac{Q_0}{Q_2} = f(\theta_0, \theta_2) \quad \cdots\cdots ⑦$$

$Q_2 - Q_2' \leqq 0$ ……④

$\frac{Q_1}{Q_2} = f(\theta_1, \theta_2)$ ……①

$\frac{Q_0}{Q_1} = f(\theta_0, \theta_1)$ ……②

$\frac{Q_0}{Q_2'} = f(\theta_0, \theta_2)$ ……③

以上①，②，⑦を用いると，

$$f(\theta_1, \theta_2) = \frac{Q_1}{Q_2} = \frac{\frac{Q_1}{Q_0}}{\frac{Q_2}{Q_0}} = \frac{\frac{1}{f(\theta_0, \theta_1)}}{\frac{1}{f(\theta_0, \theta_2)}} \quad \cdots\cdots ⑧$$　となる。

ここで，⑧の左辺は θ_1 と θ_2 のみの関数なので，右辺の θ_0 は不要となる。

よって，$\frac{1}{f(\theta_0, \theta_1)} = g(\theta_1)$ ……⑨，$\frac{1}{f(\theta_0, \theta_2)} = g(\theta_2)$ ……⑩　とおき，

⑨と⑩を⑧に代入すると，

$$f(\theta_1, \theta_2) = \frac{Q_1}{Q_2} = \frac{g(\theta_1)}{g(\theta_2)} \quad \cdots\cdots (**)$$　が導かれる。……………………(終)

参考

$$\frac{Q_1}{Q_2} = \frac{g(\theta_1)}{g(\theta_2)} \quad \cdots\cdots (**)$$

から，$T = g(\theta)$ とおくことによって，**熱力学的絶対温度 T** が導入できる。

よって，$T_1 = g(\theta_1)$，$T_2 = g(\theta_2)$ とおくと，$(**)$ は，

$$\frac{Q_1}{Q_2} = \frac{T_1}{T_2} \quad \cdots\cdots (a)$$　となる。←この比は，2つの熱源の温度 θ_1，θ_2 のみの関数で，作業物質の種類によらない。

ここで，n(mol) の理想気体の状態方程式：$pV = nRT$ に現われる絶対温度 T を，ここで新たに θ の大文字 Θ で表すことにすると，n(mol) の理想気体を作業物質とする可逆機関（カルノー・サイクル）について，

$$\frac{Q_1}{Q_2} = \frac{\Theta_1}{\Theta_2} \quad \cdots\cdots (b)$$　が導かれる。←演習問題42で導いた式 $\frac{Q_1}{Q_2} = \frac{T_1}{T_2}$ のこと。この右辺の T を，ここでは Θ で表している。

(a)と(b)を比較して，

$$\frac{T_1}{T_2} = \frac{\Theta_1}{\Theta_2} \quad \cdots\cdots (c)$$　となる。

1 気圧において，水の氷点における T と Θ をそれぞれ T_0，$\underset{273.15(\mathrm{K})}{\Theta_0}$，

水の沸点における T と Θ をそれぞれ T_{100}，$\underset{373.15(\mathrm{K})}{\Theta_{100}}$ とおくと，(c)より，

$\dfrac{T_0}{T_{100}} = \dfrac{\Theta_0}{\Theta_{100}}$　　この逆数をとって，$\dfrac{T_{100}}{T_0} = \dfrac{\Theta_{100}}{\Theta_0}$　……(d)　となる。

ここで，T と Θ について，水の氷点と沸点の温度差を共に **100** とすると，

$$\begin{cases} T_{100} = T_0 + 100 & \cdots\cdots(\mathrm{e}) \\ \Theta_{100} = \Theta_0 + 100 & \cdots\cdots(\mathrm{f}) \end{cases}$$

(e)と(f)を(d)に代入すると，

$$\frac{T_0 + 100}{T_0} = \frac{\Theta_0 + 100}{\Theta_0},\quad \cancel{1} + \frac{100}{T_0} = \cancel{1} + \frac{100}{\Theta_0},\quad \frac{100}{T_0} = \frac{100}{\Theta_0}$$

$\therefore T_0 = \underset{273.15(\mathrm{K})}{\Theta_0}$　……(g)　を得る。

(c)の T_2, Θ_2 をそれぞれ T, Θ とおき，T_1, Θ_1 をそれぞれ T_0, Θ_0 とおくと，

$\dfrac{T_0}{T} = \dfrac{\Theta_0}{\Theta}$　　よって，(g)より，任意の温度について，$T = \Theta$　となる。

すなわち，熱力学的絶対温度目盛りは，理想気体の絶対温度目盛りと一致する。ここで，水の沸点の温度をもつ高熱源と，水の氷点の温度をもつ低熱源の間に働く可逆機関の熱効率 η を求めてみる。

この可逆機関の熱効率 η は，熱力学的絶対温度 T を用いて，

$\eta = 1 - \dfrac{Q_1}{Q_2} = 1 - \dfrac{T_1}{T_2}$ …(h) となる。$\left(\begin{array}{l} Q_2 : \text{系が高熱源から吸収する熱量} \\ Q_1 : \text{系が低熱源に放出する熱量} \end{array}\right)$

ここで，

$$\begin{cases} \text{高熱源の温度}\ \underset{}{\overset{T_{100}}{T_2}} = \overset{T_0}{273.15} + 100 = 373.15(\mathrm{K}) & \cdots\cdots(\mathrm{i}) \\ \text{低熱源の温度}\ \underset{T_0}{T_1} = 273.15(\mathrm{K}) & \cdots\cdots(\mathrm{j}) \end{cases}$$

(i)と(j)を(h)に代入して，求める熱効率 η は，

$$\eta = 1 - \frac{273.15}{373.15} = \frac{100}{373.15} \fallingdotseq 0.268$$ となる。

この値が，与えられた **2** つの熱源の間に働く熱機関の熱効率の最大値となる。

講義 5 Lecture エントロピー methods & formulae

§1. カルノー・サイクルとエントロピー

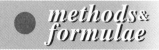

図 1 にカルノー・サイクルの pV 図を示す。この 1 サイクルにより，系 (作業物質) が，温度 T_2 の高熱源から熱量 $Q_2(>0)$ を吸収し，その一部を仕事 W に変え，残りの熱量 Q_1 (>0) を温度 T_1 の低熱源に放出するとき，

$\dfrac{Q_1}{Q_2}=\dfrac{T_1}{T_2}$ が成り立つ。

図 1 カルノー・サイクル

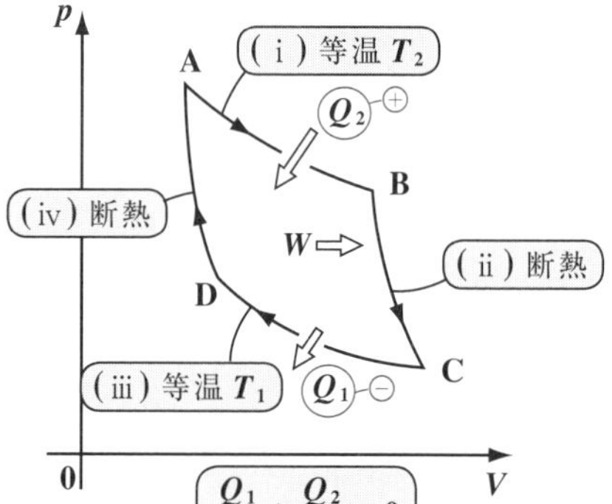

$$\frac{Q_1}{T_1}+\frac{Q_2}{T_2}=0$$

(ただし，$Q_2>0$，$Q_1<0$ とする)

これより，$\dfrac{Q_2}{T_2}=\dfrac{Q_1}{T_1}$ ……① となる。

ここで，系が吸収する熱量を正，つまり $Q_2(>0)$ はそのままとするが，放出する熱量は負，つまり $Q_1<0$ とする。すると①より，

$$\frac{Q_2}{T_2}=\frac{\overset{\oplus}{(-Q_1)}}{T_1} \quad \therefore \quad \frac{Q_1}{T_1}+\frac{Q_2}{T_2}=0$$ ……①´ (準静的過程) が成り立つ。

(クラウジウスの等式という)

この①´を一般化してみよう。図 2 に示すように，任意のサイクル C を複数 $\left(\dfrac{n}{2}\text{個}\right)$ の可逆カルノー・サイクルで置き換えると，①´を用いて，

$$\underbrace{\frac{Q_1}{T_1}+\frac{Q_2}{T_2}}_{0}+\underbrace{\frac{Q_3}{T_3}+\frac{Q_4}{T_4}}_{0}+\cdots\cdots+\underbrace{\frac{Q_{n-1}}{T_{n-1}}+\frac{Q_n}{T_n}}_{0}=0$$

すなわち，$\displaystyle\sum_{k=1}^{n}\frac{Q_k}{T_k}=0$ ……②

(準静的過程)

図 2 可逆なサイクル C を複数のカルノー・サイクルで置き換える

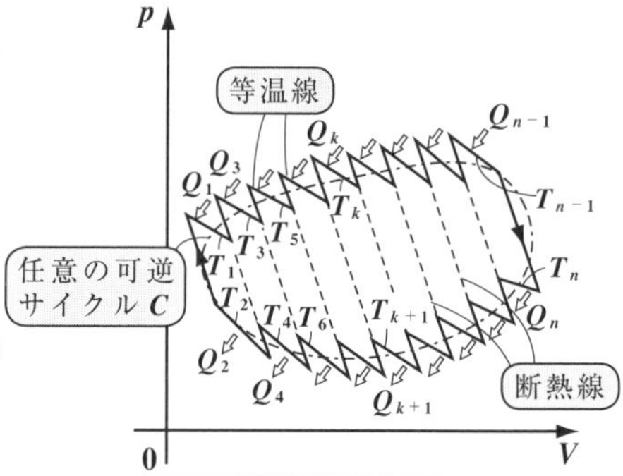

$$\frac{Q_1}{T_1}+\frac{Q_2}{T_2}+\frac{Q_3}{T_3}+\frac{Q_4}{T_4}+\cdots+\frac{Q_n}{T_n}=0$$

が成り立つ。さらに，この n を $n \to \infty$ として，系が温度 T の熱源と熱量 $d'Q$ をやり取りするものとすると，

$$\oint_C \frac{d'Q}{T} = 0 \quad \cdots\cdots ③$$ （準静的過程）となる。

図 3　エントロピーの導入

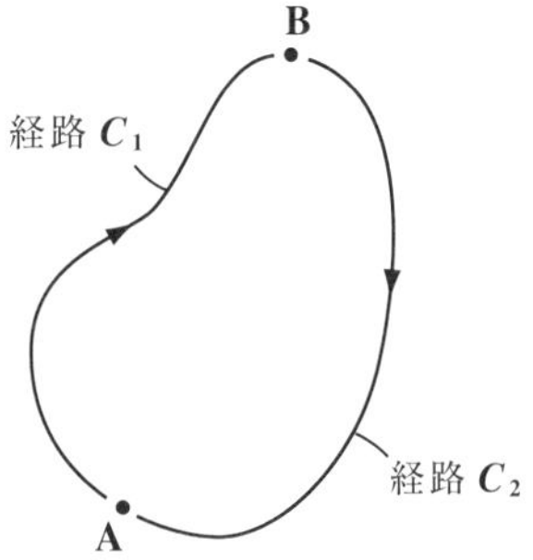

図 3 に示すように，pV 平面に任意の準静的なサイクル C を描き，この経路 C 上に異なる 2 点 A, B をとる。

$\begin{cases} \mathrm{A} \to \mathrm{B} \text{ の経路を } C_1, \\ \mathrm{B} \to \mathrm{A} \text{ の経路を } C_2 \end{cases}$ とおくと，

③より，

$$\oint_C \frac{d'Q}{T} = \int_{\mathrm{A}(C_1)}^{\mathrm{B}} \frac{d'Q}{T} + \int_{\mathrm{B}(C_2)}^{\mathrm{A}} \frac{d'Q}{T} = 0 \quad \cdots\cdots ④$$

準静的な過程を逆に辿ると，熱量の吸収と放出が逆になるので，C_2 を逆に進む経路を $-C_2$ とおくと，

$$\int_{\mathrm{B}(C_2)}^{\mathrm{A}} \frac{d'Q}{T} = -\int_{\mathrm{A}(-C_2)}^{\mathrm{B}} \frac{d'Q}{T} \quad \cdots\cdots ⑤$$

⑤を④に代入して変形すると，

$$\int_{\mathrm{A}(C_1)}^{\mathrm{B}} \frac{d'Q}{T} = \int_{\mathrm{A}(-C_2)}^{\mathrm{B}} \frac{d'Q}{T} \quad \cdots\cdots ⑥$$

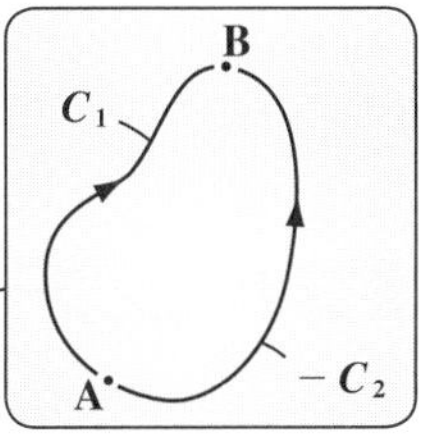

が導かれる。⑥より，$\displaystyle\int_{\mathrm{A}}^{\mathrm{B}} \frac{d'Q}{T}$ の積分は，途中の経路によらず，状態 A と状態 B だけで定まる。

ここで，図 4 に示すように，1 つの基準状態 O を考え，この O に対して，

図 4　エントロピーの定義

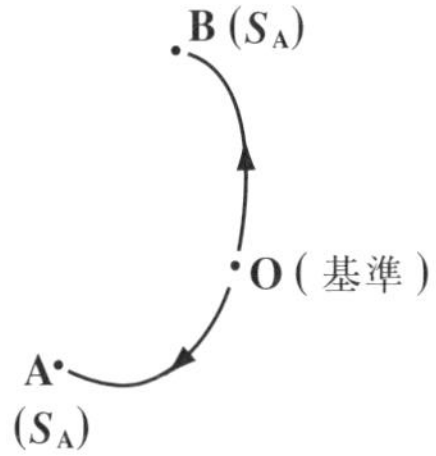

- $S_{\mathrm{A}} = \displaystyle\int_{\mathrm{O}}^{\mathrm{A}} \frac{d'Q}{T}$ ←（準静的変化 O → A）
- $S_{\mathrm{B}} = \displaystyle\int_{\mathrm{O}}^{\mathrm{B}} \frac{d'Q}{T}$ ←（準静的変化 O → B）

とおくと，S_{A} と S_{B} はそれぞれ A と B だけで決まる。よって，S は状態で定まる量，すなわち状態量である。この S を**エントロピー**と呼ぶ。

ここで，図 **5** より，

図 **5**　エントロピーの差 $S_B - S_A$

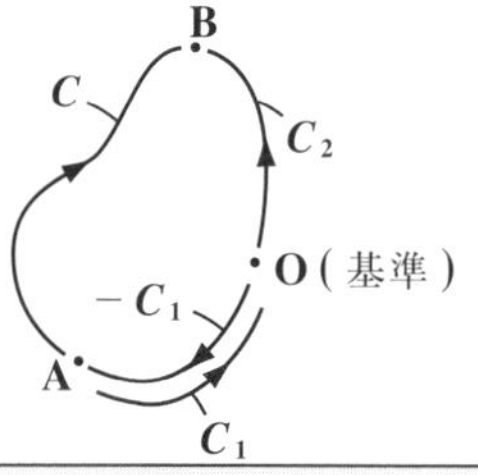

C　：A → B の可逆過程
C_1　：O → A の可逆過程
C_2　：O → B の可逆過程
$-C_1$：C_1 を逆に進む可逆過程

$$\int_{A(C)}^{B}\frac{d'Q}{T} = \underbrace{\int_{A(C_1)}^{O}\frac{d'Q}{T}}_{-\int_{O(-C_1)}^{A}\frac{d'Q}{T}} + \int_{O(C_2)}^{B}\frac{d'Q}{T}$$

$$= \underbrace{\int_{O(C_2)}^{B}\frac{d'Q}{T}}_{S_B} - \underbrace{\int_{O(-C_1)}^{A}\frac{d'Q}{T}}_{S_A}$$

$$\therefore\ \int_{A}^{B}\frac{d'Q}{T} = S_B - S_A \quad (\text{準静的過程})$$

となる。エントロピー S の微分量は，$dS = \dfrac{d'Q}{T}$ ……⑦ で表される。

ここで，熱力学第 **1** 法則は，$d'Q = dU + pdV$ ……⑧ である。

⑦より，$TdS = d'Q$ ……⑦´　　⑧を⑦´に代入すると，

$$TdS = dU + pdV \quad \cdots\cdots ⑨$$

⑨は，熱力学第 **1** 法則と熱力学第 **2** 法則を結ぶ重要公式である。

§2. エントロピー増大の法則

図 **6** 不可逆機関

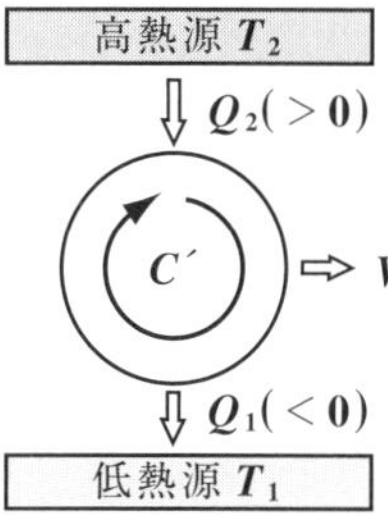

図 **6** に示すように，不可逆機関 C' が温度 T_2 の高熱源から熱量 $Q_2(>0)$ を吸収し，温度 T_1 の低熱源に熱量 Q_1 を放出するとき，$Q_1 < 0$ として，C' の熱効率 η' は，

$$\eta' = 1 + \frac{Q_1}{Q_2} \quad \cdots\cdots ⑩ \quad となる。$$

同じ熱源の間で動く可逆機関の熱効率 η は，

$$\eta = 1 - \frac{T_1}{T_2} \quad \cdots\cdots ⑪ \quad となる。$$

ここで，カルノーの定理より，$\eta' < \eta$ ……⑫だから，⑩，⑪を⑫に代入して，

$$\frac{Q_1}{T_1} + \frac{Q_2}{T_2} < 0 \quad \cdots\cdots ⑬$$ が導かれる。← クラウジウスの不等式と呼ぶ

図 **7** に示すように，系が熱平衡状態 **A** から不可逆過程 C_1 を経て，熱平衡状態 **B** に移り，さらに可逆過程 C_2 を通って元の状態 **A** に戻るサイクル C を考える。図 **2** と同様に考えて，⑬を一般化すると，

図 **7**　エントロピー増大の法則

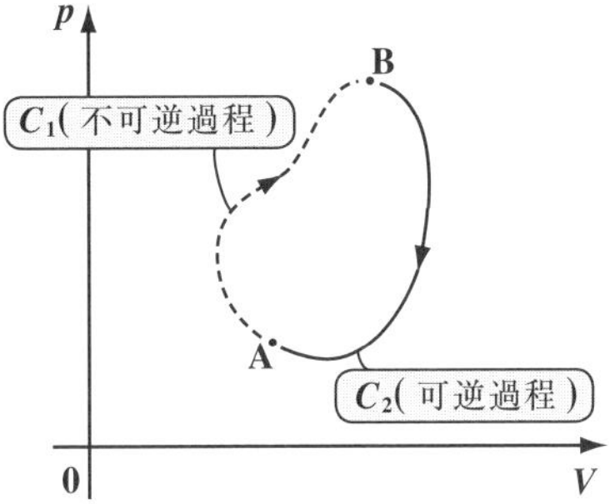

$\sum_{k=1}^{n}\frac{Q_k}{T_k}<0$ ……⑭　が成り立つ。

$n\to\infty$ として，系が温度 T で $d'Q$ の熱量を吸収するものとすると，

$\oint_C\frac{d'Q}{T}<0$ ……⑮　が成り立つ。(演習問題 **55**)

このサイクル C の中で，不可逆過程 C_1 の場合，⑬，⑭，⑮の温度 T_1，T_2，T_k，T は熱源の温度を表すことに注意しよう。不可逆過程においては，系は熱平衡状態にないので，これを **1** つの温度で表すことができないからである。

次に，$\oint_C\frac{d'Q}{T}<0$ ……⑮ について，左辺の積分を C_1，C_2 での積分に分けて表すと，

$$\oint_C\frac{d'Q}{T}=\int_{A(C_1)}^{B}\frac{d'Q}{T}+\int_{B(C_2)}^{A}\frac{d'Q}{T}<0\quad\therefore\int_{A(C_1)}^{B}\frac{d'Q}{T}<-\int_{B(C_2)}^{A}\frac{d'Q}{T}\quad\cdots\cdots⑯$$

ここで，C_2 は準静的過程だから，$\int_{B(C_2)}^{A}\frac{d'Q}{T}=S_A-S_B$ ……⑰　となる。

⑰を⑯に代入すると，$\int_{A(C_1)}^{B}\frac{d'Q}{T}<S_B-S_A$ ……⑱　を得る。

微小変化については，$\frac{d'Q}{T}<dS$ ……⑱′ となる。

この不可逆過程が断熱過程の場合，⑱，⑱′ の $d'Q$ は，$d'Q=0$ より，

⑱から，$0<S_B-S_A$　$\therefore S_B>S_A$ ……㉒　が成り立つ。

⑱′ から，$dS>0$ ……㉒′ が成り立つ。以上より，

「断熱系において，**A** から **B** の状態へ不可逆変化が起こったとき，
$S_B>S_A$…㉒となる。この微分表示は，$dS>0$ …㉒′ となる。」

これを**エントロピー増大の法則**という。

演習問題 50 ● 理想気体のエントロピー ●

n(mol) の理想気体について，

公式：$dS = \frac{1}{T}(dU + pdV)$ ……⓪ とマイヤーの公式を用いて，理想気体が準静的断熱変化するとき，ポアソンの式：

$TV^{\gamma-1} = $(一定) …①と，$pV^{\gamma} = $(一定) …② が成り立つことを示せ。

ヒント！ n(mol) の理想気体の内部エネルギーは，$dU = nC_V dT$ だね。これと理想気体の状態方程式 $pV = nRT$ を用いる。

解答＆解説

n(mol) の理想気体より，

$dU = nC_V dT$ ……③ と，$pV = nRT$ ……④ が成り立つ。

④より，$p = \frac{nRT}{V}$ ……④´

③と④´を⓪に代入すると，

$$dS = \frac{1}{T}\left(nC_V dT + \frac{nRT}{V}dV\right)$$

$$\therefore\ dS = \underbrace{nC_V}_{\text{定数}}\frac{dT}{T} + \underbrace{nR}_{\text{定数}}\frac{dV}{V} \quad \cdots\cdots ⑤$$

⑤の両辺を積分すると，

$$S = nC_V\int\frac{1}{T}dT + nR\int\frac{1}{V}dV$$

$$= nC_V \log T + nR\log V + \alpha_1 \quad (\alpha_1\text{：積分定数})$$

$$\therefore\ S = S(T,\ V) = n(C_V \log T + \underset{}{\overset{C_p - C_V\ (\text{マイヤーの関係式より})}{R}}\log V) + \alpha_1 \quad \cdots\cdots ⑥$$

← T と V の関数より，$S = S(T, V)$ だね。

ここで，マイヤーの関係式：$C_p = C_V + R$ より，

$R = C_p - C_V$ ……⑦

さらに，比熱比 $\gamma = \frac{C_p}{C_V}$ より，$C_p = \gamma C_V$ ……⑧

⑧を⑦に代入すると，

$R = \gamma C_V - C_V = (\gamma - 1)C_V$ ……⑨

⑨を⑥に代入すると，

$$S = S(T,\ V) = n\{C_V \log T + (\gamma - 1) C_V \log V\} + \alpha_1$$

$$= nC_V\{\log T + \underbrace{(\gamma - 1)\log V}_{\log V^{\gamma-1}}\} + \alpha_1$$

$$\therefore\ S = S(T,\ V) = nC_V \log(TV^{\gamma-1}) + \alpha_1 \quad \cdots\cdots ⑩$$

（この式は演習問題 **52** の別解で用いる。）

ここで④より，

$$T = \frac{pV}{nR} \quad \cdots\cdots ④'$$

④′を⑩に代入して，

$$S = S(p,\ V) = nC_V \log\underbrace{\left(\frac{pV}{nR} V^{\gamma-1}\right)}_{\frac{pV^{\gamma}}{nR}} + \alpha_1$$

（p と V の関数より，$S = S(p,\ V)$）

$$= nC_V\{\log(pV^{\gamma}) - \underbrace{\log nR}_{\text{定数}}\} + \alpha_1$$

$$\therefore\ S = S(p,\ V) = nC_V \log(pV^{\gamma}) + \alpha_2 \quad \cdots\cdots ⑪$$

$$(\alpha_2 = \alpha_1 - nC_V \log nR)$$

ここで，理想気体が準静的断熱変化するとき，$d'Q = 0$

（このとき熱の出入りはない）

$\therefore\ dS = \dfrac{d'Q}{T} = 0$ より，エントロピー S は一定

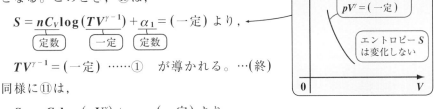

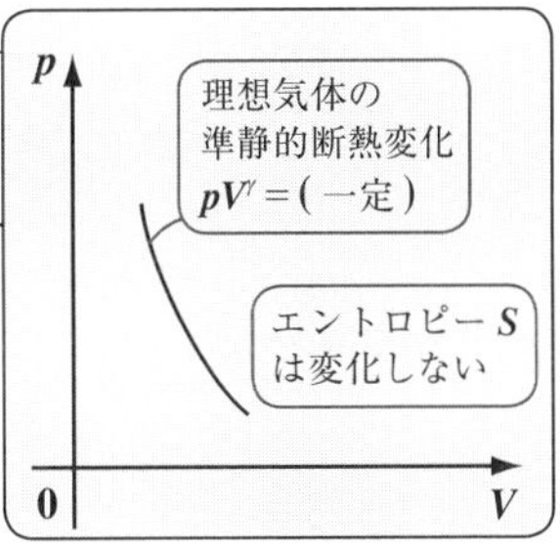

となる。このとき，⑩は，

$$S = \underbrace{nC_V}_{\text{定数}} \log\underbrace{(TV^{\gamma-1})}_{\text{一定}} + \underbrace{\alpha_1}_{\text{定数}} = (\text{一定})$$ より，

$TV^{\gamma-1} = (\text{一定})$ ……① が導かれる。…(終)

同様に⑪は，

$$S = \underbrace{nC_V}_{\text{定数}} \log\underbrace{(pV^{\gamma})}_{\text{一定}} + \underbrace{\alpha_2}_{\text{定数}} = (\text{一定})$$ より，

$pV^{\gamma} = (\text{一定})$ ……② が導かれる。 ……………………………………(終)

演習問題 51　● 状態量としてのエントロピー(Ⅰ) ●

右図に示すように，**1(mol)** の理想気体を状態 $\mathbf{A}(p_1, V_1, T_1)$ から状態 $\mathbf{D}(p_2, V_2, T_2)$ へ，次の **3** 通りの準静的過程を経て移す。

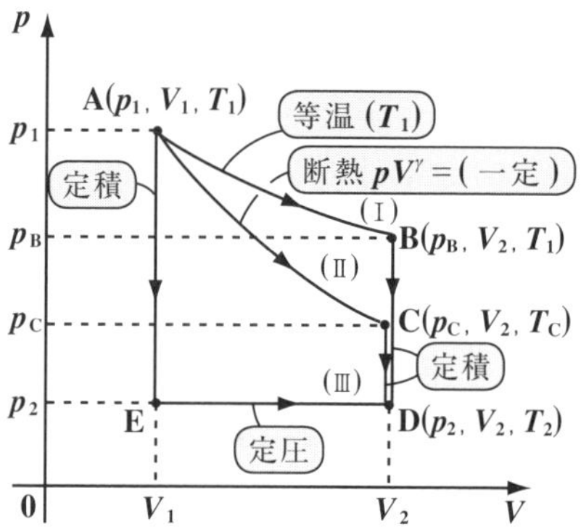

(Ⅰ) **A → B → D**

　(ⅰ) 等温膨張 **A → B** かつ

　(ⅱ) 定積変化 **B → D**

(Ⅱ) **A → C → D**

　(ⅰ) 断熱膨張 **A → C** かつ

　(ⅱ) 定積変化 **C → D**

(Ⅲ) **A → E → D**

　(ⅰ) 定積変化 **A → E** かつ

　(ⅱ) 定圧膨張 **E → D**

(Ⅰ), (Ⅱ), (Ⅲ) のいずれの場合も，**A → D** によるエントロピーの変化 $S_D - S_A$ が，$S_D - S_A = C_V \log \frac{p_2}{p_1} + C_p \log \frac{V_2}{V_1}$ ……① となることを確かめよ。

ヒント！ エントロピー S の微少量 $dS = \frac{1}{T}(dU + pdV)$ の公式を変形して，$dS = C_V \frac{dp}{p} + C_p \frac{dV}{V}$ を導けばいい。

解答＆解説

1(mol) の理想気体の内部エネルギーを U，体積を V とおくと，**1(mol)** の理想気体より，

$dU = C_V dT$ ……②と，$pV = RT$ ……③　が成り立つ。

③より，$p = \frac{RT}{V}$ ……③′

②と③′を $dS = \frac{1}{T}(\underbrace{dU + pdV}_{d'Q})$ に代入すると，

$$dS = \frac{1}{T}\left(C_V dT + \frac{RT}{V}dV\right) \qquad \therefore dS = C_V \frac{dT}{T} + R\frac{dV}{V} \quad \cdots\cdots ④ \quad \text{となる。}$$

ここで，$pV = RT$ ……③の両辺の微少量をとると，

$$d(pV) = d(RT) \qquad Vdp + pdV = RdT \quad \cdots\cdots⑤$$

$d(pV) = \frac{\partial(pV)}{\partial p}dp + \frac{\partial(pV)}{\partial V}dV$　　R：定数

⑤の両辺を pV で割ると，

$$\frac{dp}{p} + \frac{dV}{V} = \frac{R}{pV}dT \qquad \therefore \frac{dp}{p} + \frac{dV}{V} = \frac{dT}{T} \quad \cdots\cdots⑥ \text{となる。}$$

$\frac{R}{pV} = \frac{1}{T}$（③より）

⑥を④に代入すると，

$$dS = C_V\left(\frac{dp}{p} + \frac{dV}{V}\right) + R\frac{dV}{V} = C_V\frac{dp}{p} + (C_V + R)\frac{dV}{V}$$

$C_V + R = C_p$（マイヤーの関係式）

$$\therefore dS = C_V\frac{dp}{p} + C_p\frac{dV}{V} \quad \cdots\cdots⑦ \quad \text{となる。}$$

(Ⅰ) A → B → D について，

(ⅰ) A → B の等温膨張より，$dT = 0$

よって，④より，$dS = R\frac{dV}{V}$

$$\therefore S_B - S_A = \int_A^B dS = \int_{V_1}^{V_2} R\frac{dV}{V}$$

$$= R[\log V]_{V_1}^{V_2} = R\log\frac{V_2}{V_1} \quad \cdots\cdots⑧$$

(ⅱ) B → D の定積変化より，$dV = 0$

よって，⑦より，$dS = C_V\frac{dp}{p}$

$$\therefore S_D - S_B = \int_B^D dS = \int_{p_B}^{p_2} C_V\frac{dp}{p}$$

$$= C_V[\log p]_{p_B}^{p_2} = C_V\log\frac{p_2}{p_B} \quad \cdots\cdots⑨$$

ここで，(ⅰ) A → B の等温変化について，ボイルの法則により，

$$p_1V_1 = p_BV_2$$

$$\therefore p_B = \frac{p_1V_1}{V_2} \quad \cdots\cdots⑫$$

⑫を⑨に代入すると，

$$S_D - S_B = C_V \log\left(p_2 \cdot \frac{V_2}{p_1 V_1}\right) = C_V \log\left(\frac{p_2}{p_1} \cdot \frac{V_2}{V_1}\right)$$

$$= C_V\left(\log\frac{p_2}{p_1} + \log\frac{V_2}{V_1}\right) \quad \cdots\cdots⑫$$

$$S_B - S_A = R\log\frac{V_2}{V_1} \quad \cdots⑧$$

$$dS = C_V\frac{dp}{p} + C_p\frac{dV}{V} \quad \cdots⑦$$

⑧＋⑫より，

$$S_D - S_A = \underline{(\cancel{S_B} - S_A)} + \underline{(S_D - \cancel{S_B})}$$

$$= \underline{R\log\frac{V_2}{V_1}} + \underline{C_V\log\frac{p_2}{p_1} + C_V\log\frac{V_2}{V_1}}$$

$$= (\underbrace{R + C_V}_{C_p\text{（マイヤーの関係式）}})\log\frac{V_2}{V_1} + C_V\log\frac{p_2}{p_1}$$

$$\therefore\ S_D - S_A = C_V\log\frac{p_2}{p_1} + C_p\log\frac{V_2}{V_1} \quad \cdots\cdots①$$ となる。

(Ⅱ) A → C → D について，

(ⅰ) A → C の断熱膨張より，$d'Q = 0$

$$\therefore\ dS = \frac{\overset{0}{d'Q}}{T} = 0$$

$$\therefore\ S_C - S_A = \int_A^C dS = 0 \quad \cdots\cdots⑬$$

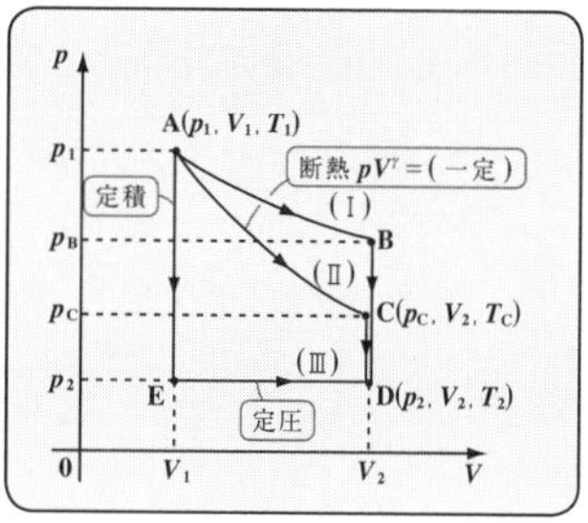

(ⅱ) C → D の定積変化より，$dV = 0$

よって，⑦より，$dS = C_V\dfrac{dp}{p}$

$$\therefore\ S_D - S_C = \int_C^D dS = \int_{p_C}^{p_2} C_V\frac{dp}{p}$$

$$= C_V[\log p]_{p_C}^{p_2} = C_V\log\frac{p_2}{p_C} \quad \cdots\cdots⑭$$

ここで，A → C は断熱変化より，$pV^\gamma = (\text{一定})$

$$\therefore\ p_1 V_1{}^\gamma = p_C V_2{}^\gamma \qquad \therefore\ p_C = p_1\left(\frac{V_1}{V_2}\right)^\gamma \quad \cdots\cdots⑮$$

⑮を⑭に代入すると，

$$S_D - S_C = C_V\underbrace{\log\left\{p_2\cdot\frac{1}{p_1}\left(\frac{V_2}{V_1}\right)^\gamma\right\}}_{\log\frac{p_2}{p_1}+\log\left(\frac{V_2}{V_1}\right)^\gamma} = C_V\log\frac{p_2}{p_1} + \underbrace{C_V\cdot\gamma}_{C_p\ \left(\gamma=\frac{C_p}{C_V}\text{より}\right)}\cdot\log\frac{V_2}{V_1}$$

$$\therefore\ S_D - S_C = C_V \log\frac{p_2}{p_1} + C_p \log\frac{V_2}{V_1} \quad \cdots\cdots⑯$$

⑬＋⑯より，

$$S_D - S_A = (\cancel{S_C} - S_A) + (S_D - \cancel{S_C}) = C_V \log\frac{p_2}{p_1} + C_p \log\frac{V_2}{V_1} \quad \cdots\cdots①$$

（$S_C - S_A = 0$）

となる。

(Ⅲ) A → E → D について，

(ⅰ) A → E の定積変化より，$dV = 0$

よって，⑦より，$dS = C_V \dfrac{dp}{p}$

$$\therefore\ S_E - S_A = \int_A^E dS = C_V \int_{p_1}^{p_2} \frac{1}{p}\,dp$$

$$= C_V[\log p]_{p_1}^{p_2} = C_V \log\frac{p_2}{p_1} \quad \cdots\cdots⑰$$

(ⅱ) E → D の定圧変化より，$dp = 0$

よって，⑦より，$dS = C_p \dfrac{dV}{V}$

$$\therefore\ S_D - S_E = \int_E^D dS = C_p \int_{V_1}^{V_2} \frac{1}{V}\,dV$$

$$= C_p[\log V]_{V_1}^{V_2} = C_p \log\frac{V_2}{V_1} \quad \cdots\cdots⑱$$

⑰＋⑱より，

$$S_D - S_A = (\cancel{S_E} - S_A) + (S_D - \cancel{S_E}) = C_V \log\frac{p_2}{p_1} + C_p \log\frac{V_2}{V_1} \quad \cdots\cdots①$$

となる。

以上(Ⅰ)(Ⅱ)(Ⅲ)の3つの準静的過程のいずれの場合でも，A → D のエントロピーの変化は変わらず，

$$S_D - S_A = C_V \log\frac{p_2}{p_1} + C_p \log\frac{V_2}{V_1} \quad \cdots\cdots①$$ となる。 ……………………(終)

> $S_D - S_A = \displaystyle\int_A^D \frac{d'Q}{T}$ は途中の経路によらず，A と D の状態だけで決まる。よって，エントロピー S は状態量なんだね。

演習問題 52 ● 状態量としてのエントロピー(Ⅱ) ●

n(mol) の理想気体に，右図に示すような準静的循環過程を行わせる。このサイクルについて，A，B，C におけるエントロピーをそれぞれ S_A，S_B，S_C とおく。このとき，

(ⅰ) $S_B - S_A$，　(ⅱ) $S_C - S_B$

(ⅲ) $S_A - S_C$ の各値を A，C における温度 T_2 と T_1 を用いて表せ。また，このサイクルを C とおくとき，エントロピーの微小量 $dS = \dfrac{d'Q}{T}$ の周回積分 $\oint_C dS = 0$ となることを確かめよ。

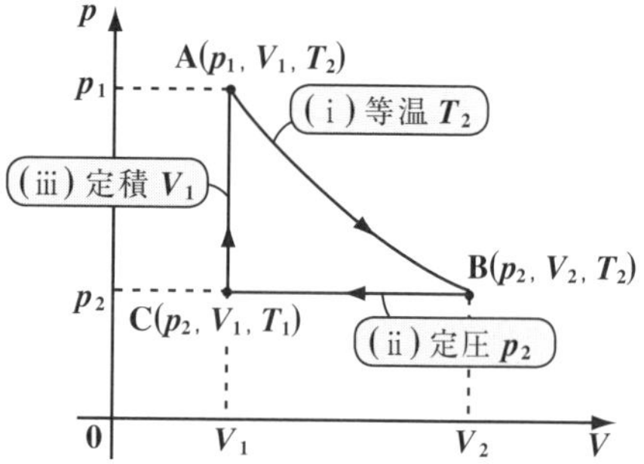

ヒント！ 公式 $dS = \dfrac{1}{T}(dU + pdV)$ と理想気体の状態方程式を使う。

解答＆解説

n(mol) の理想気体より，

$dU = nC_V dT$ ……①と，$pV = nRT$ ……②　が成り立つ。

①，②を用いて，$dS = \dfrac{1}{T}(dU + pdV)$ を変形すると，

$$dS = \frac{1}{T}\Big(\underbrace{nC_V dT}_{dU} + \underbrace{\frac{nRT}{V}}_{p} dV\Big) \qquad \therefore\ dS = nC_V\frac{dT}{T} + nR\frac{dV}{V} \quad \cdots\cdots ③$$

(ⅰ) A → B の等温膨張では，$dT = 0$

よって，③より，$dS = nR\dfrac{dV}{V}$

$$\therefore\ S_B - S_A = \int_A^B dS = nR\int_{V_1}^{V_2}\frac{1}{V}dV$$

$$= nR[\log V]_{V_1}^{V_2} = nR\log\frac{V_2}{V_1} \quad \cdots\cdots ④ \text{ となる。}$$

> 任意の準静的サイクル C について，
> $\oint_C dS = \oint_C \dfrac{d'Q}{T} = 0$
> が成り立つ。エントロピー S は状態量ということだね。

ここで，B → C の定圧変化について，シャルルの法則より，

$$\frac{V_2}{T_2} = \frac{V_1}{T_1} \qquad \therefore \frac{V_2}{V_1} = \frac{T_2}{T_1} \quad \cdots\cdots ⑤$$

⑤を④に代入して，

$$S_B - S_A = nR\log\frac{T_2}{T_1} \quad \cdots\cdots ⑥$$ となる。……………………………(答)

(ii) B → C の定圧圧縮では，$dp = 0$

よって，定圧モル比数 C_p を用いると，$d'Q =$ (ア) となる。

p 一定のとき，$nC_p = \frac{d'Q}{dT}$

$$\therefore dS = \frac{d'Q}{T} = nC_p\frac{dT}{T}$$ より，

$$S_C - S_B = \int_B^C dS = nC_p\int_{T_2}^{T_1}\frac{1}{T}dT = nC_p[\log T]_{T_2}^{T_1}$$

$$= -nC_p(\log T_2 - \log T_1) = -nC_p\log\frac{T_2}{T_1} \quad \cdots\cdots ⑦$$ …………(答)

(iii) C → A の定積変化では，$dV = 0$

よって，定積モル比数 C_V を用いると，$d'Q =$ (イ)

V 一定のとき，$nC_V = \frac{d'Q}{dT}$

$$\therefore dS = \frac{d'Q}{T} = nC_V\frac{dT}{T}$$ より，

$$S_A - S_C = \int_C^A dS = nC_V\int_{T_1}^{T_2}\frac{1}{T}dT$$

$$= nC_V[\log T]_{T_1}^{T_2} = nC_V\log\frac{T_2}{T_1} \quad \cdots\cdots ⑧$$ …………………………(答)

以上 (i)(ii)(iii) より，⑥＋⑦＋⑧をつくると，

$$\oint_C dS = \oint_C \frac{d'Q}{T}$$

$$= n\left(R\log\frac{T_2}{T_1} - C_p\log\frac{T_2}{T_1} + C_V\log\frac{T_2}{T_1}\right)$$

$-(C_p - C_V)\log\frac{T_2}{T_1} = -R\log\frac{T_2}{T_1}$

R（マイヤーの関係式より）

$$= nR\left(\log\frac{T_2}{T_1} - \log\frac{T_2}{T_1}\right) = 0$$ となる。……………………………(終)

演習問題 **50**(**P118**) で導いた公式：

$S = S(T,\ V) = nC_V\log(TV^{\gamma-1}) + \alpha_1$ （α_1：定数）← P119 の⑩式

を利用した別解を，次に示す。

別解

公式：$S = S(T,\ V) = nC_V\log(TV^{\gamma-1}) + \alpha_1$ （α_1：定数）を変形すると，

$S = S(T,\ V) = nC_V(\log T + \log V^{\gamma-1}) + \alpha_1$

$= nC_V\{\log T + (\gamma - 1)\log V\} + \alpha_1$

$\gamma - 1 = \frac{C_p}{C_V} - 1 = \frac{C_p - C_V}{C_V} = \frac{R}{C_V}$ ← ・比熱比 $\gamma = \frac{C_p}{C_V}$　・マイヤーの関係式：$C_p = C_V + R$

∴ $S =$ (ウ)［　　　　　　］……①　となる。

ここで，理想気体の状態方程式 $pV = nRT$ より，

$V = \frac{nRT}{p}$ ……②

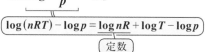

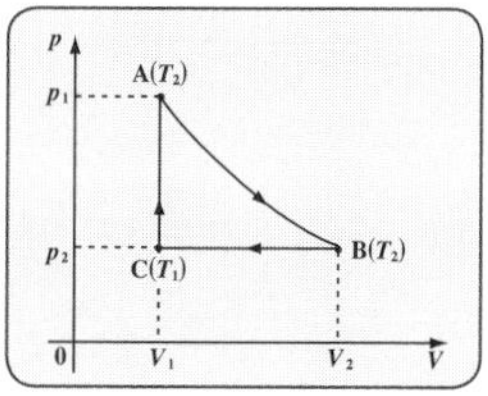

②を①に代入して V を消去すると，

$S = nC_V\log T + nR\log\frac{nRT}{p} + \alpha_1$

$\log\frac{nRT}{p} = \log(nRT) - \log p = \log nR + \log T - \log p$（$\log nR$：定数）

$= nC_V\log T + nR(\log T - \log p) + \alpha_3$ （$\alpha_3 = \alpha_1 + nR\log nR$）

$= n(C_V + R)\log T - nR\log p + \alpha_3$

$C_V + R = C_p$（マイヤーの関係式より）

∴ $S =$ (エ)［　　　　　　］……③　となる。

(ⅰ) $\mathbf{A} \to \mathbf{B}$ の等温膨張では，$T = T_2$

よって，③を **2** つの状態 $A(p_1,\ V_1,\ T_2)$ と $B(p_2,\ V_2,\ T_2)$ に用いると，

$S_B - S_A = (\cancel{nC_p\log T_2} - nR\log p_2 + \cancel{\alpha_3}) - (\cancel{nC_p\log T_2} - nR\log p_1 + \cancel{\alpha_3})$

$= nR(\log p_1 - \log p_2) = nR\log\frac{p_1}{p_2}$ ……④　となる。

ここで，$A(p_1,\ V_1,\ T_2)$ と $C(p_2,\ V_1,\ T_1)$ に状態方程式 $pV = nRT$ を用いると，

$p_1V_1 = nRT_2$ ……⑤，　$p_2V_1 = nRT_1$ ……⑥

⑤ ÷ ⑥より，

$$\frac{p_1 V_1}{p_2 V_1} = \frac{nRT_2}{nRT_1} \qquad \therefore \frac{p_1}{p_2} = \frac{T_2}{T_1} \quad \cdots\cdots ⑦$$ となる。

⑦を④に代入すると，

$$S_B - S_A = nR\log\frac{T_2}{T_1} \quad \cdots\cdots ⑧$$ となる。 ……………………(答)

(ii) B → C の定圧圧縮では，$p = p_2$

よって，③を 2 つの状態 $B(p_2,\ V_2,\ T_2)$ と $C(p_2,\ V_1,\ T_1)$ に用いると，

$$S_C - S_B = (nC_p\log T_1 - nR\log p_2 + \alpha_3) - (nC_p\log T_2 - nR\log p_2 + \alpha_3)$$

$$= -nC_p(\log T_2 - \log T_1) = -nC_p\log\frac{T_2}{T_1} \quad \cdots\cdots ⑨$$ となる。

……(答)

(iii) C → A の定積変化では，$V = V_1$

よって，①を 2 つの状態 $C(p_2,\ V_1,\ T_1)$ と $A(p_1,\ V_1,\ T_2)$ に用いると，

$$S_A - S_C = (nC_V\log T_2 + nR\log V_1 + \alpha_1) - (nC_V\log T_1 + nR\log V_1 + \alpha_1)$$

$$= nC_V(\log T_2 - \log T_1) = nC_V\log\frac{T_2}{T_1} \quad \cdots\cdots ⑩$$

以上 (i)(ii)(iii) より，⑧ + ⑨ + ⑩をつくると，

$$\oint_C dS = \oint_C \frac{d'Q}{T}$$

$$= nR\log\frac{T_2}{T_1} - nC_p\log\frac{T_2}{T_1} + nC_V\log\frac{T_2}{T_1}$$

$$= n(\underbrace{R + C_V}_{C_p} - C_p)\log\frac{T_2}{T_1} = 0$$ となる。 ……………………(終)

C_p(マイヤーの関係式より)

演習問題 51 でみたように，$pV = nRT$ の微小量をとって変形すると，

$\frac{dp}{p} + \frac{dV}{V} = \frac{dT}{T}$ ……(a) が導かれる。(a) と $dS = nC_V\frac{dT}{T} + nR\frac{dV}{V}$ ……③ (P124)

より $\frac{dV}{V}$ を消去すれば，$dS = nC_p\frac{dT}{T} - nR\frac{dp}{p}$ ……(b) を得る。(b) を (ii) の，③

を (iii) の過程に用いれば，本解答と同様の流れになる。

解答 (ア) nC_pdT (イ) nC_VdT (ウ) $nC_V\log T + nR\log V + \alpha_1$

(エ) $nC_p\log T - nR\log p + \alpha_3$

演習問題 53 ● カルノー・サイクルの TS 図と熱効率 ●

1(mol) の理想気体を作業物質とする右図のようなカルノー・サイクルについて，**A, B, C, D** におけるエントロピーをそれぞれ S_A, S_B, S_C, S_D とおく。このとき，

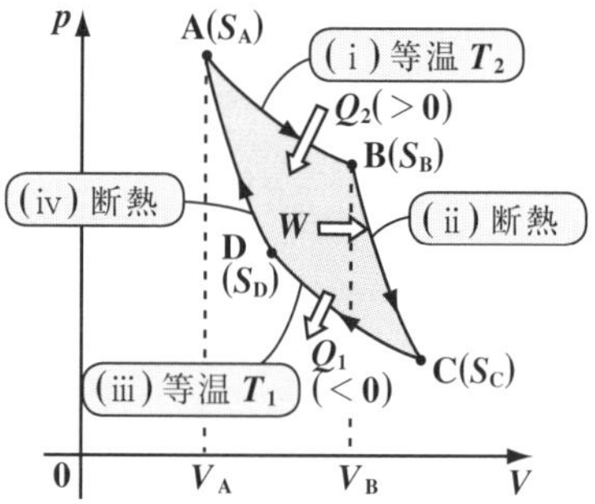

(1) $S_B - S_A$ を，**A, B** における体積 V_A と V_B を用いて表せ。

(2) **1** サイクルで系が吸収した熱量と外にした仕事 W を S_A, S_B, T_2, T_1 を用いて表し，これより，このサイクルの熱効率 η が，$\eta = 1 - \dfrac{T_1}{T_2}$ となることを確かめよ。

ヒント! エントロピーの微分公式：$dS = \dfrac{d'Q}{T} = \dfrac{1}{T}(dU + pdV)$ を使うんだね。

解答＆解説

$$dS = \frac{d'Q}{T} = \frac{1}{T}(\underbrace{dU}_{1\cdot C_V dT} + p\underbrace{dV}_{}) = C_V\frac{dT}{T} + R\frac{dV}{V} \quad \cdots\cdots ①$$

（$dU = 1\cdot C_V dT$，$p = \dfrac{RT}{V}$）を用いる。

(1) (i) **A → B** の等温膨張のとき，高熱源の温度 T_2 一定より，$dT = 0$

よって，①より，$dS = R\dfrac{dV}{V}$

$$\therefore\ S_B - S_A = \int_A^B dS = R\int_{V_A}^{V_B}\frac{1}{V}dV = R[\log V]_{V_A}^{V_B} = R\log\frac{V_B}{V_A} \quad \cdots\cdots(\text{答})$$

（$\oplus$ ($V_A < V_B$ より)）

(2) (i) **A → B** の等温膨張のとき，系が温度 T_2 の高熱源から吸収する熱量を $Q_2(>0)$ とおく。このとき，①より，$dS =$ (ア) [　　] だから，

$$S_B - S_A = \int_A^B dS = \int_A^B \frac{d'Q}{T_2} = \frac{1}{T_2}\int_A^B d'Q = \frac{Q_2}{T_2} \quad \cdots\cdots ③$$ となる。

（$\int_A^B d'Q = Q_2(>0)$，$\oplus$）

(ii) $B \rightarrow C$ の準静的断熱膨張のとき，$d'Q = 0$ より，$dS = \dfrac{d'Q}{T} = 0$

$\therefore \ S_C - S_B = \displaystyle\int_B^C dS = 0$ より，$S_C = S_B$ ……④　となる。

(iii) $C \rightarrow D$ の等温圧縮のとき，系が温度 T_1 の低熱源に放出する熱量を

$-Q_1 \ (Q_1 < 0)$ とおく。このとき，①より，$dS = \boxed{(イ)}$ だから，

$$S_D - S_C = \int_C^D dS = \int_C^D \overbrace{\frac{d'Q}{T_1}}^{\;} = \frac{1}{T_1} \underbrace{\overbrace{\left(\int_C^D d'Q \right)}^{Q_1(<0)}}_{\ominus} = \frac{Q_1}{T_1} \ \text{……⑤}\quad \text{となる。}$$

(iv) $D \rightarrow A$ の準静的断熱圧縮のとき，$d'Q = 0$ より，$dS = \dfrac{d'Q}{T} = 0$

$\therefore \ S_A - S_D = \displaystyle\int_D^A dS = 0$ より，$S_D = S_A$ ……⑥

③より，$Q_2 = T_2(S_B - S_A)$ ……③´

⑤より，$Q_1 = T_1(\underbrace{S_D}_{S_A} - \underbrace{S_C}_{S_B}) = -T_1(S_B - S_A)$ ……⑤´　（④，⑥より）
　　　　　　　　　　　$\overset{\boxed{④，⑥より}}{\longleftarrow}$

ここで，熱力学第 1 法則より，$\underline{\Delta U} = \left(\boxed{(ウ)} \right) - W = 0$
　　　　　　　　　　　　$\underbrace{}_{\boxed{U_A - U_A = 0}}$

$\therefore \ Q_2 + Q_1 = W = T_2(S_B - S_A) - T_1(S_B - S_A)$　（③´，⑤´より）

$\qquad\qquad = \boxed{(エ)}$ ……⑦ ………………………………………（答）

よって，カルノー・サイクルの熱効率 η は，⑦と③´を用いて，

$$\eta = \frac{W}{Q_2} = \frac{(T_2 - T_1)\cancel{(S_B - S_A)}}{T_2\cancel{(S_B - S_A)}} = 1 - \frac{T_1}{T_2}\quad \text{となる。} \quad\text{………………（終）}$$

以上より，このカルノー・サイクルの TS
図は右図に示すような長方形になる。

$Q_2 + Q_1 = W = (T_2 - T_1)(S_B - S_A)$ ……⑦

より，$Q_2 + Q_1 = W$ は，この TS 図の面積と
一致する。

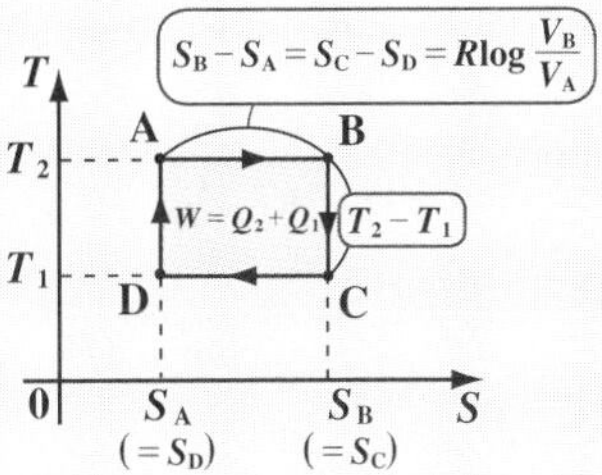

$S_B - S_A = S_C - S_D = R \log \dfrac{V_B}{V_A}$

解答　(ア) $\dfrac{d'Q}{T_2}$　　(イ) $\dfrac{d'Q}{T_1}$　　(ウ) $Q_2 + Q_1$（または，$Q_1 + Q_2$）　　(エ) $(T_2 - T_1)(S_B - S_A)$

演習問題 54　●クラウジウスの不等式の導出(Ⅰ)●

右図に示すように，温度 T_2 の高熱源 R_2 と温度 T_1 の低熱源 R_1 の間で任意の不可逆機関 C' を稼働させる。このとき，系(作業物質)が R_2 から熱量 $Q_2(>0)$ を吸収し，R_1 に熱量 $-Q_1$(ただし $Q_1<0$) を放出するものとすると，

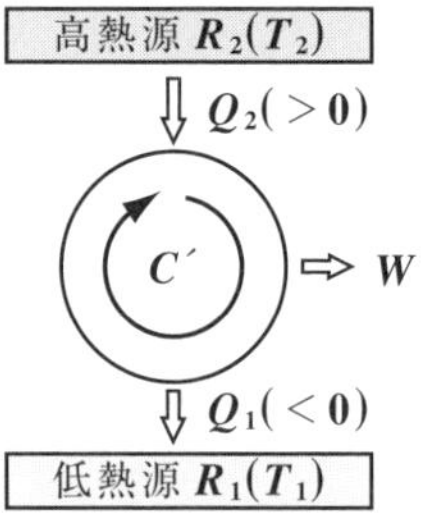

$\dfrac{Q_1}{T_1}+\dfrac{Q_2}{T_2}<0$ ……(*) が成り立つことを示せ。

ヒント！ 同じ2つの熱源 R_2 と R_1 の間で働く可逆機関の熱効率 η と，C' の熱効率 η' の間に成り立つ関係式を用いるといい。

解答＆解説

温度 T_2 の高熱源 R_2 と温度 T_1 の低熱源 R_1 の間で働く任意の不可逆機関 C' の熱効率 η' は，R_2 から $Q_2(>0)$ の熱量を吸収し，R_1 に $-Q_1(>0)$ の熱量を放出するものとすると，

$\eta'=1+\dfrac{Q_1}{Q_2}$ ……① となる。← $\eta'=\dfrac{Q_2-(-Q_1)}{Q_2}$ より

ここで，カルノーの定理より，同じ2つの熱源 T_2 と T_1 の間で働く可逆機関(カルノー・サイクル)C の熱効率を η とおくと，これは作業物質の種類によらず，温度 T_2 と T_1 だけで決まり，

$\eta=1-\dfrac{T_1}{T_2}$ ……② となる。そして，$\eta'<\eta$ ……③となるので，①，②を③に代入すると，

$\cancel{1}+\dfrac{Q_1}{Q_2}<\cancel{1}-\dfrac{T_1}{T_2}$，$\dfrac{Q_1}{Q_2}<-\dfrac{T_1}{T_2}$

よって，$\dfrac{Q_1}{T_1}<-\dfrac{Q_2}{T_2}$ $(\because Q_2>0,\ T_1>0)$ より，

$\dfrac{Q_1}{T_1}+\dfrac{Q_2}{T_2}<0$ ……(*) が成り立つ。……………………………………(終)

演習問題 55 ● クラウジウスの不等式の導出（II）●

右図に示すように，熱力学的系が熱平衡状態 **A** から，不可逆過程 C_1 を経て，熱平衡状態 **B** に移り，さらに可逆過程 C_2 を経て初めの状態 **A** に戻るサイクル C を考える。この C の微小部分において，系が温度 T の熱源から熱量 $d'Q$ を吸収するものとすると，

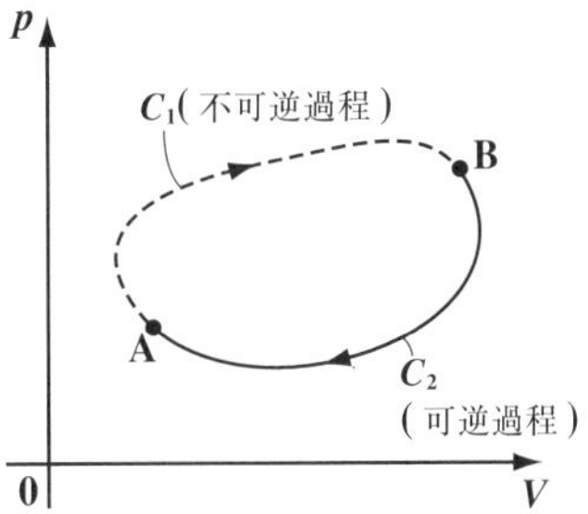

$\oint_C \frac{d'Q}{T} < 0$ ……(＊＊) が成り立つことを示せ。

ヒント！ サイクル C を多数の不可逆過程を含むサイクルに分割して考えよう。

解答＆解説

温度 T_2 の高熱源 R_2 と温度 T_1 の低熱源 R_1 の間で，不可逆過程を含むサイクルを考えるとき，系が R_2 から熱量 $Q_2(>0)$ を吸収し，R_1 に $-Q_1(>0)$ を放出するとき，$\frac{Q_1}{T_1}+\frac{Q_2}{T_2}<0$ …①が成り立つ。← 演習問題 54

ここでサイクル C を右図に示すように，複数 $\left(\frac{n}{2}\text{個}\right)$ の不可逆過程を含むサイクルに置き換えて考える。それぞれの微小なサイクルにおいて，向かい合っている **2** つの等温線に対して，①の不等式を用いると，

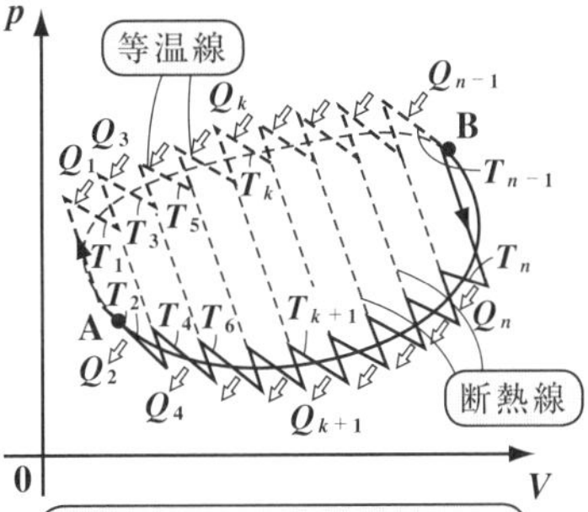

$$\frac{Q_1}{T_1}+\frac{Q_2}{T_2}+\frac{Q_3}{T_3}+\cdots+\frac{Q_n}{T_n}=0$$

$$\underbrace{\frac{Q_1}{T_1}+\frac{Q_2}{T_2}}_{\ominus}+\underbrace{\frac{Q_3}{T_3}+\frac{Q_4}{T_4}}_{\ominus}+\cdots+\underbrace{\frac{Q_{n-1}}{T_{n-1}}+\frac{Q_n}{T_n}}_{\ominus}<0$$

すなわち，$\sum_{k=1}^{n}\frac{Q_k}{T_k}<0$ ……②が成り立つ。さらに，この n を $n\to\infty$ として，系が温度 T の熱源と熱量 $d'Q$ をやり取りするものとすると，

$\oint_C \frac{d'Q}{T}<0$ ……(＊＊) が成り立つ。 ……………………………………(終)

演習問題 56 ● 不可逆変化におけるエントロピーの差 ●

右図に示すように，熱力学的系が熱平衡状態 **A** から，不可逆過程 C_1 を経て，熱平衡状態 **B** に移るとき，次の不等式が成り立つことを示せ。

$$\int_{A(C_1)}^{B} \frac{d'Q}{T} < S_B - S_A \quad \cdots\cdots(*)$$

ただし，右辺の S_B と S_A は，それぞれ状態 **A** と **B** のエントロピーを表すものとする。

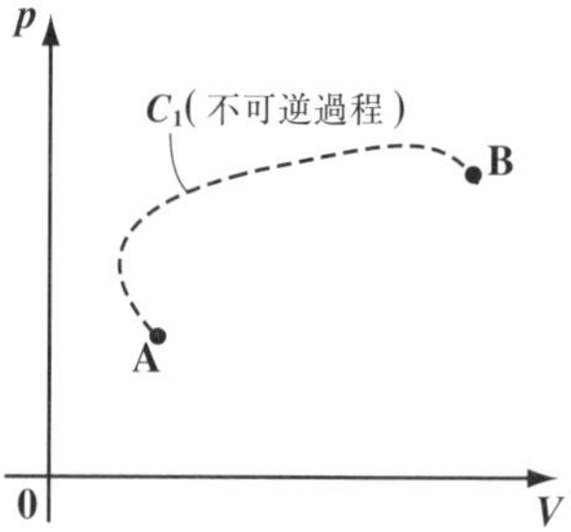

ヒント！ **B** から **A** に移る任意の準静的な可逆過程 C_2 をとり，この C_2 と C_1 を組み合わせたサイクルに沿って，$\frac{d'Q}{T}$ の周回積分を考えればいい。

解答&解説

右図に示すように，状態 **B** から状態 **A** に移る準静的可逆過程 C_2 をとる。**2** つの過程 C_1 と C_2 を併せたサイクルを C とおくと，C は不可逆過程 C_1 を含むから，クラウジウスの不等式より，

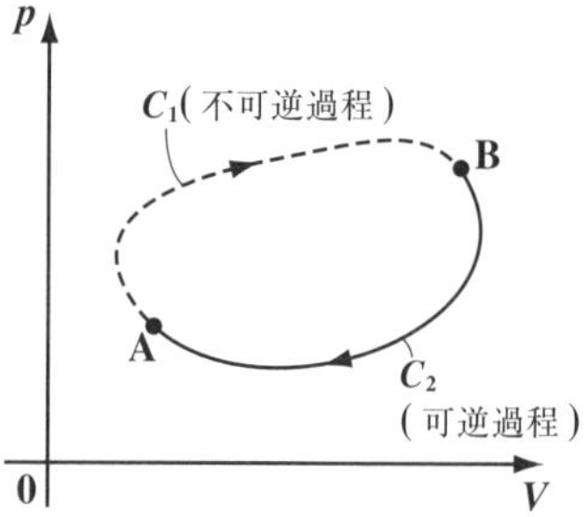

$$\oint_C \frac{d'Q}{T} = \int_{A(C_1)}^{B} \frac{d'Q}{T} + \int_{B(C_2)}^{A} \frac{d'Q}{T} < 0 \quad \cdots\cdots①$$

となる。ここで，$\int_{B(C_2)}^{A} \frac{d'Q}{T} = S_A - S_B \quad \cdots\cdots②$

可逆過程 C_2 に沿っての②の左辺の積分は，始めの状態 **B** と終りの状態 **A** のエントロピーの差 $S_A - S_B$ で表すことができる。

②を①に代入すると，

$$\int_{A(C_1)}^{B} \frac{d'Q}{T} + S_A - S_B < 0$$

$$\therefore \int_{A(C_1)}^{B} \frac{d'Q}{T} < S_B - S_A \quad \cdots\cdots(*)$$ となる。 ……………………………………(終)

不可逆過程に沿った積分

$S_B - S_A = \int_{A(可逆)}^{B} \frac{d'Q}{T}$

本来，*pV* 図上にそのような経路は存在しないんだけどね。

演習問題 57　●エントロピー増大の法則●

ある熱力学的系が，外部と断熱された孤立系であるとき，この系の熱平衡状態 **A** から熱平衡状態 **B** への変化について，

「**A** → **B** が不可逆変化である」 $\Longleftrightarrow$ 「$S_B > S_A$」……(＊)

が成り立つことを示せ。ただし，S_A と S_B は **A** と **B** のエントロピーを表す。

ヒント！　一般に系の変化 **A** → **B** について，$\int_A^B \frac{d'Q}{T} \leqq S_B - S_A$ となる。可逆変化の場合は，等号が成り立ち，不可逆変化のときは，不等号が成り立つんだね。

解答＆解説

(ⅰ) 系が状態 **A** から状態 **B** まで不可逆変化するとき，不可逆変化の積分に添え字の (Ⅰ) を付けて表すと，← *irreversible*(不可逆) の頭文字の大文字をとった。

$\int_{A(I)}^B \frac{d'Q}{T}$ [(ア)] $S_B - S_A$ ……①となる。← 演習問題 56

この系は断熱系なので，$d'Q =$ [(イ)]　よって，①の左辺 $= 0$ だから，

$0 < S_B - S_A$　$\therefore S_B > S_A$ となる。したがって，断熱系において，

「**A** → **B** が不可逆変化である」⇒「$S_B > S_A$」……②が成り立つ。

(ⅱ) ②の逆：「$S_B > S_A$」⇒「**A** → **B** は不可逆変化である」……③

を背理法によって示す。

$S_B > S_A$ のとき，**A** → **B** が断熱可逆変化であったと仮定すると，系は断熱されているから，$d'Q = 0$

$\therefore \int_A^B \frac{d'Q}{T} = S_B - S_A = 0$　（$d'Q$ は 0）

可逆過程のとき等号が成り立つ。

よって，[(ウ)　　] となるが，これは [(エ)　　] に反する。

このような矛盾が生じたのは，**A** → **B** を断熱可逆変化と仮定したためだね。よって，この仮定は正しくないんだね。

$\therefore$「$S_B > S_A$」⇒「**A** → **B** は不可逆変化である。」……③

は成り立つ。

この (＊) を**エントロピー増大の法則**と呼ぶ。

以上②と③より，断熱系の状態変化 **A** → **B** について，

「**A** → **B** が不可逆変化である。」$\Longleftrightarrow$「$S_B > S_A$」…(＊) が成り立つ。…(終)

解答　(ア) $<$　(イ) 0　(ウ) $S_B = S_A$　(エ) $S_B > S_A$

演習問題 58　● 断熱自由膨張とマイヤー・サイクル ●

1(mol) の理想気体について，次のようなサイクルを考える。

(ⅰ) 断熱自由膨張 A → B

(ⅱ) 定圧圧縮 B → C

(ⅲ) 定積変化 C → A

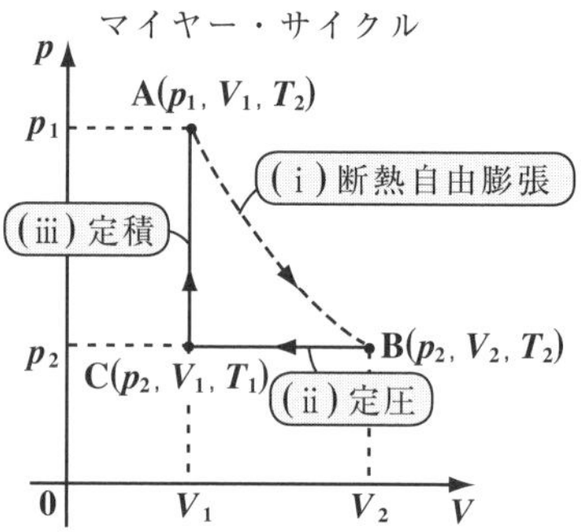

(1) (ⅰ)A → B の断熱自由膨張は，不可逆過程であることを示せ。

(2) 系がこのサイクルを 1 周して，状態 A から状態 A に戻るとき，系の内部エネルギーの和を求めることにより，マイヤーの関係式：$C_p = C_V + R$ を導け。

ヒント！ (1)A → B のエントロピーの増加 $\Delta S > 0$ を示す。(2)$\Delta U = U_A - U_A = 0$ を用いる。

解答＆解説

図 1　断熱自由膨張

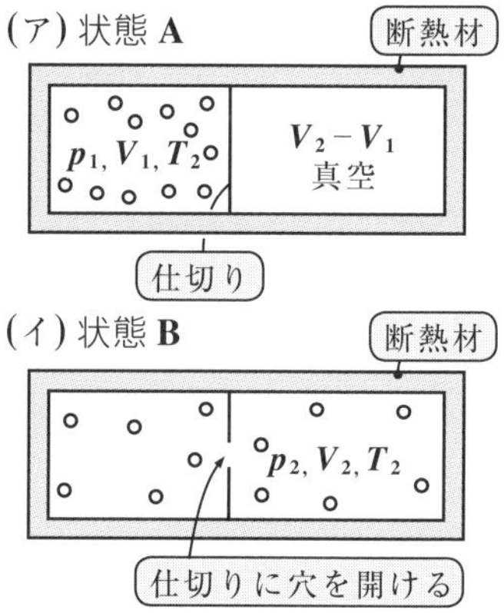

(1)(ⅰ) A → B の断熱自由膨張のとき，系は真空へ自由膨張するので，外圧は 0 となる。よって，系が外部にする仕事を W_{AB} とおくと，$W_{AB} = 0$ また，断熱変化より，$Q = 0$

よって，熱力学第 1 法則を用いて，

$$\underbrace{\Delta U}_{1 \cdot C_V \cdot \Delta T} = \underbrace{Q}_{0} - \underbrace{W_{AB}}_{0} = 0 \text{ より，} \Delta T = 0$$

よって，状態 A と状態 B の温度は同じ T_2 である。(図 1(ⅰ)(ⅱ))

ここで，A と B のエントロピーをそれぞれ S_A，S_B とおく。A → B のエントロピーの増分 $\Delta S (= S_B - S_A)$ を求めるために，図 2 に示すように，A と B

図 2　準静的等温膨張

(ア) 状態 A(S_A)

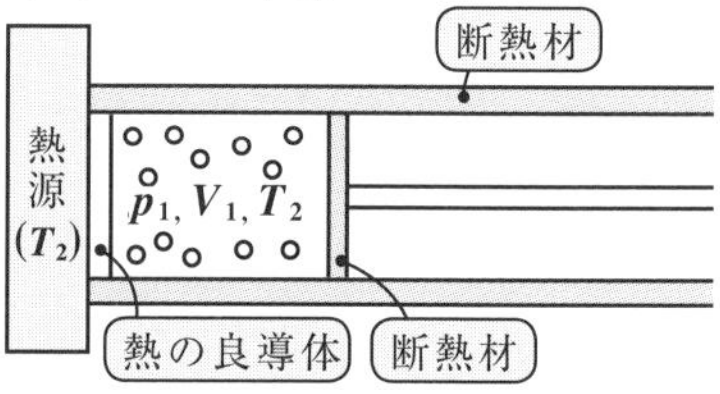

を温度 T_2 の準静的等温過程で結ぶ。このとき，系を温度 T_2 の熱源に接触させ準静的に $A(p_1, V_1, T_2)$ の状態から，$B(p_2, V_2, T_2)$ の状態に移す。ここで，$dS = \frac{1}{T}(dU + pdV)$ において，

（$dU = 1 \cdot C_V dT$，$pdV = \frac{1 \cdot RT}{V}dV$）

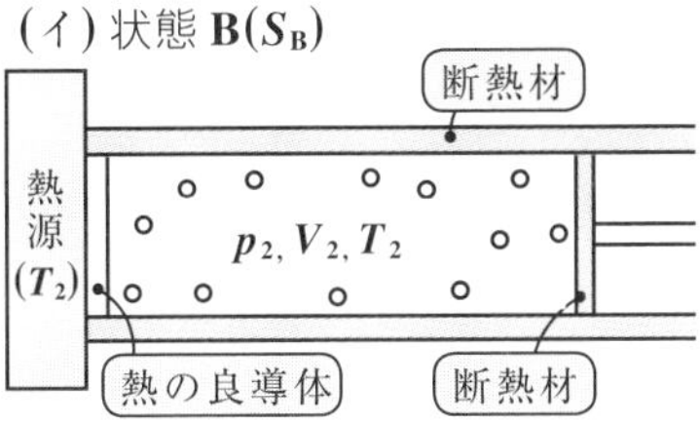

$dT = 0$ より，$dU = C_V dT = 0$ となる。

$\therefore dS = \frac{1}{T} \cdot \frac{RT}{V} dV = R \cdot \frac{dV}{V}$ より，

$$\Delta S = S_B - S_A = \int_A^B dS = R\int_{V_1}^{V_2} \frac{1}{V} dV = R[\log V]_{V_1}^{V_2} = R\log\frac{V_2}{V_1}$$

（$\frac{V_2}{V_1}$ は 1 より大 ($V_2 > V_1$ より)）

よって，$\Delta S = R\log\frac{V_2}{V_1} > 0$ だから，エントロピー増大の法則により，

(ⅰ) $A \to B$ の断熱自由膨張は，不可逆過程である。……………………(終)

(2) (ⅰ) $A \to B$，(ⅱ) $B \to C$，(ⅲ) $C \to A$ の変化による系の内部エネルギーの増分をそれぞれ ΔU_1，ΔU_2，ΔU_3 とおく。

(ⅰ) $A \to B$ の断熱自由膨張のとき，(1) より，$\Delta U_1 = 0$ ……①

(ⅱ) $B \to C$ の準静的定圧圧縮のとき，定圧モル比熱 C_p を用いると，

$dQ = 1 \cdot C_p dT$　　よって，系が吸収する熱量 Q_{BC} は，

$$Q_{BC} = \int_B^C dQ = C_p\int_{T_2}^{T_1} dT = C_p(T_1 - T_2)$$

また，圧力 p_2 一定より，系が外部からされる仕事 W_{BC}' は，

$$W_{BC}' = -\int_{V_2}^{V_1} p_2 dV = -p_2\int_{V_2}^{V_1} dV = -p_2[V]_{V_2}^{V_1} = p_2(V_2 - V_1)$$

よって，熱力学第 1 法則より，

$$\Delta U_2 = Q_{BC} + W_{BC}' = C_p(T_1 - T_2) + p_2(V_2 - V_1) \quad \cdots\cdots ②$$

(ⅲ) $C \to A$ の準静的定積変化のとき，定積モル比熱 C_V を用いると，

$dQ = 1 \cdot C_V dT$　　よって，系が吸収する熱量 Q_{CA} は，

$$Q_{CA} = \int_C^A dQ = C_V\int_{T_1}^{T_2} dT = C_V(T_2 - T_1)$$

また，$dV = 0$ より，系が外部からされる仕事 $W_{CA}' = 0$

よって，熱力学第 1 法則より，

$$\Delta U_3 = Q_{CA} + W_{CA}' = C_V(T_2 - T_1) \quad \cdots\cdots ③$$

①＋②＋③より，

> $\Delta U_1 = 0$ ……………………………①
> $\Delta U_2 = C_p(T_1 - T_2) + p_2(V_2 - V_1)$ ……②
> $\Delta U_3 = C_V(T_2 - T_1)$ ……………………③

$$\underset{U_A - U_A = 0}{\underline{\Delta U}} = \underset{0}{\Delta U_1} + \Delta U_2 + \Delta U_3$$

$$= C_p(T_1 - T_2) + p_2(V_2 - V_1) + C_V(T_2 - T_1)$$

$$= (C_p - C_V)(T_1 - T_2) + \underset{1 \cdot R \cdot T_2}{p_2 V_2} - \underset{1 \cdot R \cdot T_1}{p_2 V_1}$$

←理想気体の状態方程式より

$$= (C_p - C_V)(T_1 - T_2) - R(T_1 - T_2) = 0$$

$$= (C_p - C_V - R)(T_1 - T_2) = 0$$

よって，$(C_p - C_V - R)\underset{\neq 0}{(T_1 - T_2)} = 0$ の両辺を $T_1 - T_2$ で割って，

$$C_p - C_V - R = 0$$

よって，マイヤーの関係式：$C_p = C_V + R$ が導かれる。 …………………(終)

参考

(1)A → B の断熱自由膨張が，不可逆過程であることを，不可逆過程（どのような方法を使っても，他に何の変化も残さずに系を元の状態に戻すことの出来ない変化）の定義から，直接導いてみよう。

右図に示すように，断熱材で出来たシリンダーと，滑らかに動く質量の極く小さいピストンを用意し，このシリンダーの中に **1(mol)** の理想気体を封入する。このとき，この気体の体積が V_1 になるようにピストンに外力を加える。また，このシリンダーの外部は真空とする。

断熱自由膨張

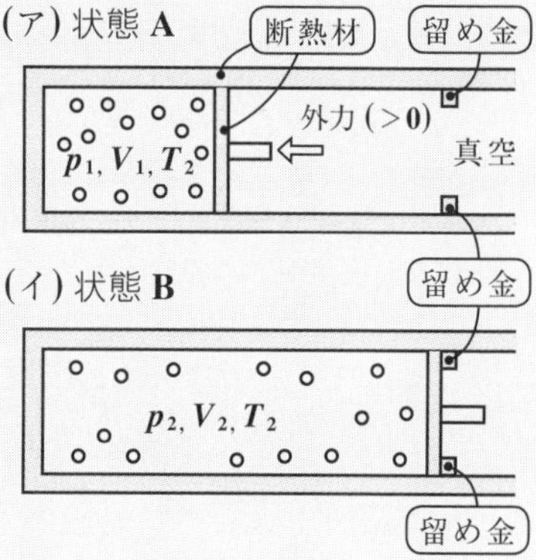

　次に，ピストンに働かせていた外力を一挙に取り除き，系を体積 V_1 の状態 **A** から体積 V_2 の状態 **B** に急激に膨張させるものとすると，これは断熱自由膨張と考えてよい。

ピストンは滑らかに動き，極く軽いので，系は仕事をしない。よって，系がした仕事を W_{AB} とおくと，$W_{AB} = 0$ となる。

また，断熱変化より，$Q=0$　よって，熱力学第1法則を用いると，

$\underbrace{\Delta U}_{1\cdot C_V\cdot\Delta T}=\underbrace{Q}_{0}-\underbrace{W_{AB}}_{0}=0$ より，$\Delta T=0$ となる。

よって，状態Bの温度は状態Aの温度と同じ T_2 である。

次に，状態Bからピストンに外力を加え，系とピストンの力のつり合いを保たせながら，気体を準静的に（ゆっくりじわじわと）体積が V_1 となるまで圧縮する。

このときピストンから系は正の仕事 W_{BA}' を受ける

熱力学第1法則：$\underbrace{\Delta U}_{1\cdot C_V\cdot\Delta T}=\underbrace{Q}_{0}+\underbrace{W_{BA}'}_{\oplus}$ を用いると，$Q=0$（断熱変化）より，$\Delta T>0$

となるので，体積 V_1 の系の温度は，T_2 より高くなっている。そこで，$W_{BA}'(>0)$ 分だけの熱量 Q を外部へ放出させて，温度を T_2 に戻す。

（このとき，$\Delta U=0$ だから，$\Delta T=0$ だね。）

こうして，系を元の状態Aに戻す。

このようにして，状態Bから状態Aに戻したが，この系の外部には，「気体に仕事 (W_{BA}') をし，気体から熱量 $(Q=W_{BA}')$ を受け取った」という変化が残る。これは気体の断熱自由膨張が不可逆変化であることを示す。……………………………………………………（終）

A→Bの断熱自由膨張が可逆であると仮定する。すると，(Ⅰ)何らかの方法により，BからAに温度を変えることなく，また仕事を加えることなく移すことができる。(Ⅱ)次に，A→Bの変化を準静的変化として，系を温度 T_2 の熱源に接触させた等温膨張を考える。この場合温度は一定より，$\Delta U=0$
よって，熱力学第1法則より，$\Delta U=Q-W=0$，つまり $Q=W$ となって，系は熱源から熱量 Q を取り出し，これをすべて仕事 W に変えることになる。(Ⅰ)と(Ⅱ)の過程を組み合わせると，pV 図で右に示すような $A\overset{(Ⅱ)}{\to}B\overset{(Ⅰ)}{\to}A$ のサイクルが得られる。このサイクルにより，系はただ1つの熱源から熱を取り出し，それをすべて仕事に変えた以外に何の変化も残すことなく，自身は元に戻ることになる。これはトムソンの原理に矛盾する。よって，A→Bの断熱自由膨張は不可逆過程である。

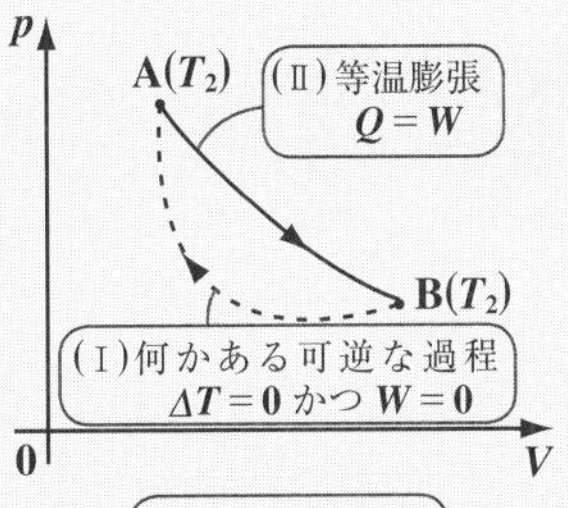

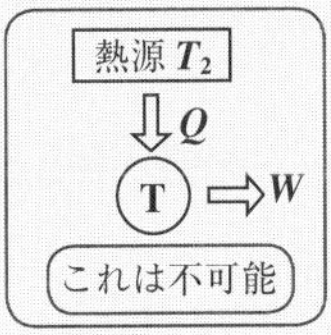

演習問題 59　● 熱エネルギーの拡散 ●

右図に示すように，断熱材で囲まれた容器内を，熱をよく通す仕切りで分け，それぞれの容器に，熱容量 C_2，温度 T_2(高温)の物体 **2** と，熱容量 C_1，温度 T_1(低温)の物体 **1** を満たした。これらを満たした瞬間の状態を **A** とする。

図(i)状態 **A**

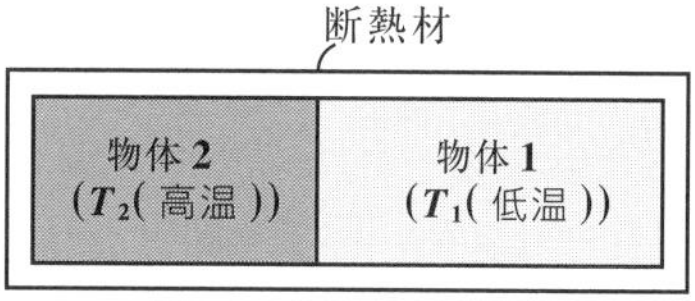

図(ii)状態 **B**

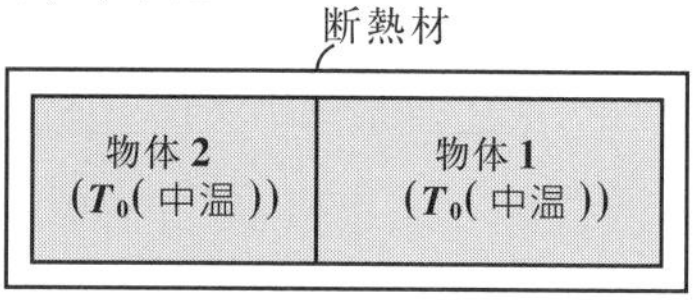

次に，仕切りを通して物体 **2** から物体 **1** に熱が移り，やがて **2** つの物体の温度は一定の T_0(中温)になった。この熱平衡状態を **B** とする。このとき，状態 **A**，**B** におけるエントロピーをそれぞれ S_A, S_B とするとき，$\Delta S = S_B - S_A > 0$ となることを示し，この **A** → **B** の過程が不可逆過程であることを示せ。

ヒント！ **A** → **B** の変化によるエントロピーの増分 $\Delta S = S_B - S_A$ は，物体 **2** と **1** の **2** つに場合分けして，物体 **2**, **1** それぞれのエントロピーの変化分 ΔS_2 と ΔS_1 の和として求めればいい。エントロピーの計算は，準静的過程を考えて行うことに注意しよう。

解答＆解説

(i) 物体 **2** について，T_2(高温) → T_0(中温)を準静的な変化と考えて，このときのエントロピーの変化分 ΔS_2 を求める。$d'Q = C_2 dT$ より，

熱容量 C は，物体の温度を **1**(**K**)上げるのに必要とする熱量を表す。

$$dS = \frac{d'Q}{T} = C_2 \frac{dT}{T}$$

$$\therefore \Delta S_2 = \int_{高温}^{中温} dS = C_2 \int_{T_2}^{T_0} \frac{1}{T} dT = C_2 [\log T]_{T_2}^{T_0}$$

$$= \underline{C_2(\log T_0 - \log T_2)} \quad \cdots\cdots ①$$　となる。

（⊖）

(ii) 物体 **1** について，T_1(低温) → T_0(中温)を準静的な変化と考えて，このエントロピーの変化分 ΔS_1 は，同様に $d'Q = C_1 dT$ より，

$$dS = \frac{d'Q}{T} = C_1 \frac{dT}{T}$$

$$\therefore \Delta S_1 = \int_{\text{低温}}^{\text{中温}} dS = C_1 \int_{T_1}^{T_0} \frac{1}{T}\, dT = C_1 [\log T]_{T_1}^{T_0}$$

$$\Delta S_1 = C_1(\log T_0 - \log T_1) \quad \cdots\cdots ②$$

(エントロピーは示量変数なので，このように和をとって求められる。)

$A \to B$ の変化による系のエントロピーの増分 $\Delta S = S_B - S_A$ は，

$\Delta S = \Delta S_2 + \Delta S_1$ ……③より，①と②を③に代入して，

$$\Delta S = C_2(\log T_0 - \log T_2) + C_1(\log T_0 - \log T_1)$$

$$= (C_2 + C_1)\log T_0 - (C_1 \log T_1 + C_2 \log T_2) \quad \cdots\cdots ④$$

ここで，2 つの物体の間でやり取りされた熱量は，

$$C_2(T_2 - T_0) = C_1(T_0 - T_1) \qquad C_2T_2 - C_2T_0 = C_1T_0 - C_1T_1$$

（$C_2(T_2 - T_0)$：物体 2 が放出した熱量，$C_1(T_0 - T_1)$：物体 1 が受け取った熱量）

$$(C_2 + C_1)T_0 = C_2T_2 + C_1T_1$$

$$\therefore T_0 = \frac{C_1T_1 + C_2T_2}{C_2 + C_1} \quad \cdots\cdots ⑤$$

(これは，T 軸上で 2 点 T_1 と T_2 を結ぶ線分 T_1T_2 を $C_2 : C_1$ に内分する点である。)

ここで，④を変形して，

$$\Delta S = \underbrace{(C_2 + C_1)}_{\oplus}\left(\log T_0 - \frac{C_1 \log T_1 + C_2 \log T_2}{C_2 + C_1}\right) \quad \cdots\cdots ⑥$$

図 1 に示すように，TZ 平面上で，2 点 $P_1(T_1, \log T_1)$，$P_2(T_2, \log T_2)$ を結ぶ線分 P_1P_2 を $C_2 : C_1$ に内分する点を P_0 とおくと，

$$P_0\left(\frac{C_1T_1 + C_2T_2}{C_2 + C_1}, \frac{C_1 \log T_1 + C_2 \log T_2}{C_2 + C_1}\right)$$

（$\frac{C_1T_1 + C_2T_2}{C_2 + C_1}$ は T_0（⑤より））

図 1

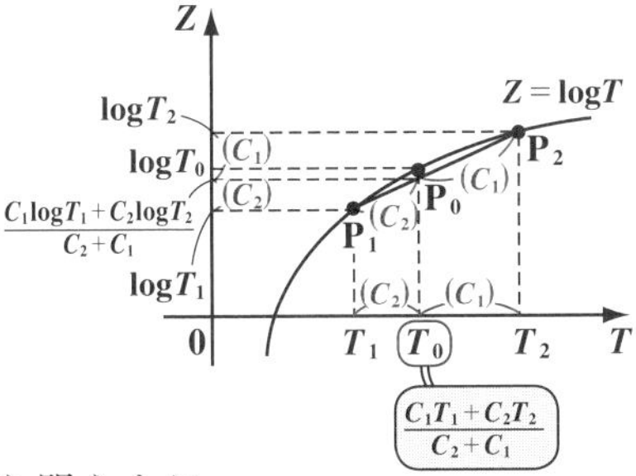

⑤より，$P_0\left(T_0, \frac{C_1 \log T_1 + C_2 \log T_2}{C_2 + C_1}\right)$

$Z = \log T$ は上に凸のグラフより，図 1 から明らかに，

$$\log T_0 > \frac{C_1 \log T_1 + C_2 \log T_2}{C_2 + C_1} \quad \cdots\cdots ⑦ \quad \text{が成り立つ。}$$

⑥と⑦より，$\Delta S = S_B - S_A = \Delta S_2 + \Delta S_1 > 0$ となる。 ……………………(終)

よって，この断熱系において，$A \to B$ の変化によるエントロピーの増分 $\Delta S > 0$（$\Leftrightarrow S_B > S_A$）が示せたので，エントロピー増大の法則により，この変化は不可逆過程である。 ……………………………………………………………(終)

演習問題 60 ●混合気体のエントロピー●

図(i)に示すように，断熱材で囲まれた容器を，仕切りで容積が V_1 と V_2 の **2** つの部屋に分けた。容積 V_1 の部屋に n_1(mol) の理想気体Ⅰを入れ，容積 V_2 の部屋に n_2(mol) の異なる種類の理想気体Ⅱを入れたところ，いずれも圧力 p_0，温度 T_0 であった。この状態を **A** とする。

図(i) 状態 A

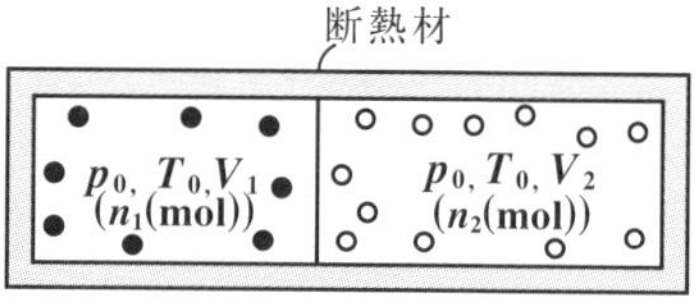

図(ii) 状態 B

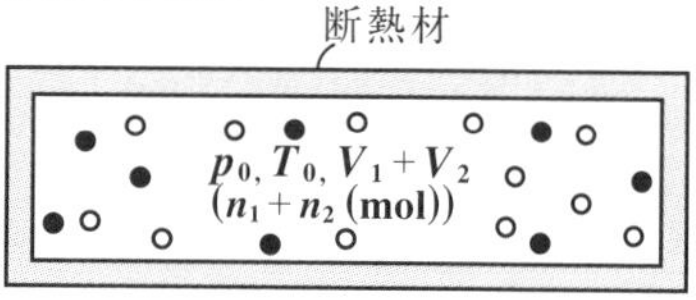

次に，図(ii)に示すように，仕切りを取ると，**2** 種類の気体は拡散・混合して，やがて圧力 p_0，温度 T_0 の熱平衡状態になった。この状態を **B** とする。状態 **A**，**B** のエントロピーをそれぞれ S_A，S_B とおくとき，この混合によるエントロピーの変化 $\Delta S = S_B - S_A$ を n_1 と n_2 で表せ。また，この **A** → **B** の混合過程が不可逆過程であることを示せ。

ヒント！ **A**→**B** とは逆の **B** → **A** の可逆的な過程を考え，この場合のエントロピーの変化分 $\Delta S' = S_A - S_B$ を求め，これを -1 倍すれば，$\Delta S = S_B - S_A$ が求まるんだね。

解答＆解説

体積 $V_1\left(=\dfrac{n_1RT_0}{p_0}\right)$ の理想気体Ⅰと，体積 $V_2\left(=\dfrac{n_2RT_0}{p_0}\right)$ の理想気体Ⅱが，始め仕切りによって分かれていて(状態 **A**)，この仕切りを取り除くことにより，ⅠとⅡは断熱的に拡散，混合し，熱平衡状態に達する(状態 **B**)。

この **A** → **B** の過程とは逆の過程として，最終的な (p_0, T_0, V_1+V_2) の状態 **B** にあるⅠとⅡの混合気体を，状態 **A** の (p_0, T_0, V_1) の気体Ⅰと (p_0, T_0, V_2) の気体Ⅱに移す可逆な過程を考える。

このときのエントロピーの変化分 $\Delta S' = S_A - S_B$ を求め，これに -1 をかけて $\Delta S = S_B - S_A$ を求める。この **B** → **A** のエントロピーの変化分 $\Delta S'$ を，次に示す **2** つのステップを踏んで求める。

(i) まず，図(ア)に示すように，状態 **B** を **2** つの同じ容積 $V_1 + V_2$ の容器が入れ子になった状態と考える。この **2** つの容器には，それぞれ半透膜のフィルターが **1** つずつ張られている。フィルターⅠは気体Ⅰだけを通し，フィルターⅡは気体Ⅱだけを通すものとする。

図(ア) 状態 **B**

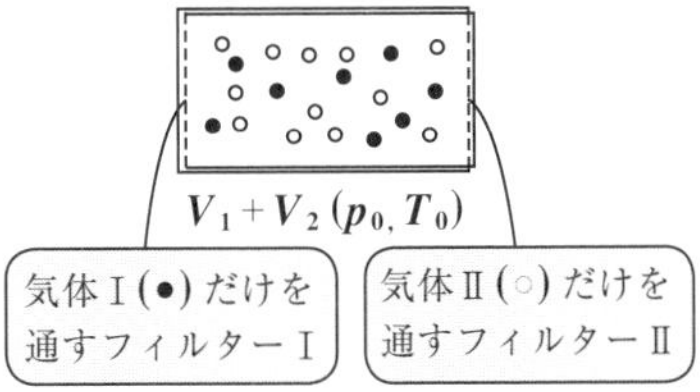

ここで，図(イ)に示すように，この **2** つの容器を，準静的に引き抜いていく。すると，フィルターⅠを通して気体Ⅰは自由に通過し，またフィルターⅡを通して気体Ⅱが自由に通過できるので，図(ウ)に示すように，気体Ⅰと気体Ⅱを分離することができる。この状態を **B**´ とおく。

図(イ)

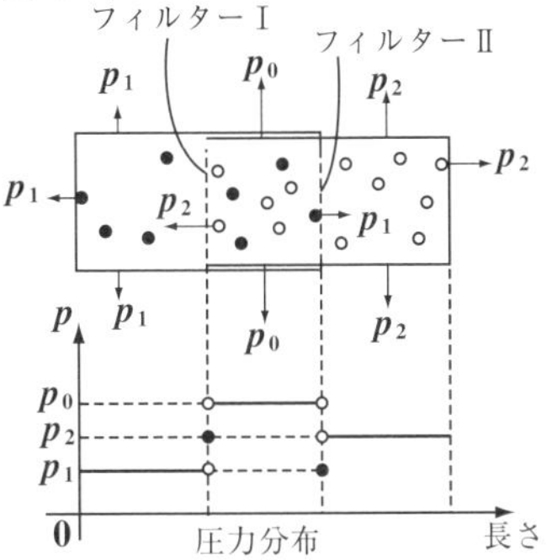

図(ウ) 状態 **B**´

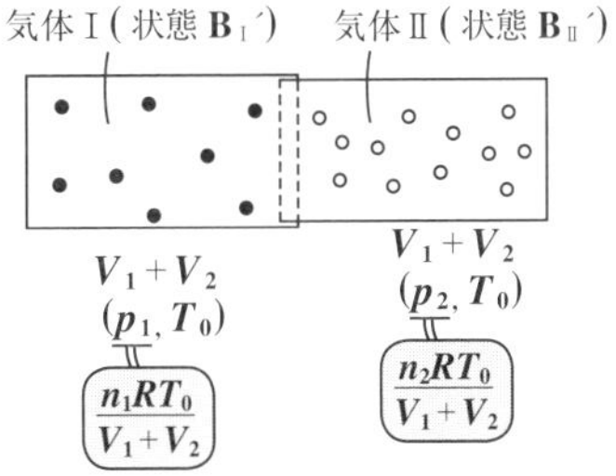

図(イ)の過程において，フィルターⅠには，これを通ることのできない気体Ⅱの圧力が左向きに作用する。そして，このフィルターⅠが張られた容器の右側の壁にも気体Ⅱの圧力が右向きに作用する。よって，この容器を右へ移動させるのに力を必要としないので，この外力のする仕事は **0** となる。同様に，フィルターⅡにはこれを通ることのできない気体Ⅰの圧力が右向きに働き，フィルターⅡが張られた容器の左側の壁にも気体Ⅰの圧力が左向きに働く。よって，この容器を左へ移すのに力を必要としないので，この外力のする仕事も **0** になる。

以上より，**B → B**´ の準静的過程で外力がする仕事 W' は **0** である。また，この過程は断熱過程より，熱の出入りがないので，$Q = 0$ である。よって，熱力学第 **1** 法則により，内部エネルギーの変化分

$\Delta U = Q + W' = 0$ だから，この系(ⅠとⅡ)の温度は T_0 のままで変わらない。そして，$d'Q = 0$ より，$dS = \dfrac{d'Q}{T} = 0$　よって，$\mathbf{B} \to \mathbf{B}'$ の過程においてエントロピーは変化しない。

したがって，状態 $\mathbf{B}'$ のエントロピーを S_{B}' とおくと，

$S_{\mathrm{B}}' = S_{\mathrm{B}}$　$\therefore S_{\mathrm{B}}' - S_{\mathrm{B}} = 0$ ……①　となる。

(ⅱ) 次に，状態 $\mathbf{B}'$ の気体Ⅰと気体Ⅱの状態をそれぞれ $\mathbf{B}_{\mathrm{I}}'$, $\mathbf{B}_{\mathrm{II}}'$ とおく。また，状態 $\mathbf{A}$ の気体Ⅰと気体Ⅱの状態をそれぞれ $\mathbf{A}_{\mathrm{I}}$, $\mathbf{A}_{\mathrm{II}}$ とおく。

ここで，状態 $\mathbf{B}'$ の気体Ⅰと気体Ⅱを準静的に等温圧縮して，それぞれ状態 $\mathbf{A}_{\mathrm{I}}$ と状態 $\mathbf{A}_{\mathrm{II}}$ に移す。(図(エ))

この $\mathbf{B}' \to \mathbf{A}$ の等温過程におけるエントロピーの変化分 $S_{\mathrm{A}} - S_{\mathrm{B}}'$ を求める。ここで，状態 $\mathbf{A}_{\mathrm{I}}$ と状態 $\mathbf{A}_{\mathrm{II}}$ の状態方程式は，

図(ウ) 状態 B′

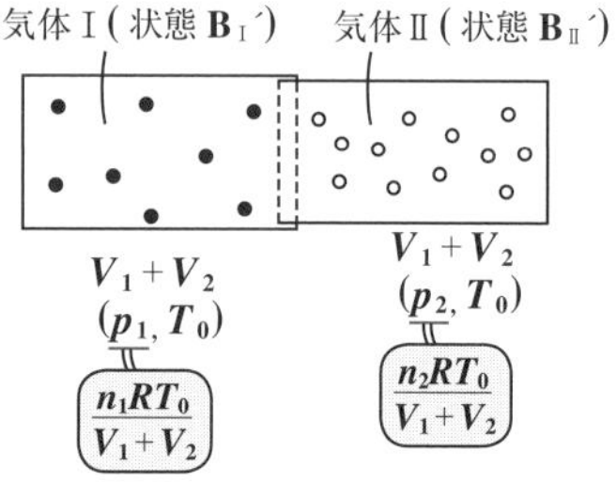

図(エ) 状態 A

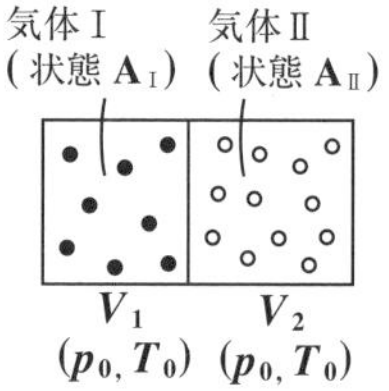

$\mathbf{A}_{\mathrm{I}}$ について，

$p_0V_1 = n_1RT_0$ ……②

$\mathbf{A}_{\mathrm{II}}$ について，

$p_0V_2 = n_2RT_0$ ……③

② ÷ ③より，

$\dfrac{\cancel{p_0}V_1}{\cancel{p_0}V_2} = \dfrac{n_1\cancel{RT_0}}{n_2\cancel{RT_0}}$　　$\therefore \dfrac{V_1}{V_2} = \dfrac{n_1}{n_2}$ ……④　となる。

(a) 気体Ⅰについて，準静的等温過程 $\mathbf{B}_{\mathrm{I}}' \to \mathbf{A}_{\mathrm{I}}$ におけるエントロピーの変化分 $\Delta S_{\mathrm{I}}'$ を求める。

$$dS = \frac{1}{T_0}(\underbrace{\cancel{n_1C_VdT}}_{0} + \underbrace{p}_{\frac{n_1RT_0}{V}}dV)$$

ここで，$dT = 0$，$p = \dfrac{n_1RT_0}{V}$ より，

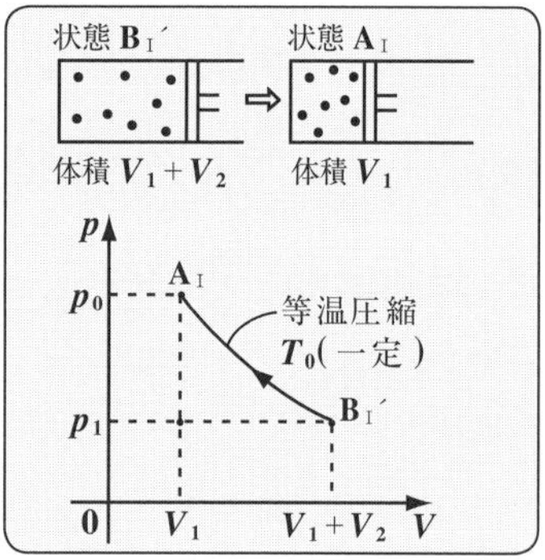

$$dS = n_1R\,\frac{dV}{V}$$

$$\therefore\ \Delta S_{\mathrm{I}}{}' = \int_{B_{\mathrm{I}}{}'}^{A_{\mathrm{I}}} dS = n_1R\int_{V_1+V_2}^{V_1}\frac{1}{V}\,dV$$

$$= n_1R[\log V]_{V_1+V_2}^{V_1} = -n_1R\{\log(V_1+V_2)-\log V_1\}$$

$$= -n_1R\log\underbrace{\frac{V_1+V_2}{V_1}} = -n_1R\log\underbrace{\frac{n_1+n_2}{n_1}}$$ ……⑤ となる。

$\frac{V_1+V_2}{V_1} = 1+\frac{V_2}{V_1} = 1+\frac{n_2}{n_1}$ (④より)

(b) 同様に，準静的等温過程 $B_{\mathrm{II}}{}' \to A_{\mathrm{II}}$ におけるエントロピーの変化分 $\Delta S_{\mathrm{II}}{}'$ を求める。

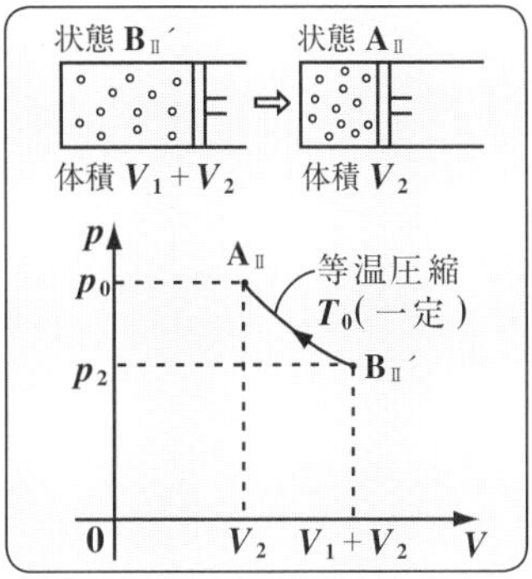

$$dS = \frac{1}{T_0}\Bigl(\underbrace{\cancel{n_2C_VdT}}_{0} + \overbrace{\frac{n_2RT_0}{V}}^{p}dV\Bigr)$$ より，

$$\Delta S_{\mathrm{II}}{}' = \int_{B_{\mathrm{II}}{}'}^{A_{\mathrm{II}}} dS = n_2R\int_{V_1+V_2}^{V_2}\frac{1}{V}\,dV$$

$$= n_2R[\log V]_{V_1+V_2}^{V_2}$$

$$= -n_2R\{\log(V_1+V_2)-\log V_2\}$$

$$= -n_2R\log\underbrace{\frac{V_1+V_2}{V_2}} = -n_2R\log\underbrace{\frac{n_1+n_2}{n_2}}$$

$\frac{V_1+V_2}{V_2} = \frac{V_1}{V_2}+1 = \frac{n_1}{n_2}+1$ (④より)

以上 (a)(b) より，$B' \to A$ の等温過程におけるエントロピーの変化分は，

$$\Delta S_{\mathrm{I}}{}' + \Delta S_{\mathrm{II}}{}' = -n_1R\log\frac{n_1+n_2}{n_1} - n_2R\log\frac{n_1+n_2}{n_2}$$

$$= -R\left(n_1\log\frac{n_1+n_2}{n_1} + n_2\log\frac{n_1+n_2}{n_2}\right)$$ となる。

以上 (i)(ii) より，$B \to A$ の可逆な過程におけるエントロピーの変化分 $\Delta S'$ は，

$$\Delta S' = S_A - S_B = \underbrace{\cancel{(S_B{}'-S_B)}}_{(\mathrm{i})\ =\ 0} + \underbrace{(S_A-S_B{}')}_{(\mathrm{ii})\ =\ \Delta S_{\mathrm{I}}{}'+\Delta S_{\mathrm{II}}{}'} = -R\left(n_1\log\frac{n_1+n_2}{n_1} + n_2\log\frac{n_1+n_2}{n_2}\right)$$

$$\therefore\ \Delta S = S_B - S_A = -\Delta S' = R\left(n_1\log\frac{n_1+n_2}{n_1} + n_2\log\frac{n_1+n_2}{n_2}\right)$$ となる。…(答)

よって，<u>$\Delta S > 0$ より，$A \to B$ の混合過程は不可逆過程である。</u>………(終)

エントロピー増大の法則

§1. 内部エネルギーとエンタルピー

これまで見てきた圧力 p, 体積 V, 温度 T, 内部エネルギー U, エンタルピー H, エントロピー S の6つの状態量は次のように, **示量変数**と**示強変数**に分類される。

$$\begin{cases} \cdot\, \text{示量変数}: S,\ V,\ U,\ H \\ \cdot\, \text{示強変数}: p,\ T \end{cases}$$

> 物質の量に比例する状態量

> 物質の量とは無関係の状態量

ここで, 微分形式の熱力学第1法則と準静的過程におけるエントロピーの定義より,

$$\begin{cases} d'Q = dU + pdV \quad\cdots\cdots① \\ dS = \dfrac{d'Q}{T} \quad\cdots\cdots② \end{cases} \qquad ②より,\ d'Q = TdS \quad\cdots\cdots②'$$

②′を①に代入すると, $TdS = dU + pdV$

∴ $dU = TdS - pdV$ ……(a) となる。

ここで, $U = U(S,\ V)$ とみて, U の全微分をとると,

$$dU = \left(\frac{\partial U}{\partial S}\right)_V dS + \left(\frac{\partial U}{\partial V}\right)_S dV \quad\cdots\cdots③$$

(a)と③の右辺を比較すると, 次式が成り立つ。

$$\left(\frac{\partial U}{\partial S}\right)_V = T \quad\cdots\cdots④ \qquad \left(\frac{\partial U}{\partial V}\right)_S = -p \quad\cdots\cdots⑤$$

④と⑤の物理的な意味を次に示す。

(i) $\left(\dfrac{\partial U}{\partial S}\right)_V = T$ ……④より,

準静的な定積変化では,「エントロピーの変化分 dS に温度 T をかけたものは, 内部エネルギーの変化分 dU に等しい。」

(ii) $\left(\dfrac{\partial U}{\partial V}\right)_S = -p$ ……⑤より,

> $dS = \dfrac{d'Q}{T} = 0$ より, $d'Q = 0$

エントロピー S 一定, すなわち準静的な断熱過程では,「内部エネルギー U は, 気体が外部にした仕事 pdV だけ減少する。」

また，④と⑤の形から，U が S と V の関数 $U = U(S, V)$ と与えられていれば，T と p が④と⑤の左辺から求まることも分かる。(a)を，示量変数と示強変数でみると，

$\underline{dU} = \underline{TdS} - \underline{pdV}$ となる。この(示強変数)×(示量変数)=(示量変数)

示量　(示強)×(示量)=(示量)　(示強)×(示量)=(示量)

の形は，これから登場する他の熱力学的関係式についても言えるので覚えておこう。$U = U(S, V)$ について，④の両辺をさらに V で偏微分したものと，⑤の両辺をさらに S で偏微分したものを比較すると，シュワルツの定理を用いて，

$\left(\frac{\partial T}{\partial V}\right)_S = -\left(\frac{\partial p}{\partial S}\right)_V$ ……(b)が導かれる。この(b)を**マクスウェルの関係式**と呼ぶ。(演習問題 **61**)

次に，エンタルピー $H = U + pV$ の熱力学的関係式は，同様にして，

$dH = TdS + Vdp$ ……(c) となり，また次の関係式が成り立つ。

$\left(\frac{\partial H}{\partial S}\right)_p = T$ ……⑥　　$\left(\frac{\partial H}{\partial p}\right)_S = V$ ……⑦

(ⅰ) ⑥より，準静的な定圧過程では，「エントロピーの変化分 dS に温度 T をかけたものは，エンタルピーの変化分 dH に等しい。」

(ⅱ) ⑦より，エントロピー S 一定，すなわち準静的な断熱過程では，「圧力の変化分 dp に体積 V をかけたものは，エンタルピーの変化分 dH に等しい。」

⑥と⑦より，マクスウェルの関係式は，$\left(\frac{\partial T}{\partial p}\right)_S = \left(\frac{\partial V}{\partial S}\right)_p$ ……(d)となる。(演習問題 **62**)

§2. 自由エネルギー

可逆，不可逆の両過程を考慮に入れたエントロピーの式は，

$\frac{d'Q}{T} \leqq dS$ ……①　←　可逆のとき等号，不可逆のとき不等号

①より，$d'Q \leqq TdS$ ……①′ となる。

また，微分形式の熱力学第 **1** 法則より，$d'Q = dU + pdV$ ……②

②を①′に代入すると，

$dU + pdV \leqq TdS$　　$\therefore\ dU - TdS \leqq -pdV$ ……③となる。

T 一定の等温変化について考えると，T は定数より③の左辺は，

$dU - \underset{d(TS)}{\underline{TdS}} = dU - d(TS) = d(U - TS)$　　$dU - TdS \leqq -pdV$ …③

となるから③は，$d(\underset{F(\text{ヘルムホルツの自由エネルギー})}{\underline{U - TS}}) \leqq -pdV$ ……④となる。

ここで，$F = U - TS$ と定義すると，この F は**ヘルムホルツの自由エネルギー**と呼ばれる状態量である。すると，④は，

$dF \leqq -pdV$ ……⑤となる。⑤の両辺を -1 倍すると，

$\underset{F\text{の減少分}}{\underline{-dF}} \geqq \underset{\text{系(気体)が外部にする仕事}}{\underline{pdV}}$ ……⑤′となる。よって，⑤′より，等温過程について，

$$\begin{cases} (\text{i})\ \text{可逆のとき，} -dF = pdV \\ (\text{ii})\ \text{不可逆のとき，} -dF > pdV \end{cases}$$ となるので，

系が外部にする仕事は，(i) 可逆のとき，F の減少分と等しいが，(ii) 不可逆のとき，F の減少分より小さいことが分かる。つまり，$-dF$ は系が外部にする仕事の最大値を表す。これより，F は，「準静的等温変化において，系を通して自由に仕事に変わることができるエネルギー」と言える。

さらに定積変化のとき，$dV = 0$ より，$-pdV = 0$　よって，⑤より，

$dF \leqq 0$ ……⑥となる。⑥から，等温定積変化について，

(i) 可逆では F は変化せず ($dF = 0$)，(ii) 不可逆では F は減少する ($dF < 0$) ことが分かる。

このヘルムホルツの自由エネルギー F に関する熱力学的関係式を以下にまとめて示す。

$$\begin{cases} \cdot\ dF = -SdT - pdV \ \cdots\cdots(\text{e}) \\ \cdot\ \left(\dfrac{\partial F}{\partial T}\right)_V = -S \ \cdots\cdots ⑦ \qquad \left(\dfrac{\partial F}{\partial V}\right)_T = -p \ \cdots\cdots ⑧ \\ \cdot\ \text{マクスウェルの関係式：}\left(\dfrac{\partial S}{\partial V}\right)_T = \left(\dfrac{\partial p}{\partial T}\right)_V \ \cdots\cdots(\text{f}) \end{cases}$$ (演習問題 63)

次に等温定圧変化について考える。

$dF \leqq -pdV$ …⑤を，$dF + pdV \leqq 0$ …⑨と変形すると，p 一定より⑨の左辺は，$dF + pdV = dF + d(pV) = d(F + pV)$ となる。よって⑨は，$d(\underset{G(\text{ギブスの自由エネルギー})}{\underline{F + pV}}) \leqq 0$ …⑩となる。

ここで，$G = F + pV$ と定義すると，この G は**ギブスの自由エネルギー**と呼ばれる状態量である。すると⑩は，$dG \leqq 0$ …⑪となる。⑪より，等温定圧変化において，「(i) 可逆変化では，ギブスの自由エネルギー G は変化しない $(dG = 0)$ が，(ii) 不可逆変化では，G は必ず減少する $(dG < 0)$」ことが分かる。

(i) の準静的な等温定圧過程では G が変化しないことから，ファン・デル・ワールス気体における**マクスウェルの規則(等面積の規則)**が証明される。(演習問題 **76, 77**)

このギブスの自由エネルギー G に関する熱力学的関係式を下にまとめて示す。

・$dG = -SdT + Vdp$ ……(g)

・$\left(\dfrac{\partial G}{\partial T}\right)_p = -S$ ……⑫　　　・$\left(\dfrac{\partial G}{\partial p}\right)_T = V$ ……⑬

・マクスウェルの関係式：$\left(\dfrac{\partial S}{\partial p}\right)_T = -\left(\dfrac{\partial V}{\partial T}\right)_p$ ……(h) (演習問題 **64**)

4 つのマクスウェルの関係式を下にまとめて示す。

(i) $\left(\dfrac{\partial T}{\partial V}\right)_S = -\left(\dfrac{\partial p}{\partial S}\right)_V$ ……(b)　　(ii) $\left(\dfrac{\partial T}{\partial p}\right)_S = \left(\dfrac{\partial V}{\partial S}\right)_p$ ………(d)

(iii) $\left(\dfrac{\partial S}{\partial V}\right)_T = \left(\dfrac{\partial p}{\partial T}\right)_V$ ………(f)　　(iv) $\left(\dfrac{\partial S}{\partial p}\right)_T = -\left(\dfrac{\partial V}{\partial T}\right)_p$ ……(h)

この (i)～(iv) の覚え方：各式の右下の添字を無視すると，"ポーク (p) で，す (S) ぶ (V) た (T)" の順に文字が回転しているのが分かる。

まず，起点となる p(ポーク) の位置は，(i)(iii) のように右上に，(ii)(iv) のように左下に固定して考える。そして，"ポーク (p) で，す (S) ぶ (V) た (T)" の順に反時計回りに回転するときは正としてそのままにし，時計回りに回転するときは負として，右辺に－を付けると覚えておくといい。この要領を，**P169** の図 (i)～(iv) に模式図的に示すので，是非覚えよう。

演習問題 61　● 内部エネルギーの熱力学的関係式 ●

エントロピーの微分量の定義：$dS = \frac{d'Q}{T}$ より，内部エネルギー U の熱力学的関係式：$dU = TdS - pdV$ ……(a)を導け。また，(a)を用いて，マクスウェルの関係式の1つ：$\left(\frac{\partial T}{\partial V}\right)_S = -\left(\frac{\partial p}{\partial S}\right)_V$ ……(b)を導け。

ヒント！ 熱力学第1法則を使って(a)を示す。(b)については，$U = U(S,\ V)$ とおいて，この全微分を求め，これと(a)を比較するといい。

解答＆解説

$dS = \frac{d'Q}{T}$ より，$d'Q = TdS$ ……①となる。また，熱力学第1法則より，

$dU = d'Q - pdV$ ……②　①を②に代入して，

$dU = TdS - pdV$ ……(a)が導ける。……………………………………(終)

ここで，$U = U(S,\ V)$ とおくと，この全微分は，

$$dU = \underbrace{\left(\frac{\partial U}{\partial S}\right)_V}_{T} dS + \underbrace{\left(\frac{\partial U}{\partial V}\right)_S}_{-p} dV \quad \cdots\cdots③$$

(a)と③を比較して，次の関係式を得る。

$$\left(\frac{\partial U}{\partial S}\right)_V = T \ \cdots④,\quad \left(\frac{\partial U}{\partial V}\right)_S = -p \ \cdots⑤$$

④と⑤は次のようにしても導かれる。
・V 一定のとき，$dV = 0$
よって(a)より，$dU = TdS$
$\therefore \left(\frac{\partial U}{\partial S}\right)_V = T$ …④となる。
・S 一定のとき，$dS = 0$
よって(a)より，$dU = -pdV$
$\therefore \left(\frac{\partial U}{\partial V}\right)_S = -p$ …⑤となる。

(i) $\frac{\partial U}{\partial S} = T$ …④の両辺を V で偏微分して，

$$\frac{\partial}{\partial V}\left(\frac{\partial U}{\partial S}\right) = \frac{\partial T}{\partial V} \quad \therefore \frac{\partial^2 U}{\partial V \partial S} = \frac{\partial T}{\partial V} \quad \cdots⑥$$

(ii) $\frac{\partial U}{\partial V} = -p$ …⑤の両辺を S で偏微分して，

$$\frac{\partial}{\partial S}\left(\frac{\partial U}{\partial V}\right) = -\frac{\partial p}{\partial S} \quad \therefore \frac{\partial^2 U}{\partial S \partial V} = -\frac{\partial p}{\partial S} \quad \cdots⑦ \text{となる。}$$

$\underline{\frac{\partial^2 U}{\partial V \partial S} = \frac{\partial^2 U}{\partial S \partial V}}$ より，⑥，⑦から，$\left(\frac{\partial T}{\partial V}\right)_S = -\left(\frac{\partial p}{\partial S}\right)_V$ …(b)が導ける。……(終)

偏微分する順番を変えても等しい ← シュワルツの定理より

演習問題 62　●エンタルピーの熱力学的関係式●

エンタルピー H の定義：$H = U + pV$ より，エンタルピー H の熱力学的関係式：$dH = TdS + Vdp$ ……(c) を導け。また，(c)を用いてマクスウェルの関係式の1つ：$\left(\dfrac{\partial T}{\partial p}\right)_S = \left(\dfrac{\partial V}{\partial S}\right)_p$ ……(d) を導け。

ヒント！ $dU = TdS - pdV$ ……(a)の熱力学的関係式を使う。

解答＆解説

$H = U + pV$ の全微分をとると，

$$dH = \underline{dU} + d(pV) = \underline{TdS - pdV} + \boxed{(ア)\quad\quad}$$

$\therefore\ dH = TdS + Vdp$ ……(c)が導ける。 ……………………………………(終)

ここで，$H = H(S,\ p)$ とおくと，この全微分は，

$$dH = \boxed{(イ)\quad\quad\quad\quad} \quad \cdots\cdots①$$

(c)と①を比較して次の関係式を得る。

$\boxed{(ウ)\quad\quad}$ …②　　$\boxed{(エ)\quad\quad}$ …③

(i) $\left(\dfrac{\partial H}{\partial S}\right)_p = T$ …②の両辺を p で偏微分して，

$$\frac{\partial}{\partial p}\left(\frac{\partial H}{\partial S}\right) = \frac{\partial T}{\partial p} \quad \therefore\ \frac{\partial^2 H}{\partial p \partial S} = \frac{\partial T}{\partial p} \quad \cdots\cdots④$$

(ii) $\left(\dfrac{\partial H}{\partial p}\right)_S = V$ …③の両辺を S で偏微分して，

$$\frac{\partial}{\partial S}\left(\frac{\partial H}{\partial p}\right) = \frac{\partial V}{\partial S} \quad \therefore\ \frac{\partial^2 H}{\partial S \partial p} = \frac{\partial V}{\partial S} \quad \cdots\cdots⑤$$

シュワルツの定理

$\dfrac{\partial^2 H}{\partial p \partial S} = \boxed{(オ)\quad\quad}$ より，④，⑤から，

$\left(\dfrac{\partial T}{\partial p}\right)_S = \left(\dfrac{\partial V}{\partial S}\right)_p$ ……(d)が導かれる。 ……………………………………(終)

> ②と③は次のようにしても導ける。
>
> ・p 一定のとき，$dp = 0$
> よって(c)より，
> $dH = TdS$
> $\therefore\ \boxed{(ウ)\quad\quad}$ …②
>
> ・S 一定のとき，$dS = 0$
> よって(c)より，
> $dH = Vdp$
> $\therefore\ \boxed{(エ)\quad\quad}$ …③

解答　(ア) $Vdp + pdV$　(イ) $\left(\dfrac{\partial H}{\partial S}\right)_p dS + \left(\dfrac{\partial H}{\partial p}\right)_S dp$　(ウ) $\left(\dfrac{\partial H}{\partial S}\right)_p = T$

(エ) $\left(\dfrac{\partial H}{\partial p}\right)_S = V$　(オ) $\dfrac{\partial^2 H}{\partial S \partial p}$

演習問題 63　●ヘルムホルツの自由エネルギーの熱力学的関係式●

ヘルムホルツの自由エネルギー F の定義：$F = U - TS$ より，F の熱力学的関係式：$dF = -SdT - pdV$ ……(e) を導け。また，(e)を用いて，マクスウェルの関係式の1つ：$\left(\frac{\partial S}{\partial V}\right)_T = \left(\frac{\partial p}{\partial T}\right)_V$ ……(f)を導け。

ヒント！ $dU = TdS - pdV$ ……(a)を使うんだね。

解答＆解説

$F = U - TS$ の全微分をとると，

$dF = dU - d(TS) = TdS - pdV - ($ (ア) $)$

$\therefore\ dF = -SdT - pdV$ ……(e)が導ける。 ……………………………………(終)

ここで，$F = F(T,\ V)$ とおくと，この全微分は，

$dF =$ (イ) ……① (e)と①を比較して，

(ウ) ……② (エ) ……③となる。

(ⅰ) $\left(\frac{\partial F}{\partial T}\right)_V = -S$ ……②の両辺を V で偏微分して，

$$\frac{\partial}{\partial V}\left(\frac{\partial F}{\partial T}\right) = -\frac{\partial S}{\partial V} \qquad \therefore\ \frac{\partial^2 F}{\partial V \partial T} = -\frac{\partial S}{\partial V} \quad \cdots\cdots ④$$

(ⅱ) $\left(\frac{\partial F}{\partial V}\right)_T = -p$ ……③の両辺を T で偏微分して，

$$\frac{\partial}{\partial T}\left(\frac{\partial F}{\partial V}\right) = -\frac{\partial p}{\partial T} \qquad \therefore\ \frac{\partial^2 F}{\partial T \partial V} = -\frac{\partial p}{\partial T} \quad \cdots\cdots ⑤$$

$\frac{\partial^2 F}{\partial V \partial T} =$ (オ) より，④，⑤から，

$-\left(\frac{\partial S}{\partial V}\right)_T = -\left(\frac{\partial p}{\partial T}\right)_V \qquad \therefore\ \left(\frac{\partial S}{\partial V}\right)_T = \left(\frac{\partial p}{\partial T}\right)_V$ ……(f)が導ける。 ……(終)

解答　(ア) $SdT + TdS$　(イ) $\left(\frac{\partial F}{\partial T}\right)_V dT + \left(\frac{\partial F}{\partial V}\right)_T dV$　(ウ) $\left(\frac{\partial F}{\partial T}\right)_V = -S$

(エ) $\left(\frac{\partial F}{\partial V}\right)_T = -p$　(オ) $\frac{\partial^2 F}{\partial T \partial V}$

演習問題 64　●ギブスの自由エネルギーの熱力学的関係式●

ギブスの自由エネルギー G の定義：$G = U + pV - TS$ より，G の熱力学的関係式：$dG = -SdT + Vdp$ ……(g) を導け。また，(g) を用いて，マクスウェルの関係式の1つ：$\left(\frac{\partial S}{\partial p}\right)_T = -\left(\frac{\partial V}{\partial T}\right)_p$ ……(h) を導け。

ヒント！ 前問と同様に，$dU = TdS - pdV$ を使おう。

解答&解説

$G = U + pV - TS$ の全微分をとると，

$$dG = dU + d(pV) - d(TS)$$
$$= TdS - pdV + Vdp + pdV - (\boxed{(ア)\qquad})$$

$\therefore\ dG = -SdT + Vdp$ ……(g) が導ける。 ……………………………(終)

ここで，$G = G(T,\ p)$ とおくと，この全微分は，

$dG = \boxed{(イ)\qquad\qquad}$ ……① 　(g) と①を比較して，

$\boxed{(ウ)\qquad}$ ……② 　$\boxed{(エ)\qquad}$ ……③となる。

(i) $\left(\frac{\partial G}{\partial T}\right)_p = -S$ ……②の両辺を p で偏微分して，

$$\frac{\partial}{\partial p}\left(\frac{\partial G}{\partial T}\right) = -\frac{\partial S}{\partial p} \qquad \therefore\ \frac{\partial^2 G}{\partial p \partial T} = -\frac{\partial S}{\partial p} \ \cdots\cdots④$$

(ii) $\left(\frac{\partial G}{\partial p}\right)_T = V$ ……③の両辺を T で偏微分して，

$$\frac{\partial}{\partial T}\left(\frac{\partial G}{\partial p}\right) = \frac{\partial V}{\partial T} \qquad \therefore\ \frac{\partial^2 G}{\partial T \partial p} = \frac{\partial V}{\partial T} \ \cdots\cdots⑤$$

$\frac{\partial^2 G}{\partial p \partial T} = \boxed{(オ)\qquad}$ より，④，⑤から，

$-\left(\frac{\partial S}{\partial p}\right)_T = \left(\frac{\partial V}{\partial T}\right)_p \qquad \therefore\ \left(\frac{\partial S}{\partial p}\right)_T = -\left(\frac{\partial V}{\partial T}\right)_p$ ……(h) が導ける。 ……(終)

解答　(ア) $SdT + TdS$　(イ) $\left(\frac{\partial G}{\partial T}\right)_p dT + \left(\frac{\partial G}{\partial p}\right)_T dp$　(ウ) $\left(\frac{\partial G}{\partial T}\right)_p = -S$

(エ) $\left(\frac{\partial G}{\partial p}\right)_T = V$　(オ) $\frac{\partial^2 G}{\partial T \partial p}$

演習問題 65　●エンタルピーの物理的な意味(Ⅰ)●

図(ⅰ)に示すように，鉛直に立てた断面積σのシリンダーに気体を入れ，質量の無視できる薄いピストンの上に質量Mのおもりを乗せて，つり合わせた。このとき，おもりと気体を合わせた系をAとし，気体の状態を(p, V, T)とおく。次に，図(ⅱ)に示すように，微小質量dMのおもりをピストンの上に乗せた。このとき，2つのおもりと気体を合わせた系をBとおく。鉛直上向きにy軸をとるとき，$A \to B$の変化において，ピストンの位置が$y \to y+dy$と変化したものとする。おもりの位置エネルギーを$U^{(e)}$とし，$U^{(e)}$と気体の内部エネルギーUとの和を$U^*(=U+U^{(e)})$で表すとき，$A \to B$の変化において，U^*の変化分dU^*は，気体のエンタルピーHの変化分dHと一致することを示せ。

図(ⅰ) 系A

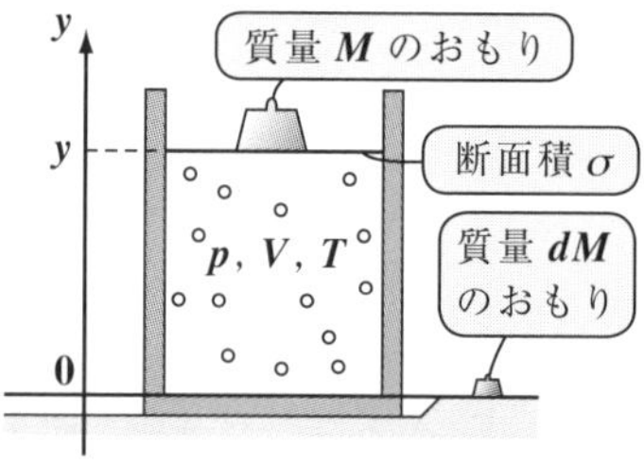

図(ⅱ) 系B

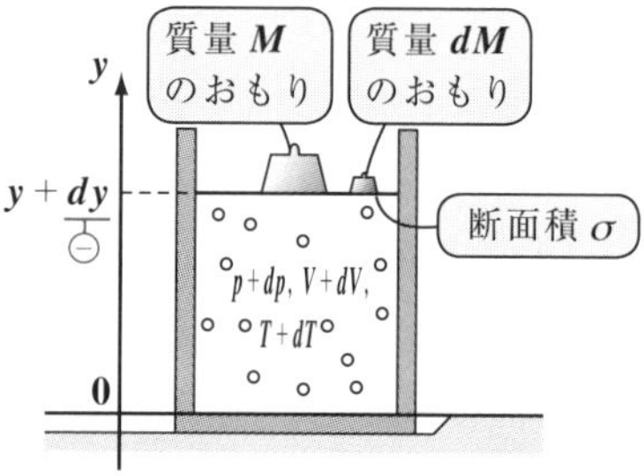

ヒント！　系Aにおいて，おもりから気体が受ける圧力を$p^{(e)}$とおくと，$p^{(e)} = \frac{Mg}{\sigma}$で，これとつり合いの式$p^{(e)} = p$から，$Mg = p\sigma$となる。気体のエンタルピー$H$は，$H = U + pV$で定義されるんだね。

解答＆解説

$U^* = U + U^{(e)}$の微小変化は，

$dU^* = d(U + U^{(e)}) = dU + dU^{(e)}$ ……①となる。

おもりの位置エネルギーの基準の位置を$y = 0$とすると，系Aのおもりの位置エネルギーは，$U^{(e)} = Mgy$より，$A \to B$の変化におけるおもりの位置エネルギーの変化分は，

$dU^{(e)} = d(Mgy)$ ……②となる。

ここで，系 A でおもりに働く重力が Mg，シリンダーの断面積が σ より，気体にかかるおもりによる圧力 $p^{(e)}$ は，

$$p^{(e)} = \frac{Mg}{\sigma} \quad \cdots\cdots ④$$

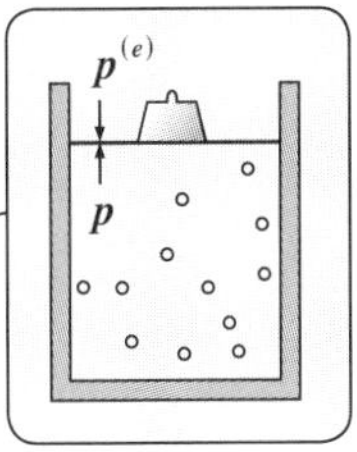

この $p^{(e)}$ は，気体の圧力とつり合っているので，

$$p^{(e)} = p \quad \cdots\cdots ⑤$$

⑤を④に代入して，

$$p = \frac{Mg}{\sigma} \qquad \therefore Mg = p\sigma \quad \cdots\cdots ⑥$$ となる。

⑥を②に代入すると，

$$dU^{(e)} = d(Mgy) = d(p\underbrace{\sigma y}_{V(図(\mathrm{i})より)})$$

$$= d(pV) \quad \cdots\cdots ⑦$$

⑦を①に代入して，

$$dU^* = dU + dU^{(e)} = dU + d(pV)$$

$$= d(\underbrace{U + pV}_{H}) = dH$$

よって，おもりと気体の系が $A \rightarrow B$ と変化するとき，$U^* = U + U^{(e)}$ の変化分 dU^* は，気体のエンタルピー H の変化分 dH に等しい。 …………(終)

演習問題 66　●エンタルピーの物理的な意味（Ⅱ）●

右図に示すように，シリンダーに入れた気体がピストンから一定の圧力 $p^{(e)}$ を受けたまま，図（ⅰ）の熱平衡状態 $\mathbf{A}(p^{(e)},\ V_1,\ T_1)$ から図（ⅱ）の熱平衡状態 $\mathbf{B}(p^{(e)},\ V_2,\ T_2)$ に移るものとする。このとき，気体が吸収する熱量 Q は，この途中の変化が可逆であるか不可逆であるかに関りなく，気体のエンタルピーの変化分 ΔH と一致することを示せ。

図（ⅰ）熱平衡状態 A

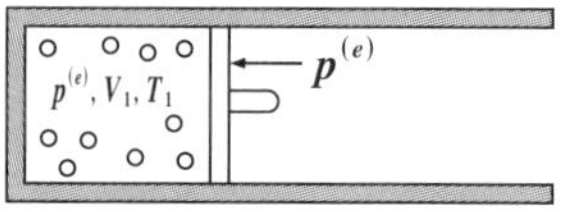

図（ⅱ）熱平衡状態 B

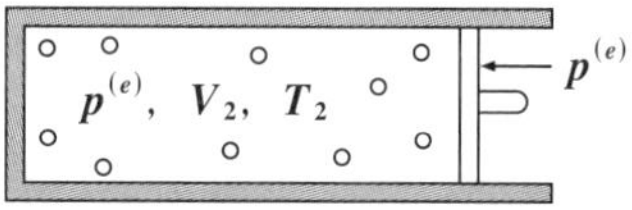

ヒント！　この状態変化に熱力学第 1 法則：$\Delta U = Q - W$ を使う。ここで，$-W$ は，気体が外部からされる仕事を表すんだね。

解答＆解説

気体が $(p_1,\ V_1,\ T_1)$ の状態 A にあるとき，気体の圧力 p_1 は外圧 $p^{(e)}$ とつり合っているので，

$p_1 =$ (ア) となる。

同様に，気体が $(p_2,\ V_2,\ T_2)$ の状態 B にあるとき，気体の圧力 p_2 は外圧 $p^{(e)}$ とつり合っているので，

$p_2 =$ (ア) である。

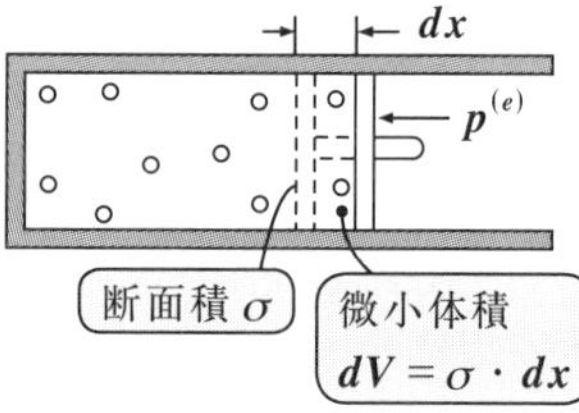

右図に示すように，気体が外圧 $p^{(e)}$ を受けながら，体積を V から $V + dV$ まで変えたとき，気体が外からされる仕事を $dW'(= -dW)$，シリンダーの断面積を σ とおくと，

$$dW' = -\underbrace{p^{(e)}}_{\text{気体に働く外力}} \cdot \overbrace{(\sigma \cdot \underbrace{dx}_{\text{ピストンの移動距離}})}^{dV} = \text{(イ)}$$ となる。

A → B の変化の途中が可逆であろうと不可逆であろうと，外部のする微小な仕事は，$dW' = -p^{(e)}dV$ で表せるんだね。（不可逆のときシリンダー内の圧力は定義できないからね。）

よって，$\mathbf{A} \to \mathbf{B}$ の変化で気体が外から受ける仕事 W' は，

$$W' = \int_A^B dW' = \int_{V_1}^{V_2} \underbrace{-p^{(e)}}_{\text{定数}} dV = -p^{(e)} \int_{V_1}^{V_2} dV$$

$$= -p^{(e)} [V]_{V_1}^{V_2} = -p^{(e)}(V_2 - V_1) \quad \cdots\cdots ①$$ となる。

また，状態 $\mathbf{A}$ にあるときの気体の内部エネルギーとエンタルピーをそれぞれ U_1，H_1 とし，状態 $\mathbf{B}$ にあるときの気体の内部エネルギーとエンタルピーをそれぞれ U_2，H_2 とおく。

$\mathbf{A} \to \mathbf{B}$ の変化において，系が受け取る熱量を Q とおくと，熱力学第 **1** 法則：

$\underbrace{\Delta U}_{U_2 - U_1} = Q + \underbrace{W'}_{-p^{(e)}(V_2 - V_1)\ (①より)}$ は，①より，

$$U_2 - U_1 = Q - p^{(e)}(V_2 - V_1) \quad \cdots\cdots ②$$

②を変形すると，

$$U_2 - U_1 + p^{(e)}(V_2 - V_1) = Q \qquad (U_2 + p^{(e)}V_2) - (U_1 + p^{(e)}V_1) = Q \quad \cdots\cdots ③$$

③に $p^{(e)} = p_1 = p_2$ を代入すると，

$$(\underbrace{\boxed{(ウ)\qquad}}_{H_2}) - (\underbrace{\boxed{(エ)\qquad}}_{H_1}) = Q$$

ここで，

$$H_2 = \boxed{(ウ)\qquad} \quad \cdots\cdots ④$$

$$H_1 = \boxed{(エ)\qquad} \quad \cdots\cdots ⑤$$

エンタルピーの定義
$H = U + pV$

だから，④と⑤を③に代入して，

$$\underbrace{H_2 - H_1}_{\Delta H} = Q \quad \cdots\cdots ⑥$$ となる。

⑥の左辺は，$\mathbf{A} \to \mathbf{B}$ の変化における気体のエンタルピーの変化分を表すので ΔH とおける。よって，$Q = \Delta H$ が導かれる。…………………………(終)

解答　(ア) $p^{(e)}$　　(イ) $-p^{(e)} \cdot dV$　　(ウ) $U_2 + p_2V_2$
(エ) $U_1 + p_1V_1$

演習問題 67 ● 定積モル比熱 C_V と定圧モル比熱 C_p ●

定積モル比熱を C_V，定圧モル比熱を C_p とおく。n(mol) の系について次式を導け。

(1) $\left(\dfrac{\partial S}{\partial T}\right)_V = \dfrac{nC_V}{T}$ ……(i)　　(2) $\left(\dfrac{\partial S}{\partial T}\right)_p = \dfrac{nC_p}{T}$ ……(j)

ヒント！ (1) $nC_V = \left(\dfrac{\partial U}{\partial T}\right)_V$ と内部エネルギー U の熱力学的関係式を使う。(2) $nC_p = \left(\dfrac{\partial H}{\partial T}\right)_p$ とエンタルピー H の熱力学的関係式を用いるといい。

解答＆解説

(1) 内部エネルギー U の熱力学的関係式は，

$dU =$ (ア) ……①となる。

V 一定のとき，$dV = 0$ より，①は，

$dU = TdS$

$\therefore$ (イ) $= T\left(\dfrac{\partial S}{\partial T}\right)_V$ より，$nC_V = T\left(\dfrac{\partial S}{\partial T}\right)_V$

近似的に，$\Delta U = T\Delta S$
この両辺を ΔT で割って，
$\dfrac{\Delta U}{\Delta T} = T\dfrac{\Delta S}{\Delta T}$
ここで，$\Delta T \to 0$ とすると，
$\dfrac{\partial U}{\partial T} = T\dfrac{\partial S}{\partial T}$ となる。

$\therefore \left(\dfrac{\partial S}{\partial T}\right)_V = \dfrac{nC_V}{T}$ ……(i)が導かれる。 ……………………(終)

(2) エンタルピー H の熱力学的関係式は，

$dH =$ (ウ) ……②となる。

p 一定のとき，$dp = 0$ より，②は，

$dH = TdS$

$\therefore$ (エ) $= T\left(\dfrac{\partial S}{\partial T}\right)_p$ より，$nC_p = T\left(\dfrac{\partial S}{\partial T}\right)_p$

$\therefore \left(\dfrac{\partial S}{\partial T}\right)_p = \dfrac{nC_p}{T}$ ……(j)が得られる。 ……………………(終)

解答　(ア) $TdS - pdV$　(イ) $\left(\dfrac{\partial U}{\partial T}\right)_V$　(ウ) $TdS + Vdp$　(エ) $\left(\dfrac{\partial H}{\partial T}\right)_p$

演習問題 68　●エントロピー S の熱力学的関係式●

n(mol) の系について次式を導け。

(1) $dS = \dfrac{nC_V}{T}dT + \left(\dfrac{\partial p}{\partial T}\right)_V dV$ ……(k)

(2) $dS = \dfrac{nC_p}{T}dT - \left(\dfrac{\partial V}{\partial T}\right)_p dp$ ……(l)

ヒント！ 前問の結果とマクスウェルの関係式を使う。

解答＆解説

(1) エントロピー S を T と V の関数と考えて，S の全微分 dS をとると，

(ア) ……①

$\left(\dfrac{\partial S}{\partial T}\right)_V =$ (イ) と，マクスウェルの関係式：$\left(\dfrac{\partial S}{\partial V}\right)_T =$ (ウ)

を①に代入して，

$dS = \dfrac{nC_V}{T}dT + \left(\dfrac{\partial p}{\partial T}\right)_V dV$ ……(k) が成り立つ。 ……………………(終)

(2) エントロピー S を T と p の関数とみて，S の全微分 dS をとると，

(エ) ……②

$\left(\dfrac{\partial S}{\partial T}\right)_p =$ (オ) と，マクスウェルの関係式：$\left(\dfrac{\partial S}{\partial p}\right)_T =$ (カ)

を②に代入して，

$dS = \dfrac{nC_p}{T}dT - \left(\dfrac{\partial V}{\partial T}\right)_p dp$ ……(l) が成り立つ。 ……………………(終)

解答　(ア) $dS = \left(\dfrac{\partial S}{\partial T}\right)_V dT + \left(\dfrac{\partial S}{\partial V}\right)_T dV$　(イ) $\dfrac{nC_V}{T}$　(ウ) $\left(\dfrac{\partial p}{\partial T}\right)_V$

(エ) $dS = \left(\dfrac{\partial S}{\partial T}\right)_p dT + \left(\dfrac{\partial S}{\partial p}\right)_T dp$　(オ) $\dfrac{nC_p}{T}$　(カ) $-\left(\dfrac{\partial V}{\partial T}\right)_p$

演習問題 69 ● 理想気体の内部エネルギー ●

(1) $dU = nC_V dT + \left\{T\left(\frac{\partial p}{\partial T}\right)_V - p\right\}dV$ ……ⓜ を導け。

(2) 理想気体について，状態 $\mathrm{A}(p,\ V,\ T)$ における系の内部エネルギーを U，状態 $\mathrm{O}(p_0,\ V_0,\ T_0)$ における内部エネルギーを U_0 とする。このとき，$U = nC_V T - nC_V T_0 + U_0$ が成り立つことを示せ。ただし，C_V は定数とする。

ヒント！ (1) $dU = TdS - pdV$ と $dS = \frac{nC_V}{T}dT + \left(\frac{\partial p}{\partial T}\right)_V dV$ …ⓚ（演習問題 68）から，dU を dT と dV の式で表す。(2) ⓜの｛　｝内の式を具体的に計算しよう。

解答＆解説

(1) 内部エネルギー U の熱力学的関係式：$dU = TdS - pdV$ に

$$dS = \frac{nC_V}{T}dT + \left(\frac{\partial p}{\partial T}\right)_V dV \quad \cdots\cdots ⓚ$$ を代入すると，

$$dU = T\left\{\frac{nC_V}{T}dT + \left(\frac{\partial p}{\partial T}\right)_V dV\right\} - pdV$$

$$\therefore\ dU = nC_V dT + \left\{T\left(\frac{\partial p}{\partial T}\right)_V - p\right\}dV \quad \cdots\cdots ⓜ$$ を得る。 ………………(終)

(2) n(mol) の理想気体の状態方程式：$pV = nRT$ より，

$p = \frac{nRT}{V}$　　よって，ⓜの｛　｝内の式を具体的に計算すると，

$$T\left(\frac{\partial p}{\partial T}\right)_V - p = T\left\{\frac{\partial}{\partial T}\left(\frac{nRT}{V}\right)\right\}_V - p = \frac{nRT}{V} - p = 0 \quad \cdots\cdots ①$$

（$\frac{nRT}{V}$ = p）

①をⓜに代入して，$dU = nC_V dT$

$$\therefore\ U - U_0 = \int_{\mathrm{O}}^{\mathrm{A}} dU = nC_V\int_{T_0}^{T} dT$$

$$= nC_V[T]_{T_0}^{T} = nC_V(T - T_0)$$

$\therefore\ U = nC_V T - nC_V T_0 + U_0$ となる。 ………………………………(終)

（$- nC_V T_0 + U_0$：定数）

（$U = U(T)$ より，U は T のみの関数）

「理想気体の内部エネルギーは温度 T のみの関数となって，体積 V に依存しない。」これを**ジュールの法則**と呼ぶ。

演習問題 70　●ファン・デル・ワールス気体の内部エネルギー●

ファン・デル・ワールスの状態方程式：　演習問題 20 (P44)

$\left(p+\frac{n^2a}{V^2}\right)(V-nb)=nRT$ ……①に従う気体について，

状態 $A(p, V, T)$ における系の内部エネルギーを U，状態 $O(p_0, V_0, T_0)$ における内部エネルギーを U_0 とする。このとき，

$dU=nC_VdT+\left\{T\left(\frac{\partial p}{\partial T}\right)_V-p\right\}dV$ ……(m) を用いて，

$U=nC_V(T-T_0)-n^2a\left(\frac{1}{V}-\frac{1}{V_0}\right)+U_0$

が成り立つことを示せ。ただし，C_V は定数とする。

ヒント！ (m)を用いて dU を具体的に求め，さらに積分すればいい。

解答＆解説

①より，$p=\frac{nRT}{V-nb}-\frac{n^2a}{V^2}$ ……①′

$\therefore \left(\frac{\partial p}{\partial T}\right)_V=\frac{\partial}{\partial T}\left\{\frac{nRT}{V-nb}-\frac{n^2a}{V^2}\right\}=\frac{nR}{V-nb}$　　これを(m)に代入して，

$dU=nC_VdT+\left\{\frac{nRT}{V-nb}-p\right\}dV=nC_VdT+\frac{n^2a}{V^2}dV$ ……②となる。

（$p = \left(\frac{nRT}{V-nb}-\frac{n^2a}{V^2}\right)$（①′より））

$$\therefore U-U_0=\int_O^A dU=\int_O^A\left(nC_VdT+\frac{n^2a}{V^2}dV\right)$$

$$=nC_V\int_{T_0}^T dT+n^2a\int_{V_0}^V\frac{1}{V^2}dV$$

$$=nC_V[T]_{T_0}^T+n^2a\left[-\frac{1}{V}\right]_{V_0}^V$$

$$=nC_V(T-T_0)-n^2a\left(\frac{1}{V}-\frac{1}{V_0}\right)$$

$\therefore U=nC_V(T-T_0)-n^2a\left(\frac{1}{V}-\frac{1}{V_0}\right)+U_0$ となる。 ……………………………(終)

（$U=U(T, V)$ より，ファン・デル・ワールス気体の内部エネルギー U は T と V の関数）

演習問題 71 ●ファン・デル・ワールス気体の等温変化●

1(mol) のファン・デル・ワールス気体を，体積 v_1 から v_2 まで，温度 T_0 一定で等温膨張させたとき，気体が吸収した熱量 Q を求めよ。

ヒント！ 熱力学第1法則：$Q = \Delta U + W$ を使う。ΔU と W を求めよう。

解答＆解説

1(mol) のファン・デル・ワールス気体の状態方程式：

(ア) ＿＿＿＿ $(v > b)$ より，

$$p = \frac{RT}{v-b} - \frac{a}{v^2} \cdots\cdots ① \quad (v > b)$$

よって，この気体が温度 T_0 一定で，体積 v_1 から体積 v_2 まで等温膨張するとき，外部にする仕事 W は，

$$W = \int_{v_1}^{v_2} p\,dv = \int_{v_1}^{v_2} \left(\frac{RT_0}{v-b} - \frac{a}{v^2} \right) dv$$

$$= RT_0 \int_{v_1}^{v_2} \frac{1}{v-b}\,dv - a \int_{v_1}^{v_2} v^{-2}\,dv$$

$$= RT_0 [\log(v-b)]_{v_1}^{v_2} - a\left[-\frac{1}{v} \right]_{v_1}^{v_2}$$

$$= RT_0 \{\log(v_2 - b) - \log(v_1 - b)\} + a\left(\frac{1}{v_2} - \frac{1}{v_1} \right)$$

$$\therefore W = RT_0 \log\frac{v_2 - b}{v_1 - b} + a\left(\frac{1}{v_2} - \frac{1}{v_1} \right) \cdots\cdots ②$$ となる。

次に，U の熱力学的関係式：

(イ) ＿＿＿＿

より，この両辺を T 一定の条件の下で dv で割ると，

$$\left(\frac{\partial U}{\partial v} \right)_T = T\left(\frac{\partial S}{\partial v} \right)_T - p \cdots\cdots ③$$

③の右辺にマクスウェルの関係式 (ウ) ＿＿＿＿ を代入すると，

エネルギー方程式

$$\left(\frac{\partial U}{\partial v}\right)_T = T\left(\frac{\partial p}{\partial T}\right)_v - p \quad \cdots\cdots④$$ となる。

ここで，①より，

$$\left(\frac{\partial p}{\partial T}\right)_v = \left(\frac{\partial}{\partial T}\left(\frac{RT}{v-b} - \frac{a}{v^2}\right)\right)_v$$

$$= \boxed{(エ)\qquad} \quad \cdots\cdots⑤$$

⑤を④に代入して，$\frac{RT}{v-b} - \frac{a}{v^2}$（①より）

$$\left(\frac{\partial U}{\partial v}\right)_T = \frac{RT}{v-b} - p = \frac{a}{v^2} \quad （①より）$$

よって，$\left(\frac{\partial U}{\partial v}\right)_T = \frac{a}{v^2}$ を $v = v_1$ から $v = v_2$ まで積分すると内部エネルギーの変化分 ΔU は，

$$\Delta U = \int_{v_1}^{v_2} \frac{a}{v^2} dv = -a\left[\frac{1}{v}\right]_{v_1}^{v_2}$$

$$\therefore \Delta U = -a\left(\frac{1}{v_2} - \frac{1}{v_1}\right) \quad \cdots\cdots⑥$$ となる。

ここで，熱力学第 1 法則より，

$$Q = \boxed{(オ)\qquad} \quad \cdots\cdots⑦$$

⑦に②と⑥を代入して，求める T_0 一定の等温過程において気体が吸収した熱量 Q は，

$$Q = -a\left(\frac{1}{v_2} - \frac{1}{v_1}\right) + RT_0 \log\frac{v_2 - b}{v_1 - b} + a\left(\frac{1}{v_2} - \frac{1}{v_1}\right)$$

$$= RT_0 \log\frac{v_2 - b}{v_1 - b}$$ となる。 ………………………………(答)

解答　(ア) $\left(p + \frac{a}{v^2}\right)(v - b) = RT$　(イ) $dU = TdS - pdv$

(ウ) $\left(\frac{\partial S}{\partial v}\right)_T = \left(\frac{\partial p}{\partial T}\right)_v$　(エ) $\frac{R}{v-b}$　(オ) $\Delta U + W$

演習問題 72 ●ファン・デル・ワールス気体の定積モル比熱●

(1) 次のエネルギー方程式が成り立つことを示せ。

$$\left(\frac{\partial U}{\partial V}\right)_T = T\left(\frac{\partial p}{\partial T}\right)_V - p \quad \cdots\cdots (n)$$

(2) (n)を用いて，ファン・デル・ワールスの状態方程式：

$$\left(p + \frac{n^2 a}{V^2}\right)(V - nb) = nRT$$

に従う n(mol) の気体の定積モル比熱 C_V は，V に依存しないことを示せ。

ヒント！ (1) U の熱力学的関係式：$dU = TdS - pdV$ とマクスウェルの関係式を利用すればいいね。(2) は，C_V の定義式の両辺を V で偏微分する。

解答＆解説

(1) 内部エネルギー U の熱力学的関係式：

$dU = TdS - pdV$ より，

$\Delta U = T\Delta S - p\Delta V \quad \cdots\cdots ①$ ①の両辺を ΔV で割って，

$$\frac{\Delta U}{\Delta V} = T\frac{\Delta S}{\Delta V} - p \quad \cdots\cdots ②$$ となる。

ここで，$U = U(T, V)$，$S = S(T, V)$ と考え，T 一定の条件の下で，$\Delta V \to 0$ の極限を求めると，②は，

$$\left(\frac{\partial U}{\partial V}\right)_T = T\left(\frac{\partial S}{\partial V}\right)_T - p \quad \cdots\cdots ③$$ となる。

ここで，マクスウェルの関係式：$\left(\frac{\partial S}{\partial V}\right)_T = \left(\frac{\partial p}{\partial T}\right)_V$ を③に代入すると，

$$\left(\frac{\partial U}{\partial V}\right)_T = T\left(\frac{\partial p}{\partial T}\right)_V - p \quad \cdots\cdots (n)$$ が導ける。←（エネルギー方程式と呼ぶ） …(終)

(2) $nC_V = \left(\frac{\partial U}{\partial T}\right)_V$ より，$C_V = \frac{1}{n}\left(\frac{\partial U}{\partial T}\right)_V \quad \cdots\cdots ④$

T 一定の条件の下で，④の両辺を V で偏微分すると，

$$\left(\frac{\partial C_V}{\partial V}\right)_T = \frac{1}{n}\cdot\frac{\partial}{\partial V}\left(\frac{\partial U}{\partial T}\right) = \frac{1}{n}\cdot\frac{\partial^2 U}{\partial V \partial T} = \frac{1}{n}\cdot\frac{\partial^2 U}{\partial T \partial V}$$

（シュワルツの定理）

$$\therefore \left(\frac{\partial C_V}{\partial V}\right)_T = \frac{1}{n}\cdot\frac{\partial}{\partial T}\left(\frac{\partial U}{\partial V}\right)_T \quad \cdots\cdots ⑤$$

⑤に(n)を代入すると，

$$\left(\frac{\partial C_V}{\partial V}\right)_T = \frac{1}{n}\cdot\frac{\partial}{\partial T}\left\{T\cdot\left(\frac{\partial p}{\partial T}\right)_V - p\right\}$$

$$= \frac{1}{n}\cdot\left[\frac{\partial}{\partial T}\left\{T\cdot\left(\frac{\partial p}{\partial T}\right)_V\right\} - \left(\frac{\partial p}{\partial T}\right)_V\right]$$

$$\frac{\partial}{\partial T}\left\{T\cdot\left(\frac{\partial p}{\partial T}\right)_V\right\} = \underbrace{\frac{\partial T}{\partial T}}_{1}\cdot\left(\frac{\partial p}{\partial T}\right)_V + T\cdot\left(\frac{\partial^2 p}{\partial T^2}\right)_V \quad \leftarrow (f\cdot g)' = f'g + fg' \text{ より}$$

$$= \frac{1}{n}\cdot\left\{\left(\frac{\partial p}{\partial T}\right)_V + T\cdot\left(\frac{\partial^2 p}{\partial T^2}\right)_V - \left(\frac{\partial p}{\partial T}\right)_V\right\}$$

$$\therefore \left(\frac{\partial C_V}{\partial V}\right)_T = \frac{T}{n}\cdot\left(\frac{\partial^2 p}{\partial T^2}\right)_V \quad \cdots\cdots ⑥$$

ここで，ファン・デル・ワールスの状態方程式：

$\left(p + \frac{n^2 a}{V^2}\right)(V - nb) = nRT$ より，

$$p = \frac{nRT}{V - nb} - \frac{n^2 a}{V^2}$$

この両辺を V 一定の下で T で偏微分すると，

$$\left(\frac{\partial p}{\partial T}\right)_V = \frac{nR}{V - nb}$$

この両辺をさらに，V 一定の下で T で偏微分すると，

$\left(\frac{\partial^2 p}{\partial T^2}\right)_V = 0$ ……⑦となる。

⑦を⑥に代入すると，

$$\left(\frac{\partial C_V}{\partial V}\right)_T = \frac{T}{n}\cdot 0 = 0$$

よって，ファン・デル・ワールスの状態方程式に従う気体の定積モル比熱 C_V は V によらない。……………………………………………………(終)

$\left(\frac{\partial C_V}{\partial V}\right)_T = 0$ の両辺を V で積分すると，$C_V = f(T)$ と，C_V は T のみの関数となる。

演習問題 73 ● 定積モル比熱と定圧モル比熱の関係式 (Ⅰ) ●

次の関係式を導け。ただし，n：気体のモル数とする。

(1) $\left(\frac{\partial C_V}{\partial V}\right)_T = \frac{T}{n}\left(\frac{\partial^2 p}{\partial T^2}\right)_V$ …(o)　　(2) $\left(\frac{\partial C_p}{\partial p}\right)_T = -\frac{T}{n}\left(\frac{\partial^2 V}{\partial T^2}\right)_p$ …(p)

ヒント！ 演習問題 67 の $\left(\frac{\partial S}{\partial T}\right)_V = \frac{nC_V}{T}$ …(i) と，$\left(\frac{\partial S}{\partial T}\right)_p = \frac{nC_p}{T}$ …(j) を使う。

解答＆解説

(1) $\left(\frac{\partial S}{\partial T}\right)_V = \frac{nC_V}{T}$ ……(i) より，

$C_V = \frac{T}{n}\left(\frac{\partial S}{\partial T}\right)_V$ ……①　　①の両辺を V で偏微分すると，

$$\left(\frac{\partial C_V}{\partial V}\right)_T = \frac{T}{n}\cdot\frac{\partial}{\partial V}\left(\frac{\partial S}{\partial T}\right)_V = \frac{T}{n}\cdot\frac{\partial^2 S}{\partial V\partial T} = \frac{T}{n}\cdot\frac{\partial^2 S}{\partial T\partial V}$$

（$\frac{T}{n}$：定数）（シュワルツの定理）

$$= \frac{T}{n}\cdot\frac{\partial}{\partial T}\left(\frac{\partial S}{\partial V}\right)_T$$

$$= \frac{T}{n}\cdot\frac{\partial}{\partial T}\left(\frac{\partial p}{\partial T}\right)_V$$

マクスウェルの関係式：$\left(\frac{\partial S}{\partial V}\right)_T = \left(\frac{\partial p}{\partial T}\right)_V$ より

$\therefore \left(\frac{\partial C_V}{\partial V}\right)_T = \frac{T}{n}\left(\frac{\partial^2 p}{\partial T^2}\right)_V$ ……(o) となる。……………………………………(終)

(2) $\left(\frac{\partial S}{\partial T}\right)_p = \frac{nC_p}{T}$ ……(j) より，

$C_p = \frac{T}{n}\left(\frac{\partial S}{\partial T}\right)_p$ ……②　　②の両辺を p で偏微分すると，

$$\left(\frac{\partial C_p}{\partial p}\right)_T = \frac{T}{n}\cdot\frac{\partial}{\partial p}\left(\frac{\partial S}{\partial T}\right)_p = \frac{T}{n}\cdot\frac{\partial^2 S}{\partial p\partial T} = \frac{T}{n}\cdot\frac{\partial^2 S}{\partial T\partial p}$$

（$\frac{T}{n}$：定数）（シュワルツの定理）

$$= \frac{T}{n}\cdot\frac{\partial}{\partial T}\left(\frac{\partial S}{\partial p}\right)_T = \frac{T}{n}\cdot\frac{\partial}{\partial T}\left\{-\left(\frac{\partial V}{\partial T}\right)_p\right\}$$

マクスウェルの関係式：$\left(\frac{\partial S}{\partial p}\right)_T = -\left(\frac{\partial V}{\partial T}\right)_p$ より

$\therefore \left(\frac{\partial C_p}{\partial p}\right)_T = -\frac{T}{n}\left(\frac{\partial^2 V}{\partial T^2}\right)_p$ ……(p) となる。……………………………………(終)

演習問題 74　●定積モル比熱と定圧モル比熱の関係式(Ⅱ)●

次の関係式を導け。

$$C_p - C_V = \frac{T}{n}\left(\frac{\partial V}{\partial T}\right)_p\left(\frac{\partial p}{\partial T}\right)_V = \frac{TV\beta^2}{n\kappa} \quad \cdots\cdots(q)$$

ただし，n：気体のモル数，体膨張率 $\beta = \frac{1}{V}\left(\frac{\partial V}{\partial T}\right)_p$，

等温圧縮率 $\kappa = -\frac{1}{V}\left(\frac{\partial V}{\partial p}\right)_T$ とする。

ヒント！ 前問と同様に，(i)と(j)の関係式を使う。

解答＆解説

$$\left(\frac{\partial S}{\partial T}\right)_V = \boxed{(ア)\qquad} \cdots\cdots(i) \text{ より，} C_V = \frac{T}{n}\left(\frac{\partial S}{\partial T}\right)_V \cdots\cdots①$$

$$\left(\frac{\partial S}{\partial T}\right)_p = \boxed{(イ)\qquad} \cdots\cdots(j) \text{ より，} C_p = \frac{T}{n}\left(\frac{\partial S}{\partial T}\right)_p \cdots\cdots②$$

② − ①より，

$$C_p - C_V = \frac{T}{n}\left\{\left(\frac{\partial S}{\partial T}\right)_p - \left(\frac{\partial S}{\partial T}\right)_V\right\} \cdots\cdots④$$ となる。

ここで，$S = S(T, V)$ とみて，この全微分をとると，

$$\boxed{(ウ)\qquad\qquad\qquad\qquad} \cdots\cdots⑤$$

よって，p = 一定として，⑤の両辺を dT で割ると，

$$\boxed{(エ)\qquad\qquad\qquad\qquad\qquad}$$

マクスウェルの関係式：$\left(\frac{\partial S}{\partial V}\right)_T = \left(\frac{\partial p}{\partial T}\right)_V$ より

$$\left(\frac{\partial S}{\partial T}\right)_p - \left(\frac{\partial S}{\partial T}\right)_V = \underline{\left(\frac{\partial S}{\partial V}\right)_T}\left(\frac{\partial V}{\partial T}\right)_p = \underline{\left(\frac{\partial p}{\partial T}\right)_V}\left(\frac{\partial V}{\partial T}\right)_p \cdots\cdots⑥$$

⑥を④に代入すると，

$$C_p - C_V = \frac{T}{n}\left(\frac{\partial V}{\partial T}\right)_p\left(\frac{\partial p}{\partial T}\right)_V \cdots\cdots⑦$$ となる。

次に，$V = V(T, p)$ の全微分をとると，

(オ) $\qquad\qquad\qquad\qquad$ ……⑧

よって，V = 一定のとき，dV = (カ) より，⑧は，

$$0 = \left(\frac{\partial V}{\partial T}\right)_p dT + \left(\frac{\partial V}{\partial p}\right)_T dp \quad \cdots\cdots ⑨$$ となる。

⑨の両辺を dT で割って，左右両辺を入れかえると，

$$\left(\frac{\partial V}{\partial T}\right)_p + \left(\frac{\partial V}{\partial p}\right)_T \left(\frac{\partial p}{\partial T}\right)_V = 0$$

$$\therefore \left(\frac{\partial p}{\partial T}\right)_V = \frac{\left(\frac{\partial V}{\partial T}\right)_p}{-\left(\frac{\partial V}{\partial p}\right)_T} = \frac{\overbrace{\frac{1}{V}\left(\frac{\partial V}{\partial T}\right)_p}^{\beta(\text{体膨張率})}}{\underbrace{-\frac{1}{V}\left(\frac{\partial V}{\partial p}\right)_T}_{\kappa(\text{等温圧縮率})}} = \boxed{(キ)} \quad \cdots\cdots ⑩$$ となる。

また，$\beta = \frac{1}{V}\left(\frac{\partial V}{\partial T}\right)_p$ より，

$$\left(\frac{\partial V}{\partial T}\right)_p = \boxed{(ク)} \quad \cdots\cdots ⑪$$ となる。

⑩と⑪を⑦に代入すると，

$$C_p - C_V = \frac{T}{n}\left(\frac{\partial V}{\partial T}\right)_p \left(\frac{\partial p}{\partial T}\right)_V \quad \cdots\cdots ⑦$$

$$C_p - C_V = \frac{T}{n}\overbrace{\left(\frac{\partial V}{\partial T}\right)_p}^{V\beta} \cdot \overbrace{\left(\frac{\partial p}{\partial T}\right)_V}^{\frac{\beta}{\kappa}} = \frac{TV\beta^2}{n\kappa} \quad \cdots\cdots (q)$$ となる。……………………(終)

解答

(ア) $\frac{nC_V}{T}$ (イ) $\frac{nC_p}{T}$ (ウ) $dS = \left(\frac{\partial S}{\partial T}\right)_V dT + \left(\frac{\partial S}{\partial V}\right)_T dV$

(エ) $\left(\frac{\partial S}{\partial T}\right)_p = \left(\frac{\partial S}{\partial T}\right)_V + \left(\frac{\partial S}{\partial V}\right)_T \left(\frac{\partial V}{\partial T}\right)_p$ (オ) $dV = \left(\frac{\partial V}{\partial T}\right)_p dT + \left(\frac{\partial V}{\partial p}\right)_T dp$

(カ) 0 (キ) $\frac{\beta}{\kappa}$ (ク) $V\beta$ (または，βV)

演習問題 75 ●ファン・デル・ワールス気体の熱力学的関数とエントロピー●

1(mol) のファン・デル・ワールス気体の (i) エントロピー S, (ii) 内部エネルギー U, (iii) エンタルピー H, (iv) ヘルムホルツの自由エネルギー F, (v) ギブスの自由エネルギー G を求めよ。ただし，定積モル比熱 C_V は定数とする。

ヒント！ S は，マクスウェルの関係式：$\left(\frac{\partial S}{\partial v}\right)_T = \left(\frac{\partial p}{\partial T}\right)_v$ の両辺を v で積分する。U は，$\left(\frac{\partial U}{\partial T}\right)_v = C_V$ を T で積分すればいい。$H = U + pv$, $F = U - TS$, $G = H - TS$ から，H, F, G は求まるね。

解答＆解説

1(mol) のファン・デル・ワールス気体の状態方程式：

$$\left(p + \frac{a}{v^2}\right)(v - b) = RT \quad (v > b) \text{ より,}$$

$$p = \frac{RT}{v-b} - \frac{a}{v^2} \cdots\cdots ① \quad (v > b)$$

(i) エントロピー S について，マクスウェルの関係式より，

$$\left(\frac{\partial S}{\partial v}\right)_T = \left(\frac{\partial p}{\partial T}\right)_v \cdots\cdots ②$$

ここで，①より，

$$\left(\frac{\partial p}{\partial T}\right)_v = \frac{\partial}{\partial T}\left(\frac{RT}{v-b} - \frac{a}{v^2}\right) = \frac{R}{v-b} \cdots\cdots ③$$

③を②の右辺に代入して，

$$\left(\frac{\partial S}{\partial v}\right)_T = \frac{R}{v-b} \cdots\cdots ②'$$

また，$\left(\frac{\partial S}{\partial T}\right)_v = \frac{C_V}{T} \cdots\cdots ④$ ← 演習問題 **67** の $n = 1$ とした式

②′ を v で積分すると，

$$S = \int \frac{R}{v-b}\,dv = R\log(v-b) + f(T) \cdots\cdots ⑤$$

（$f(T)$：何か T の関数）

⑤を v 一定の条件の下で，T で微分すると，

$$\left(\frac{\partial S}{\partial T}\right)_v = \cancel{0} + \frac{df(T)}{dT} = \frac{C_V}{T} \quad (④より)$$

$S = R\log(v-b) + f(T)$ ……⑤

$\therefore \frac{df(T)}{dT} = \frac{C_V}{T}$　　この両辺を T で積分すると，

$$f(T) = \int \frac{C_V}{T}dT = \underline{C_V}\int \frac{1}{T}dT = C_V\log T + S_0 \quad ……⑥ \quad (S_0：定数)$$

（C_V：定数扱い）

⑥を⑤に代入して，

$S = R\log(v-b) + C_V\log T + S_0$ ……⑦ となる。……………………(答)

(ii) 内部エネルギー U について，

$$\left(\frac{\partial U}{\partial T}\right)_v = C_V \quad ……⑧$$

← C_V の公式：$nC_V = \left(\frac{\partial U}{\partial T}\right)_V$ で，$n=1$ の場合

$$\left(\frac{\partial U}{\partial v}\right)_T = T\left(\frac{\partial p}{\partial T}\right)_v - p$$

← エネルギー方程式 (P162)

$$= T\frac{\partial}{\partial T}\left(\frac{RT}{v-b} - \frac{a}{v^2}\right) - p = \frac{R\cancel{T}}{\cancel{v}-b} - p = \frac{a}{v^2}$$

（$\frac{RT}{v-b}-\frac{a}{v^2}$ は p（①より）），（p は $\left(\frac{R\cancel{T}}{\cancel{v}-b}-\frac{a}{v^2}\right)$（①より））

$$\therefore \left(\frac{\partial U}{\partial v}\right)_T = \frac{a}{v^2} \quad ……⑨$$

⑧を T で積分して，

$$U = C_VT + \underline{g(v)} \quad ……⑩$$

（$g(v)$：何か v の関数）

$$\therefore \left(\frac{\partial U}{\partial v}\right)_T = \cancel{0} + \frac{dg(v)}{dv} = \frac{a}{v^2} \quad (⑨より)$$

$\therefore \frac{dg(v)}{dv} = \frac{a}{v^2}$　　この両辺を v で積分して，

$$g(v) = \int \frac{a}{v^2}dv = -\frac{a}{v} + U_0 \quad ……⑪ \quad (U_0：定数)$$

⑪を⑩に代入して，

$U = C_VT - \frac{a}{v} + U_0$ ……⑫ となる。………………………………………(答)

(iii) エンタルピー H について，

$H = U + pv$ ……⑬

よって，⑬に⑫と①を代入して，

$$H = C_V T - \frac{a}{v} + U_0 + \left(\frac{RT}{v-b} - \frac{a}{v^2}\right)v$$

$$\therefore\ H = C_V T - \frac{2a}{v} + \frac{RTv}{v-b} + U_0 \quad \cdots\cdots ⑭$$ となる。…………………………(答)

(iv) ヘルムホルツの自由エネルギー F について，

$$F = U - TS \quad \cdots\cdots ⑮$$

よって，⑮に⑫と⑦を代入して，

$$F = C_V T - \frac{a}{v} + U_0 - T\{R\log(v-b) + C_V \log T + S_0\}$$

$$= C_V T - \frac{a}{v} - RT\log(v-b) - C_V T\log T - S_0 T + U_0$$

$$= C_V T(1-\log T) - S_0 T - \frac{a}{v} - RT\log(v-b) + U_0$$ ………………(答)

(v) ギブスの自由エネルギー G について，

$$G = H - TS \quad \cdots\cdots ⑯$$

よって，⑯に⑭と⑦を代入して，

$$G = C_V T - \frac{2a}{v} + \frac{RTv}{v-b} + U_0 - T\{R\log(v-b) + C_V \log T + S_0\}$$

$$= C_V T - \frac{2a}{v} + \frac{RTv}{v-b} - RT\log(v-b) - C_V T\log T + U_0 - S_0 T$$

$$\therefore\ G = C_V T(1-\log T) - S_0 T - \frac{2a}{v} + \frac{RTv}{v-b} - RT\log(v-b) + U_0$$ ……(答)

マクスウェルの関係式の覚え方（この覚え方の説明については P147 参照）

(i) $\left(\frac{\partial T}{\partial V}\right)_S = -\left(\frac{\partial p}{\partial S}\right)_V$ ……(b)

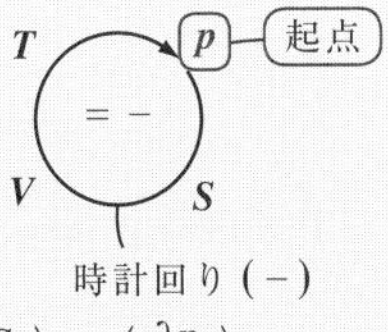

(ii) $\left(\frac{\partial T}{\partial p}\right)_S = \left(\frac{\partial V}{\partial S}\right)_p$ ……(d)

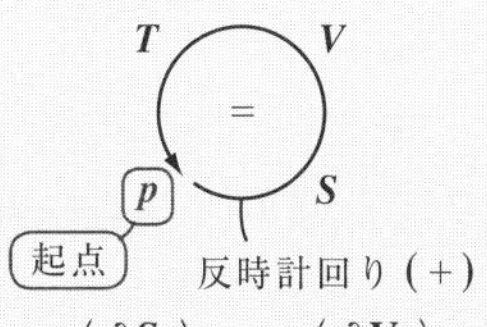

(iii) $\left(\frac{\partial S}{\partial V}\right)_T = \left(\frac{\partial p}{\partial T}\right)_V$ ……(f)

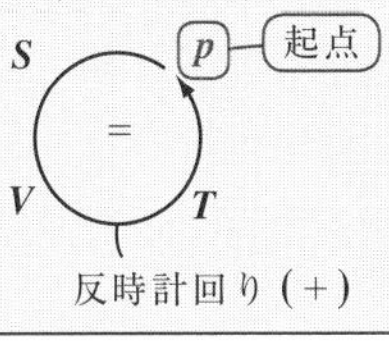

(iv) $\left(\frac{\partial S}{\partial p}\right)_T = -\left(\frac{\partial V}{\partial T}\right)_p$ ……(h)

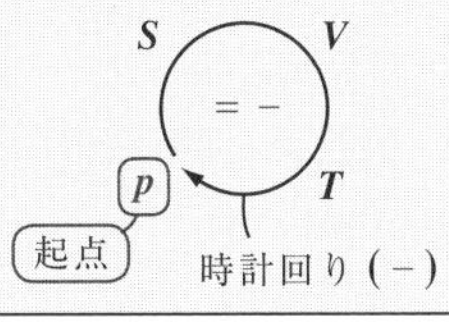

演習問題 76 ●マクスウェルの規則の証明(Ⅰ)●

ファン・デル・ワールスの状態方程式：

$$\left(p+\frac{n^2a}{V^2}\right)(V-nb)=nRT$$

に従う n(mol) の気体について，右図に臨界温度 T_c より低い温度 T_0 で等温圧縮したときの pV 図を示す。n(mol) の実在の気体の場合，この pV 図の D → B と A → E の部分はよく一致するが，気体と液体が共存する B → A の部分については，B から A へ，圧力 $p=p_0$，温度 $T=T_0$ のまま直線的に変化する。このとき，直線 AB と pV 図で囲まれた 2 つの網目部の面積 S_1 と S_2 について，$S_1=S_2$ ……(＊) が成り立つ。これをマクスウェルの規則と呼ぶ。(＊) を導け。

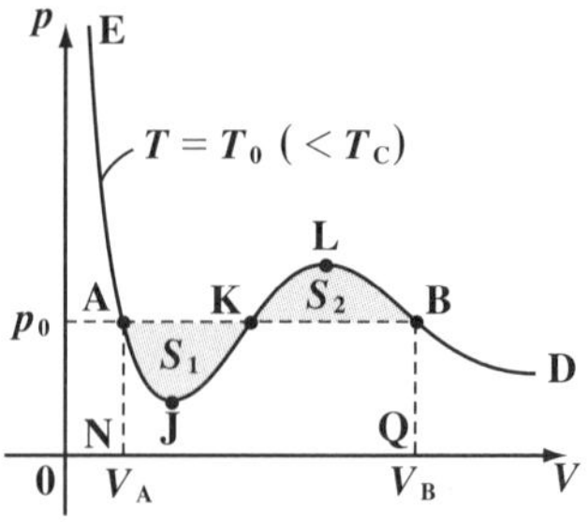

ヒント！ 気体が液化する B → A の過程は，$T=T_0$ (一定)，$p=p_0$ (一定) の準静的な過程より，ギブスの自由エネルギーの微分量 $dG=-SdT+Vdp=0$ となる。よって，この変化の過程でギブスの自由エネルギー G は変化しない。

解答＆解説

気体が液化する B → A は，$T=T_0$，$p=p_0$ の等温定圧の可逆過程より，この過程において，$dp=0$，$dT=0$

よって，ギブスの自由エネルギー G の微分量 dG は，

$$dG=-S\underbrace{dT}_{0}+V\underbrace{dp}_{0}=0$$ となる。

よって，この変化の過程で，$G=U+pV-TS$ ……① は変化しないので，状態 A と状態 B におけるギブスの自由エネルギーをそれぞれ G_A，G_B とおくと，

$G_A=G_B$ ……② が成り立つ。

ここで，状態 A と B における内部エネルギー，体積，エントロピーをそれぞれ，U_A，U_B，V_A，V_B，S_A，S_B とおくと，①より，

$G_A = U_A + p_0V_A - T_0S_A$ ……③　　$G_B = U_B + p_0V_B - T_0S_B$ ……④

③と④を②に代入すると，

$U_A + p_0V_A - T_0S_A = U_B + p_0V_B - T_0S_B$

$T_0(S_B - S_A) = U_B - U_A + p_0(V_B - V_A)$ ……⑤　となる。

ここで，ファン・デル・ワールスの状態方程式の pV 図の等温線 AJKLB に沿って準静的に A から B へ変化させたときのエントロピーの変化分 $S_B - S_A$ を求めると，

$dS = \frac{1}{T_0}(dU + pdV)$ より，←（T_0 は一定）

（この p は曲線 AJKLB 上の点の圧力を表す。）

$$S_B - S_A = \int_A^B dS = \frac{1}{T_0}\int_A^B (dU + pdV) = \frac{1}{T_0}\left(\int_{U_A}^{U_B} dU + \int_{V_A}^{V_B} pdV\right)$$

（$[U]_{U_A}^{U_B} = U_B - U_A$）

$$= \frac{1}{T_0}\left(U_B - U_A + \int_{V_A}^{V_B} pdV\right)$$

$$\therefore\ T_0(S_B - S_A) = U_B - U_A + \int_{V_A}^{V_B} pdV \quad \cdots\cdots⑥$$

⑤と⑥の右辺を比較すると，

$$p_0(V_B - V_A) = \int_{V_A}^{V_B} pdV \quad \cdots\cdots⑦$$ となる。

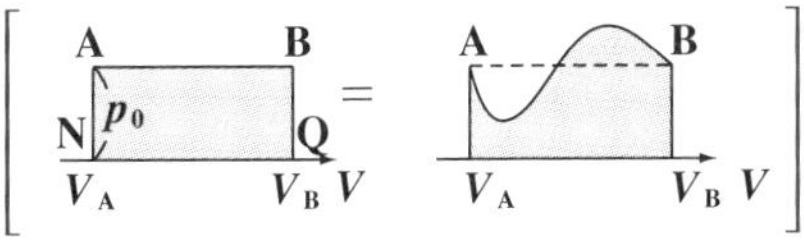

ファン・デル・ワールスの状態方程式の pV 図において，⑦の左辺は長方形 ABQN の面積を表し，⑦の右辺は曲線 AJKLB と V 軸とで挟まれた部分の面積を表す。よって，pV 図の網目部の面積 S_1 と S_2 について，

$S_1 = S_2$ ……(＊) が成り立つ。……………………………………………(終)

温度を一定に保って，体積を減少させれば圧力は増大するので，問題の pV 図において，曲線 JKL に沿った変化 L → K → J は存在し得ない。このような熱力学的に存在し得ない状態を含む等温線 AJKLB に沿ってエントロピーの変化 $S_B - S_A$ を求めている点で，上の証明は不完全である。ファン・デル・ワールスの状態方程式については，実現可能な準静的過程に沿った積分を考えることによって (＊) を示すことができる。(演習問題 77 参照)

演習問題 77　●マクスウェルの規則の証明（Ⅱ）●

ファン・デル・ワールスの状態方程式：$\left(p+\frac{n^2a}{V^2}\right)(V-nb)=nRT$ ……①

について，演習問題76で述べたマクスウェルの規則：$S_1=S_2$ ……(＊)

を，実現可能な準静的過程を考えることによって証明せよ。

ヒント！ ファン・デル・ワールスの状態方程式を用いて，S_B-S_A，U_B-U_A の変化を計算し，これから $p_0(V_B-V_A)$ を求める。これが，等温線 AJKLB に沿った積分 $\int_{V_A}^{V_B} pdV$ と一致することを示せばいい。

解答＆解説

ファン・デル・ワールスの状態方程式①を，$p=p(V,T)$ の形に変形すると，

$$p=\frac{nRT}{V-nb}-\frac{n^2a}{V^2}\ \cdots\cdots①'$$

となる。ここで，臨界温度 T_C に対して，

(ⅰ) $T>T_C$，　(ⅱ) $T=T_C$，

(ⅲ) $T=T_0<T_C$

図1 ファン・デル・ワールスの状態方程式

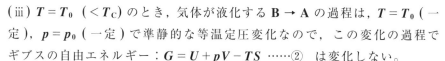

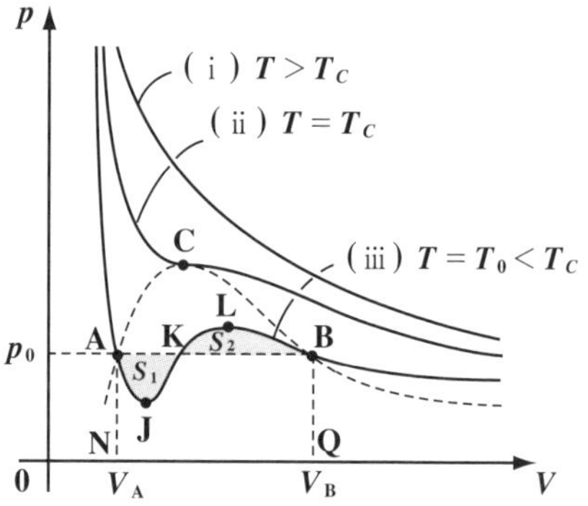

の3通りに場合分けして，①′の pV 図を図1に示す。

(ⅲ) $T=T_0$ $(<T_C)$ のとき，気体が液化する B → A の過程は，$T=T_0$（一定），$p=p_0$（一定）で準静的な等温定圧変化なので，この変化の過程でギブスの自由エネルギー：$G=U+pV-TS$ ……②　は変化しない。

よって，状態Aと状態Bにおけるギブスの自由エネルギーをそれぞれ G_A，G_B とおくと，

$G_A=G_B$ ……③　が成り立つ。

ここで，A，B における内部エネルギー，体積，エントロピーをそれぞれ U_A，U_B，V_A，V_B，S_A，S_B とおくと，②より③は，

$\underbrace{U_A+p_0V_A-T_0S_A}_{G_A}=\underbrace{U_B+p_0V_B-T_0S_B}_{G_B}$ となる。これを変形すると，

$p_0(V_B - V_A) = -(\underline{U_B - U_A}) + T_0(\underline{S_B - S_A})$ ……④　となる。

このU_B−U_Aと$S_B - S_A$を求めるとき，ファン・デル・ワールスの状態方程式が使える熱平衡状態だけから成る経路C_1に沿った積分を考える。

図1のJKLの曲線は，熱力学的に存在し得ないので，この部分を含む範囲(図2の網目部)の外側に，点Aから点Bに至る任意の経路C_1をとる。この経路C_1に沿って，準静的に系を変化させて，$S_B - S_A$と$U_B - U_A$を求める。(図2)

図2

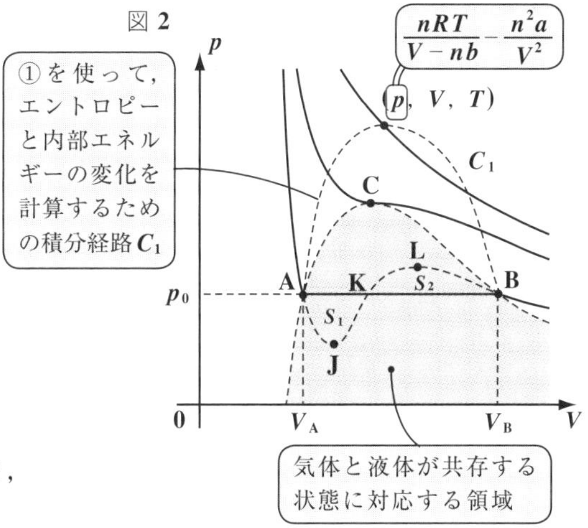

(i) $S = S(V, T)$と考えると，

この全微分は，

$$dS = \left(\frac{\partial S}{\partial V}\right)_T dV + \left(\frac{\partial S}{\partial T}\right)_V dT$$

$\left(\frac{\partial S}{\partial V}\right)_T = \left(\frac{\partial p}{\partial T}\right)_V$（マクスウェルの関係式），$\left(\frac{\partial S}{\partial T}\right)_V = \frac{nC_V}{T}$ ← 公式(演習問題**67**)

$$= \left(\frac{\partial p}{\partial T}\right)_V dV + \frac{nC_V}{T} dT$$

よって，状態Aと状態Bのエントロピーの差は，

$$S_B - S_A = \int_{A(C_1)}^{B} dS = \int_{A(C_1)}^{B} \left\{ \left(\frac{\partial p}{\partial T}\right)_V dV + \frac{nC_V}{T} dT \right\}$$

$$= \int_{V_A(C_1)}^{V_B} \left(\frac{\partial p}{\partial T}\right)_V dV + n\int_{T_0(C_1)}^{T_0} \frac{C_V}{T} dT \quad \cdots\cdots⑤$$

ここで，ファン・デル・ワールスの状態方程式に従う気体の定積モル比熱C_Vは，温度Tのみの関数だから，

$C_V = C_V(T)$とおける。← 演習問題**72**

$$\therefore \int_{T_0(C_1)}^{T_0} \frac{C_V}{T} dT = \int_{T_0(C_1)}^{T_0} \frac{C_V(T)}{T} dT = 0 \quad \cdots\cdots ⑥$$

⑥を，$S_B - S_A = \int_{V_A(C_1)}^{V_B} \left(\frac{\partial p}{\partial T}\right)_V dV + n\int_{T_0(C_1)}^{T_0} \frac{C_V}{T} dT$ …⑤ に代入すると，

（$C_V = C_V(T)$，$n\int_{T_0(C_1)}^{T_0} \frac{C_V}{T} dT = 0$）

$$S_B - S_A = \int_{V_A(C_1)}^{V_B} \left(\frac{\partial p}{\partial T}\right)_V dV \quad \cdots\cdots ⑦$$

ファン・デル・ワールスの状態方程式：

$$p = \frac{nRT}{V - nb} - \frac{n^2 a}{V^2} \quad \cdots\cdots ①' \text{ より，}$$

$$\left(\frac{\partial p}{\partial T}\right)_V = \left(\frac{\partial}{\partial T}\left(\frac{nRT}{V - nb} - \frac{n^2 a}{V^2}\right)\right)_V = \frac{nR}{V - nb} \quad \cdots\cdots ⑧$$

（nR，$V-nb$：定数　$\frac{n^2 a}{V^2}$：定数）

⑧を⑦に代入すると，

$$S_B - S_A = \int_{V_A(C_1)}^{V_B} \frac{nR}{V - nb} dV = nR\int_{V_A(C_1)}^{V_B} \frac{(V - nb)'}{V - nb} dV$$

$$= nR\left[\log(V - nb)\right]_{V_A}^{V_B}$$

（$V - nb$：⊕（$V > nb$ より））

$$= nR\{\log(V_B - nb) - \log(V_A - nb)\}$$

$$= nR \cdot \log\frac{V_B - nb}{V_A - nb} \quad \cdots\cdots ⑨ \quad \text{となる。}$$

(ⅱ) 同様に，内部エネルギーの差 $U_B - U_A$ を求める。

$U = U(V, T)$ と考えて，この全微分をとると，

$$dU = \left(\frac{\partial U}{\partial V}\right)_T dV + \left(\frac{\partial U}{\partial T}\right)_V dT \quad \cdots\cdots ⑩$$

エネルギー方程式：

$$\left(\frac{\partial U}{\partial V}\right)_T = T\left(\frac{\partial p}{\partial T}\right)_V - p \quad \leftarrow \text{演習問題 72}$$

と公式：$\left(\frac{\partial U}{\partial T}\right)_V = nC_V(T)$ を⑩に代入すると， ← $nC_V = \left(\frac{\partial U}{\partial T}\right)_V$ より

$$dU = \left\{T\left(\frac{\partial p}{\partial T}\right)_V - p\right\}dV + nC_V(T)dT$$

$$\therefore\ U_B - U_A = \int_{A(C_1)}^{B} dU = \int_{A(C_1)}^{B}\left[\left\{T\left(\frac{\partial p}{\partial T}\right)_V - p\right\}dV + nC_V(T)dT\right]$$

$$= \int_{V_A(C_1)}^{V_B}\left\{\underbrace{T\left(\frac{\partial p}{\partial T}\right)_V}_{\frac{nR}{V-nb}\ (⑧)} - \underbrace{p}_{\left(\frac{nRT}{V-nb} - \frac{n^2a}{V^2}\right)\ (①'\text{より})}\right\}dV + \underbrace{n\int_{T_0(C_1)}^{T_0} C_V(T)dT}_{0}$$

$$= \int_{V_A(C_1)}^{V_B} n^2aV^{-2}dV = \left[-\frac{n^2a}{V}\right]_{V_A}^{V_B}$$

$$= n^2a\left(\frac{1}{V_A} - \frac{1}{V_B}\right) \quad \cdots\cdots ⑪$$

$$p_0(V_B - V_A) = -(U_B - U_A) + T_0(S_B - S_A) \quad \cdots ④$$

以上(i)(ii)より，⑨と⑪を④に代入すると，

$$p_0(V_B - V_A) = -n^2a\left(\frac{1}{V_A} - \frac{1}{V_B}\right) + T_0\cdot nR\cdot\log\frac{V_B - nb}{V_A - nb} \quad \cdots\cdots ⑫$$ となる。

ここで，①′の圧力 p に体積 V の微少量 dV をかけた pdV を，図 **2** の等温線 **AJKLB** に沿って積分すると，

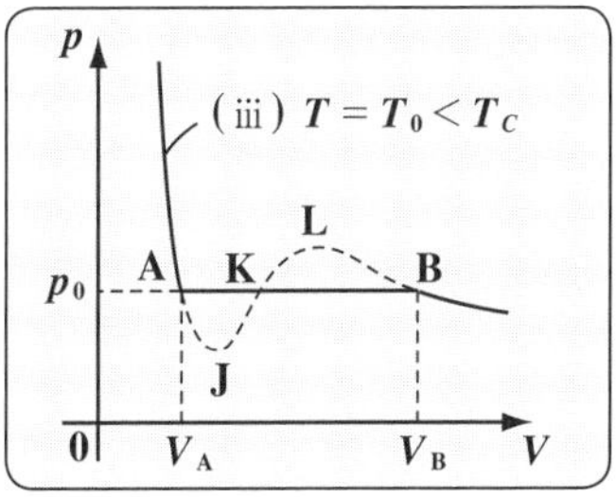

$$\int_{V_A(AJKLB)}^{V_B} pdV = \int_{V_A}^{V_B}\left(\frac{nRT_0}{V - nb} - \frac{n^2a}{V^2}\right)dV$$

$$= nRT_0\int_{V_A}^{V_B}\frac{(V - nb)'}{V - nb}dV - n^2a\int_{V_A}^{V_B}V^{-2}dV$$

$$= nRT_0[\log(V - nb)]_{V_A}^{V_B} - n^2a\left[-\frac{1}{V}\right]_{V_A}^{V_B}$$

$$= -n^2a\left(\frac{1}{V_A} - \frac{1}{V_B}\right) + nRT_0\log\frac{V_B - nb}{V_A - nb} \quad \cdots\cdots ⑬$$ となる。

⑫と⑬の右辺を比較すると，

$$p_0(V_B - V_A) = \int_{V_A(AJKLB)}^{V_B} pdV$$ が導かれる。

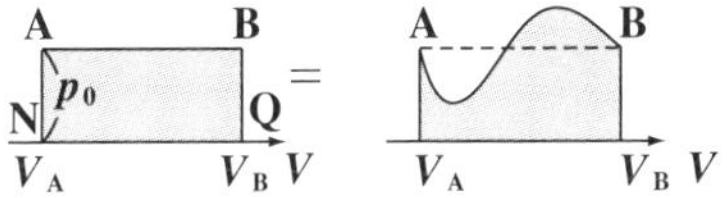

これより，等面積の規則：$S_1 = S_2$ ……(＊)が成り立つ。……………………(終)

演習問題 78　● $\frac{F}{T}$ と $\frac{G}{T}$ の熱力学的関係式 ●

次の関係式を導け。

(1) $d\left(\frac{F}{T}\right) = -\frac{U}{T^2}dT - \frac{p}{T}dV$ ……(r)

(2) $d\left(\frac{G}{T}\right) = -\frac{H}{T^2}dT + \frac{V}{T}dp$ ……(s)

ヒント！ (1) ヘルムホルツの自由エネルギー $F = U - TS$ と，$dF = -SdT - pdV$ を使う。(2) ギブスの自由エネルギー $G = H - TS$ と，$dG = -SdT + Vdp$ を使うんだね。

解答＆解説

(1) $d\left(\frac{F}{T}\right) = d(FT^{-1}) = \frac{\partial(FT^{-1})}{\partial F}dF + \frac{\partial(FT^{-1})}{\partial T}dT$

$$= T^{-1}dF - \frac{F}{T^2}dT = \frac{dF}{T} - \frac{FdT}{T^2}$$

$$= \frac{-SdT - pdV}{T} - \frac{(U - TS)\cdot dT}{T^2} \quad \leftarrow \boxed{\begin{array}{l} dF = -SdT - pdV \\ F = U - TS \end{array}}$$

$\therefore d\left(\frac{F}{T}\right) = -\frac{U}{T^2}dT - \frac{p}{T}dV$ ……(r) となる。……………………………(終)

(2) $d\left(\frac{G}{T}\right) = d(GT^{-1}) = \frac{\partial(GT^{-1})}{\partial G}dG + \frac{\partial(GT^{-1})}{\partial T}dT$

$$= T^{-1}dG - \frac{G}{T^2}dT = \frac{dG}{T} - \frac{GdT}{T^2}$$

$$= \frac{-SdT + Vdp}{T} - \frac{(H - TS)dT}{T^2} \quad \leftarrow \boxed{\begin{array}{l} dG = -SdT + Vdp \\ G = H - TS \end{array}}$$

$\therefore d\left(\frac{G}{T}\right) = -\frac{H}{T^2}dT + \frac{V}{T}dp$ ……(s) となる。……………………………(終)

演習問題 79 ●ギブス－ヘルムホルツの式●

演習問題 **78** の関係式(r)と(s)を用いて，次の関係式を導け。

(1) $U = -T^2\left(\frac{\partial}{\partial T}\left(\frac{F}{T}\right)\right)_V$ ……(t)　　**(2)** $H = -T^2\left(\frac{\partial}{\partial T}\left(\frac{G}{T}\right)\right)_p$ ……(u)

ヒント！ **(1)** V 一定より $dV=0$，**(2)** p 一定より $dp=0$ だね。

解答＆解説

(1) $d\left(\frac{F}{T}\right) = -\frac{U}{T^2}dT - \frac{p}{T}dV$ ……(r) において，

V 一定のとき，$dV=0$ より，

$d\left(\frac{F}{T}\right) = -\frac{U}{T^2}dT$

$\therefore \Delta\left(\frac{F}{T}\right) = -\frac{U}{T^2}\cdot\Delta T$ ……①　　①の両辺を ΔT で割ると，

$\frac{\Delta\left(\frac{F}{T}\right)}{\Delta T} = -\frac{U}{T^2}$ …①′　　$\Delta T \to 0$ の極限をとると，V 一定より，①′は，

$\left(\frac{\partial}{\partial T}\left(\frac{F}{T}\right)\right)_V = -\frac{U}{T^2}$　　$\therefore U = -T^2\left(\frac{\partial}{\partial T}\left(\frac{F}{T}\right)\right)_V$ …(t)となる。…(終)

内部エネルギー U を，ヘルムホルツの自由エネルギー F から導く式

(2) $d\left(\frac{G}{T}\right) = -\frac{H}{T^2}dT + \frac{V}{T}dp$ ……(s) において，

p 一定のとき，$dp=0$ より，

$d\left(\frac{G}{T}\right) = -\frac{H}{T^2}dT$

$\therefore \Delta\left(\frac{G}{T}\right) = -\frac{H}{T^2}\cdot\Delta T$ ……②　　②の両辺を ΔT で割ると，

$\frac{\Delta\left(\frac{G}{T}\right)}{\Delta T} = -\frac{H}{T^2}$ …②′　　$\Delta T \to 0$ の極限をとると，p 一定より，②′は，

$\left(\frac{\partial}{\partial T}\left(\frac{G}{T}\right)\right)_p = -\frac{H}{T^2}$　　$\therefore H = -T^2\left(\frac{\partial}{\partial T}\left(\frac{G}{T}\right)\right)_p$ となる。…(u)　…(終)

エンタルピー H を，ギブスの自由エネルギー G から導く式

演習問題 80 ● 理想気体の状態方程式 ●

理想気体について，次のシャルルの法則とジュールの法則が成り立つ。

(i) シャルルの法則：$\frac{V}{T}=f(p)$　　(ii) ジュールの法則：$\left(\frac{\partial U}{\partial V}\right)_T=0$

(i)と(ii)とエネルギー方程式から，理想気体が従う状態方程式は，$pV=\alpha_1\cdot T$ (α_1：定数) の形で表されることを示せ。

ヒント！ エネルギー方程式：$\left(\frac{\partial U}{\partial V}\right)_T=T\left(\frac{\partial p}{\partial T}\right)_V-p$ を使うんだね。

解答＆解説

まず，エネルギー方程式：

$$\left(\frac{\partial U}{\partial V}\right)_T=T\left(\frac{\partial p}{\partial T}\right)_V-p$$ に

$\left(\frac{\partial U}{\partial V}\right)_T$ → 0（ジュールの法則より）

ジュールの法則：理想気体の内部エネルギー U は，温度 T のみの関数であり，体積 V に依存しない。（演習問題 69）

ジュールの法則：$\left(\frac{\partial U}{\partial V}\right)_T=0$ を代入すると，

$$0=T\left(\frac{\partial p}{\partial T}\right)_V-p$$

$$\therefore\ p=T\left(\frac{\partial p}{\partial T}\right)_V \quad \cdots\cdots①$$ となる。

ここで，

$$\left(\frac{\partial p}{\partial T}\right)_V=\frac{1}{\left(\frac{\partial T}{\partial p}\right)_V} \quad \cdots\cdots②$$

V 一定の下で，$\Delta T\to 0$ のとき，$\Delta p\to 0$ より，
$$\left(\frac{\partial p}{\partial T}\right)_V=\lim_{\Delta T\to 0}\frac{\Delta p}{\Delta T}=\lim_{\Delta p\to 0}\frac{1}{\frac{\Delta T}{\Delta p}}=\frac{1}{\left(\frac{\partial T}{\partial p}\right)_V}$$ となる。

②を①に代入すると，

$$p=T\cdot\frac{1}{\left(\frac{\partial T}{\partial p}\right)_V}$$

$$\therefore\ p\cdot\left(\frac{\partial T}{\partial p}\right)_V=T \quad \cdots\cdots③$$ となる。

ここで，(i) シャルルの法則：

$\frac{V}{T}=f(p)$ より，

シャルルの法則：
圧力 p が一定のとき，体積 V は温度 T に比例する。

$$T=\frac{V}{f(p)} \cdots\cdots ④$$

④の両辺を V 一定のまま p で偏微分すると，

定数扱い

$$\left(\frac{\partial T}{\partial p}\right)_V=\left(\frac{\partial}{\partial p}\left(\frac{V}{f(p)}\right)\right)_V=V\cdot\frac{d(f(p)^{-1})}{dp}$$

この段階で $f(p)^{-1}$ には V は含まれていないので，∂ ではなく d の微分記号を用いた。

$$=V\cdot\left\{-f(p)^{-2}\cdot\frac{df(p)}{dp}\right\} \cdots\cdots ⑤$$

$f(p)=\xi$ とおくと，合成関数の微分法より，

$$\frac{d(f(p)^{-1})}{dp}=\frac{d(\xi^{-1})}{d\xi}\cdot\frac{df(p)}{dp}=-\xi^{-2}\cdot\frac{df(p)}{dp}$$

⑤を③に代入すると，

$$p\left\{-V\cdot\frac{1}{f(p)^2}\cdot\frac{df(p)}{dp}\right\}=T, \qquad -p\cdot\frac{V}{f(p)}\cdot\frac{1}{f(p)}\cdot\frac{df(p)}{dp}=T$$

T (④より)　（T を消去して右辺は 1）

よって④より，

$$-p\cdot\frac{1}{f(p)}\cdot\frac{df(p)}{dp}=1 \qquad \therefore \frac{df(p)}{f(p)}=-\frac{dp}{p} \cdots\cdots ⑥$$

変数分離形の微分方程式

⑥の両辺を積分して，

$$\int\frac{df(p)}{f(p)}=-\int\frac{dp}{p} \qquad \therefore \log f(p)=-\log p+\alpha_0 \quad (\alpha_0：任意定数)$$

（$f(p)$：⊕，p：⊕）

$$\log f(p)+\log p=\alpha_0 \qquad \therefore \log\{f(p)\cdot p\}=\log\alpha_1 \cdots\cdots ⑦ \quad (\alpha_1=e^{\alpha_0})$$

⑦の両辺の真数を比較すると，

$$p\cdot f(p)=\alpha_1 \qquad p\cdot\frac{V}{T}=\alpha_1$$

（$f(p)=\frac{V}{T}$）

よって，理想気体の状態方程式は，

$pV=\alpha_1\cdot T$ の形で表される。……………………………………(終)

講義 7 Lecture マクスウェルの速度分布則 methods & formulae

§1. 数学的・統計学的準備

気体分子の速度分布や，**ボルツマンの原理**の問題を考えるとき，$\log N!(N \gg 1)$ の形の関数が頻繁に出てくる。これは，次の**スターリングの公式**で近似できる。

$$\log N! \fallingdotseq N\log N - N \quad (N \gg 1 \text{のとき})$$

また，**マクスウェルの速度分布則**の導出や，これに関する問題では，次のガウス積分は欠かせない公式である。

(1) $\displaystyle\int_0^\infty e^{-x^2}dx = \frac{\sqrt{\pi}}{2}$　　(2) $\displaystyle\int_0^\infty e^{-ax^2}dx = \frac{1}{2}\sqrt{\frac{\pi}{a}}$

(3) $\displaystyle\int_0^\infty x^2 e^{-ax^2}dx = \frac{\sqrt{\pi}}{4a^{\frac{3}{2}}}$　　(4) $\displaystyle\int_0^\infty x^3 e^{-ax^2}dx = \frac{1}{2a^2}$

(5) $\displaystyle\int_0^\infty x^4 e^{-ax^2}dx = \frac{3\sqrt{\pi}}{8a^{\frac{5}{2}}}$

次に，$N_1, N_2, N_3, \cdots, N_n$ の n 個の独立変数をもつ n 変数関数

$Z = W(N_1, N_2, N_3, \cdots, N_n)$

が，2 つの制約条件

$$N = N_1 + N_2 + N_3 + \cdots + N_n \quad \cdots\cdots\cdots\cdots ① \quad (N : \text{一定})$$

$$U = \varepsilon_1 N_1 + \varepsilon_2 N_2 + \varepsilon_3 N_3 + \cdots + \varepsilon_n N_n \quad \cdots ② \quad \begin{pmatrix} U : \text{一定} \\ \varepsilon_i : \text{一定} \quad (i = 1, 2, \cdots, n) \end{pmatrix}$$

の下で，ある $N_i (i = 1, 2, \cdots, n)$ の組で極値をもつことが分かっている場合を考える。$Z = W(N_1, N_2, \cdots, N_n)$ が極値をもつ条件は，$N_1, N_2, \cdots, N_n$ に微小量 $dN_1, dN_2, \cdots, dN_n$ を与えても $Z = W(N_1, N_2, \cdots, N_n)$ が変化しないこと，すなわち，Z の全微分 dZ が，

$$dZ = \frac{\partial W}{\partial N_1}dN_1 + \frac{\partial W}{\partial N_2}dN_2 + \cdots + \frac{\partial W}{\partial N_n}dN_n = 0 \quad \cdots\cdots ③$$ となることである。

また，このとき，①で N が一定より，$dN = 0$　よって，①の変化分は，

$dN = dN_1 + dN_2 + \cdots + dN_n = 0$　……④　となる。

同様に，②で U 一定より，$dU = 0$ だから，②の変化分は，ε_i が定数であること

に注意すると，

$dU = \varepsilon_1 dN_1 + \varepsilon_2 dN_2 + \cdots + \varepsilon_n dN_n = 0$ ……⑤ となる。

ここで，③ $+ \underline{\alpha} \times$ ④ $+ \underline{\beta} \times$ ⑤をつくり，$dN_i (i = 1, 2, \cdots, n)$ についてまとめると，

（未定乗数という）

$$\left(\frac{\partial W}{\partial N_1} + \alpha + \beta\varepsilon_1\right)dN_1 + \left(\frac{\partial W}{\partial N_2} + \alpha + \beta\varepsilon_2\right)dN_2 + \cdots + \left(\frac{\partial W}{\partial N_n} + \alpha + \beta\varepsilon_n\right)dN_n = 0$$

すなわち，$\displaystyle\sum_{i=1}^{n} \underbrace{\left(\frac{\partial W}{\partial N_i} + \alpha + \beta\varepsilon_i\right)}_{0} dN_i = 0$ ……⑥ となる。

ここで，$dN_i (i = 1, 2, \cdots, n)$ はすべて任意だから，⑥より，

$\dfrac{\partial W}{\partial N_i} = -\alpha - \beta\varepsilon_i \quad (i = 1, 2, \cdots, n)$ ……⑦ となる。

この⑦と①と②の条件を連立させて，$Z = W$ に極値を与える N_i の組を求めることができる。この方法を**ラグランジュの未定乗数法**と呼ぶ。

§2. マクスウェルの速度分布則

気体を容器の中に入れたとき，気体分子は一様に広がって分布する。このことを，統計学的に調べてみよう。

図1 気体分子の分布

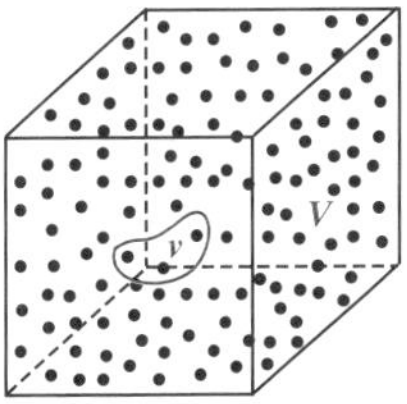

図1に示すように，体積 V の容器の中に N 個の気体分子を入れて，容器内に体積 v の小部分を考える。分子は完全に自由に運動しているので，ある瞬間において，1つの気体分子がこの小部分に存在する確率 p は，

$p = \dfrac{v}{V}$ ……① となる。

この小部分の中に存在しない確率 q は，$q = 1 - p = 1 - \dfrac{v}{V}$ ……② となる。

N 個のうち N_1 個のみが，この小部分に存在する確率 $P(N_1)$ は，

$$P(N_1) = {}_N\mathrm{C}_{N_1} p^{N_1} q^{N-N_1} = \frac{N!}{N_1!(N-N_1)!} p^{N_1} q^{N-N_1} \quad \cdots\cdots ③ \quad \text{となる。}$$

この $P(N_1)$ が極大値をとるときの N_1 を求めることを考える。気体分子数 N，N_1 は十分大きい自然数，すなわち $N \gg 1$，$N_1 \gg 1$ とする。③の両辺の自然対数をとって，さらにスターリングの公式 $\log N! \fallingdotseq N\log N - N$ を用いると，

$$\log P(N_1) = N\log N - N - (N_1\log N_1 - N_1) - \{(N-N_1)\log(N-N_1) - (N-N_1)\}$$
$$+ N_1\log p + (N-N_1)\log q \quad \cdots\cdots ④$$

となる。$N_1 \gg 1$ より，N_1を連続変数とみると，$P(N_1)$が極大になるとき，$\log P(N_1)$も極大になる。④の両辺を N_1で微分して $P(N_1)$を極大にする N_1 を求めると，$N_1 = N \cdot \dfrac{v}{V}$ ……⑤ が導かれる。⑤より，気体分子は容器に一様に分布していることが分かる。(演習問題 85)

次に，気体分子の速度分布について考える。

図 2 気体分子の速度

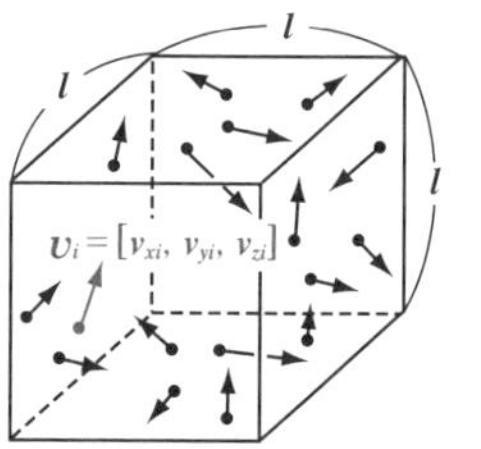

図 2 に示すように，1 辺の長さが l の立方体の容器に N 個の気体分子が入っているものとしよう。この膨大な数 (N 個) の気体に 1 から N まで番号を付けて，i 番目の分子の速度を，

$$\boldsymbol{v}_i = [v_{xi}, v_{yi}, v_{zi}] \quad (i = 1, 2, \cdots, N)$$

とおく。ここで，図 3 に示すように，v_x，v_y，v_z を座標軸にもつ**速度空間**を考えると，気体分子の速度 $\boldsymbol{v}_i (i = 1, 2, \cdots, N)$ は，この座標空間の点として表すことができる。この点を速度 $\boldsymbol{v}_i$ の**代表点**と呼ぶことにする。

図 3 気体分子の速度空間

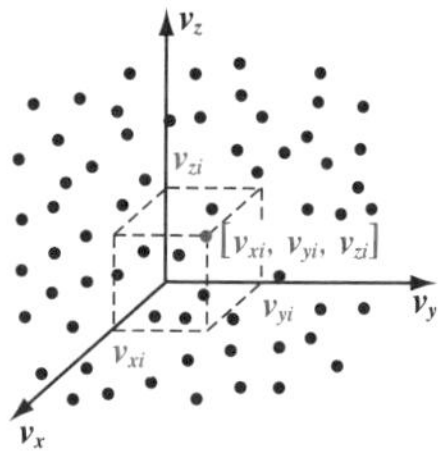

気体分子のようなミクロな粒子の運動は，量子力学によって記述される。量子力学によると，気体分子の運動量の x，y，z 成分は，気体が 1 辺の長さが l の立方体の容器に入っている場合，$\dfrac{h}{2l}$ の整数倍の値，すなわち飛び飛びの離散的な値しか取れないことが分かっている。この h は**プランク定数**と呼ばれ，

$h \fallingdotseq 6.626 \times 10^{-34}$ (J·s) という非常に小さな値の定数である。よって，気体分子の質量を m，速度を $\boldsymbol{v} = [v_x, v_y, v_z]$ とおくと，運動量 $\boldsymbol{p} = m\boldsymbol{v} = [mv_x, mv_y, mv_z]$ より，

$$mv_x = \frac{h}{2l}n_x,\ \ mv_y = \frac{h}{2l}n_y,\ \ mv_z = \frac{h}{2l}n_z \qquad \text{すなわち，}$$

$v_x = \frac{h}{2ml} n_x$, $v_y = \frac{h}{2ml} n_y$, $v_z = \frac{h}{2ml} n_z$ 　(n_x, n_y, n_z : 整数)　となる。

以上より，ミクロに見れば図**3**の気体分子の速度空間には，**1**辺の長さ $\frac{h}{2ml}$ のジャングルジムのような微細な格子構造が存在し，各気体分子の速度の代表点は，この中のある格子点から別の格子点に絶え間なく移動している。しかし，熱平衡状態にあるとき，これをマクロに見ると，定常的な速度分布が存在する。この熱平衡にあるときの速度分布を求めるためには，速度の代表点を速度空間に配分するとき，その代表点の最も確からしい分布を調べればよい。この考えで導かれたのが，**マクスウェルの速度分布則**：

$$f(v_x, v_y, v_z)dv_xdv_ydv_z = Ae^{-\frac{\varepsilon}{kT}}dv_xdv_ydv_z \quad \cdots\cdots ⑥$$

$$\left(A = \left(\frac{m}{2\pi kT}\right)^{\frac{3}{2}},\ \varepsilon = \frac{1}{2}mv^2 = \frac{1}{2}m(v_x{}^2 + v_y{}^2 + v_z{}^2)\right)$$

である。(演習問題**87**)　⑥は，体積要素 $dv_xdv_ydv_z$ に代表点をもつ分子の存在確率を表す。

理想気体の断熱膨張や，圧力と温度の等しい**2**つの異なる気体の混合の変化において，初めの熱平衡状態を**A**，終りの熱平衡状態を**B**とおくと，**A→B**の変化に伴って，エントロピーSは増大する。一方，**A**と**B**のミクロな状態の数をそれぞれ W_A，W_B とおくと，$W_A < W_B$ が成り立つ。(演習問題**91**，**92**)　つまり，ミクロな状態の数も増大する。

以上から，SをWの関数と考え，これを $S = f(W)$ とおく。

ここで，新たに状態**A**と状態**B**が互いに独立な場合について考えよう。**A**と**B**のミクロな状態の数 W_A と W_B に対して，**A**と**B**を**1**つの系として見た場合，ミクロな状態の数Wは，**A**と**B**が独立より，

$W = W_A \times W_B$ となる。**A**と**B**のエントロピーをそれぞれ S_A, S_B とおくと，エントロピーSは示量変数より，**A**と**B**を合わせた系のエントロピーSは，

$S = S_A + S_B$ ……⑦　となる。

⑦に，$S = f(W) = f(W_A \times W_B)$，$S_A = f(W_A)$，$S_B = f(W_B)$ を代入すると，

$$f(W_A \times W_B) = f(W_A) + f(W_B) \quad \cdots\cdots ⑧$$

が成り立たなければならない。この⑧をみたす関数の形として，ボルツマンは

$S = f(W) = k\log W$ ……⑨　を導いた。⑨を**ボルツマンの原理**と呼ぶ。

演習問題 81　● ガウス積分(Ⅰ) ●

(1) 重積分 $\int_{-\infty}^{\infty}\int_{-\infty}^{\infty} e^{-x^2-y^2}dx\,dy$ …①を極座標に置換して積分し，その結果を用いて，$\int_0^{\infty} e^{-x^2}dx = \frac{\sqrt{\pi}}{2}$ ……(a) を示せ。

(2) (a)を用いて，$I_0 = \int_0^{\infty} e^{-ax^2}dx = \frac{1}{2}\sqrt{\frac{\pi}{a}}$ ……(b) を示せ。

（ただし，a は正の定数とする。）

ヒント！ (1) $x = r\cos\theta$，$y = r\sin\theta$ $(0 \leqq r < \infty,\ 0 \leqq \theta < 2\pi)$ により，積分変数を r と θ に変換する。(2) $\sqrt{a}\,x = t$ と変数変換するといい。

解答＆解説

(1) $x = r\cos\theta$，$y = r\sin\theta$ $(0 \leqq r < \infty,\ 0 \leqq \theta < 2\pi)$ と，極座標変数 r と θ での積分に置換して解く。このとき，ヤコビアン J は，

$$J = \begin{vmatrix} \frac{\partial x}{\partial r} & \frac{\partial x}{\partial \theta} \\ \frac{\partial y}{\partial r} & \frac{\partial y}{\partial \theta} \end{vmatrix} = \begin{vmatrix} \cos\theta & -r\sin\theta \\ \sin\theta & r\cos\theta \end{vmatrix}$$

$$= r\cos^2\theta - (-r)\sin^2\theta = r(\cos^2\theta + \sin^2\theta) = r$$

また，

$$x^2 + y^2 = r^2\cos^2\theta + r^2\sin^2\theta = r^2(\cos^2\theta + \sin^2\theta) = r^2$$

よって，①は，

$$\int_{-\infty}^{\infty}\int_{-\infty}^{\infty} e^{-\overbrace{(x^2+y^2)}^{r^2}} \underbrace{dx\,dy}_{|J|dr\,d\theta = r\,dr\,d\theta} = \int_0^{2\pi}\int_0^{\infty} e^{-r^2} \overbrace{r}^{|J|} dr\,d\theta$$

$$= \int_0^{2\pi} d\theta \int_0^{\infty} re^{-r^2}dr = [\theta]_0^{2\pi}\left[-\frac{1}{2}e^{-r^2}\right]_0^{\infty}$$

$$= 2\pi \cdot \lim_{p \to \infty}\left[-\frac{1}{2}e^{-r^2}\right]_0^p = 2\pi \cdot \lim_{p \to \infty}\left(-\frac{1}{2}\underbrace{e^{-p^2}}_{\to 0} + \frac{1}{2}\right)$$

$$= 2\pi \cdot \frac{1}{2} = \pi \quad \cdots\cdots ②$$ となる。

ここで，①は次のように変形できる。

$$\int_{-\infty}^{\infty}\int_{-\infty}^{\infty}\underbrace{e^{-x^2-y^2}}_{e^{-x^2}\cdot e^{-y^2}}dx\,dy=\int_{-\infty}^{\infty}e^{-x^2}dx\cdot\underbrace{\int_{-\infty}^{\infty}e^{-y^2}dy}_{\int_{-\infty}^{\infty}e^{-x^2}dx}=\left(\int_{-\infty}^{\infty}e^{-x^2}dx\right)^2 \quad\cdots\cdots③$$

文字変数はなんでもいい

②と③を比較して，

$$\underbrace{\left(\int_{-\infty}^{\infty}e^{-x^2}dx\right)^2}_{\oplus}=\pi$$

$$\therefore \int_{-\infty}^{\infty}e^{-x^2}dx=\sqrt{\pi} \quad\cdots\cdots④$$ となる。

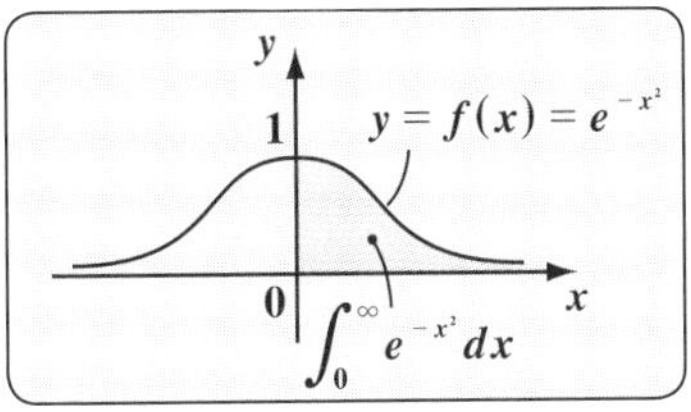

ここで，$y=f(x)=e^{-x^2}$ は偶関数より，y 軸に関して対称なグラフとなる。

よって，④より，

$$\int_{-\infty}^{\infty}e^{-x^2}dx=2\cdot\int_0^{\infty}e^{-x^2}dx=\sqrt{\pi}$$

$$\therefore \int_0^{\infty}e^{-x^2}dx=\frac{\sqrt{\pi}}{2} \quad\cdots\cdots(a)$$ となる。 ……………………………………(終)

(2) $I_0=\int_0^{\infty}e^{-ax^2}dx$ について，

$\sqrt{a}\,x=t$ とおくと，$x:0\to\infty$ のとき，$t:0\to\infty$

また，$\sqrt{a}\,dx=dt$ となる。よって，

$$I_0=\int_0^{\infty}e^{-ax^2}dx=\int_0^{\infty}e^{-(\overbrace{\sqrt{a}x}^{t})^2}\overbrace{dx}^{\frac{1}{\sqrt{a}}dt}=\frac{1}{\sqrt{a}}\overbrace{\int_0^{\infty}e^{-t^2}dt}^{\frac{\sqrt{\pi}}{2}\ ((a)より)}$$

これに(a)を代入すると，

$$I_0=\int_0^{\infty}e^{-ax^2}dx=\frac{1}{\sqrt{a}}\cdot\frac{\sqrt{\pi}}{2}=\frac{1}{2}\sqrt{\frac{\pi}{a}} \quad\cdots\cdots(b)$$ が導ける。 …………(終)

演習問題 82　●ガウス積分(Ⅱ)●

(1) $I_{2m+1}=\int_0^\infty x^{2m+1}e^{-ax^2}dx=\frac{m!}{2a^{m+1}}$ ……(c)　$(m=0,1,2,\cdots)$

を示すことにより，$I_3=\int_0^\infty x^3e^{-ax^2}dx=\frac{1}{2a^2}$ ……(d)　を示せ。

(2) $I_{2m}=\int_0^\infty x^{2m}e^{-ax^2}dx=\frac{(2m-1)!!}{(2a)^m}\cdot\frac{1}{2}\sqrt{\frac{\pi}{a}}$ …(e)　$(m=1,2,3,\cdots)$

を示すことにより，$I_2=\int_0^\infty x^2e^{-ax^2}dx=\frac{\sqrt{\pi}}{4a^{\frac{3}{2}}}$ ……(f)，および，

$I_4=\int_0^\infty x^4e^{-ax^2}dx=\frac{3\sqrt{\pi}}{8a^{\frac{5}{2}}}$ …(g)　を示せ。ただし，a は正の定数，

$(2m-1)!!=(2m-1)\times(2m-3)\times(2m-5)\times\cdots\times3\times1$，$1!!=1$ とする。

ヒント！ 部分積分法により，$\{I_{2m+1}\}$ と $\{I_{2m}\}$ の数列の漸化式を求めよう。

解答＆解説

(1) $m=1,2,3,\cdots$ のとき，

$$I_{2m+1}=\int_0^\infty x^{2m+1}e^{-ax^2}dx=-\frac{1}{2a}\int_0^\infty x^{2m}\cdot\underbrace{(-2axe^{-ax^2})}_{(e^{-ax^2})'}dx$$

$$=-\frac{1}{2a}\int_0^\infty x^{2m}\cdot(e^{-ax^2})'dx$$

部分積分法
$\int_a^b f\cdot g'dx=[f\cdot g]_a^b-\int_a^b f'\cdot g\,dx$

$$=-\frac{1}{2a}\left\{\left[x^{2m}e^{-ax^2}\right]_0^\infty-2m\int_0^\infty x^{2m-1}\cdot e^{-ax^2}dx\right\}$$

$$=-\frac{1}{2a}\left\{\underbrace{\lim_{p\to\infty}\left[x^{2m}e^{-ax^2}\right]_0^p}_{\lim_{p\to\infty}\frac{p^{2m}}{e^{ap^2}}=0}-2m\cdot\underbrace{\int_0^\infty x^{2(m-1)+1}\cdot e^{-ax^2}dx}_{I_{2(m-1)+1}}\right\}$$

$\therefore\ I_{2m+1}=\frac{m}{a}\cdot I_{2(m-1)+1}$ ……①　①の漸化式を繰り返し用いると，

$$I_{2m+1}=\frac{m}{a}\cdot I_{2(m-1)+1}=\frac{m}{a}\cdot\frac{m-1}{a}I_{2(m-2)+1}=\frac{m}{a}\cdot\frac{m-1}{a}\cdot\frac{m-2}{a}I_{2(m-3)+1}$$

$$\cdots\cdots=\underbrace{\frac{m}{a}\cdot\frac{m-1}{a}\cdot\frac{m-2}{a}\cdot\cdots\cdot\frac{\overset{0+1}{1}}{a}}_{m\text{ 項の積}}\cdot I_{\underset{2\cdot0+1}{1}}$$

$\therefore I_{2m+1} = \dfrac{m!}{a^m} I_1$ ……② となる。

$m = 0$ のとき，(c)は，

$$I_1 = \int_0^\infty x^1 \cdot e^{-ax^2} dx = -\frac{1}{2a}\int_0^\infty \underbrace{(-2ax \cdot e^{-ax^2})}_{(e^{-ax^2})'} dx$$

$$= -\frac{1}{2a}\left[e^{-ax^2}\right]_0^\infty = -\frac{1}{2a}\left\{\underbrace{\lim_{p\to\infty}\left[e^{-ax^2}\right]_0^p}_{\lim_{p\to\infty}(e^{-ap^2}-1) = -1}\right\} = \frac{1}{2a} \quad \cdots\cdots③$$

（$e^{-ap^2} \to 0$）

③を②に代入すると，

$I_{2m+1} = \dfrac{m!}{a^m} \cdot \dfrac{1}{2a} = \dfrac{m!}{2a^{m+1}}$ …(c) $(m = \underline{0}, 1, 2, \cdots)$ となる。……(終)

(c)の m に 0 を代入して，$I_1 = \dfrac{1}{2a}$ と，③が導かれるので，(c)は，$m = \underline{0}$ のときも成り立つ。

(c)で $m = 1$ のとき，$I_3 = \dfrac{1!}{2a^2} = \dfrac{1}{2a^2}$ ……(d) となる。 …………(終)

(2) $I_{2m} = \displaystyle\int_0^\infty x^{2m} \cdot e^{-ax^2} dx = -\frac{1}{2a}\int_0^\infty x^{2m-1} \cdot \underbrace{(-2axe^{-ax^2})}_{(e^{-ax^2})'} dx$

$$= -\frac{1}{2a}\int_0^\infty x^{2m-1} \cdot (e^{-ax^2})' dx$$

$$= -\frac{1}{2a}\left\{\underbrace{\left[x^{2m-1}e^{-ax^2}\right]_0^\infty}_{0} - (2m-1)\underbrace{\int_0^\infty x^{2(m-1)} \cdot e^{-ax^2} dx}_{I_{2(m-1)}}\right\}$$

$$= \frac{2m-1}{2a} \cdot I_{2(m-1)} \quad \cdots\cdots④$$

④の漸化式を繰り返し用いて，

$$I_{2m} = \frac{2m-1}{2a} \cdot I_{2(m-1)} = \frac{2m-1}{2a} \cdot \frac{\overset{2(m-1)-1}{2m-3}}{2a} I_{2(m-2)}$$

$$= \underbrace{\frac{2m-1}{2a} \cdot \frac{\overset{2(m-1)-1}{2m-3}}{2a} \cdot \cdots \cdot \frac{\overset{2\cdot 1-1}{1}}{2a}}_{m\text{ 項の積}} \cdot I_{\underset{2\cdot 0}{0}}$$

演習問題 81 の(b)より $\displaystyle\int_0^\infty 1 \cdot e^{-ax^2} dx = \frac{1}{2}\sqrt{\frac{\pi}{a}}$

$\therefore I_{2m} = \dfrac{(2m-1)!!}{(2a)^m} \cdot \dfrac{1}{2}\sqrt{\dfrac{\pi}{a}}$ …(e) となる。 (e)で $m = 1, 2$ のとき，

$I_2 = \dfrac{1}{2a} \cdot \dfrac{1}{2} \cdot \sqrt{\dfrac{\pi}{a}} = \dfrac{\sqrt{\pi}}{4a^{\frac{3}{2}}}$ ……(f)， $I_4 = \dfrac{\overset{3\times 1}{3!!}}{(2a)^2} \cdot \dfrac{1}{2} \cdot \sqrt{\dfrac{\pi}{a}} = \dfrac{3\sqrt{\pi}}{8a^{\frac{5}{2}}}$ ……(g)

となる。……………………………………………………………………(終)

演習問題 83　●スターリングの公式●

$n=0, 1, 2, \cdots$のとき，ガンマ関数の公式：$\Gamma(n+1)=\int_0^\infty x^n e^{-x}dx=n!$
を示して，$n \gg 1$のとき，次の近似式が成り立つことを示せ。
(1) $n! \fallingdotseq n^n \cdot e^{-n} \cdot \sqrt{2\pi n}$ ……(h)　　(2) $\log n! \fallingdotseq n\log n - n$ ……(i)

ヒント！ ガンマ関数の公式は部分積分法を使って示せる。

解答＆解説

$n=0, 1, 2, 3, \cdots$のとき，

$$\Gamma(n+1)=\int_0^\infty x^n e^{-x}dx=-\int_0^\infty x^n\cdot(e^{-x})'dx$$

$$=-\left\{\left[x^n e^{-x}\right]_0^\infty - n\underbrace{\int_0^\infty x^{n-1}\cdot e^{-x}dx}_{\Gamma(n)}\right\}=n\Gamma(n)$$

$\lim_{p\to\infty}\left[x^n e^{-x}\right]_0^p=\lim_{p\to\infty}p^n\cdot e^{-p}=0$

$\therefore \Gamma(n+1)=n\Gamma(n)$ ……①　　①を繰り返し用いると，

$$\Gamma(n+1)=n\cdot\Gamma(n)=n(n-1)\Gamma(n-1)=n(n-1)(n-2)\Gamma(n-2)=\cdots$$

$$=n(n-1)(n-2)\cdot\cdots\cdot 2\cdot 1\cdot\underbrace{\Gamma(1)}_{1} \quad \cdots\cdots②$$

$n=0$のとき，

$$\Gamma(1)=\int_0^\infty \underbrace{1}_{x^0}\cdot e^{-x}dx=\left[-e^{-x}\right]_0^\infty=\lim_{p\to\infty}\left[-e^{-x}\right]_0^p$$

$$=\lim_{p\to\infty}(-\underbrace{e^{-p}}_{\to 0}+1)=1 \quad \cdots\cdots③$$

ガンマ関数$\Gamma(\alpha)$の公式
(1) $\Gamma(\alpha+1)=\alpha\Gamma(\alpha)$
　$(\alpha>0)$
(2) $\Gamma(n+1)=n!$
　(n：自然数)
(3) $\Gamma(1)=1$

③を②に代入すると，

$$\Gamma(n+1)=\int_0^\infty x^n\cdot e^{-x}dx=n! \quad \cdots④ \quad (n=0, 1, 2, \cdots)$$ となる。……(終)

(1) $n \gg 1$とする。$x^n\cdot e^{-x}=e^{\log x^n}\cdot e^{-x}=e^{n\log x-x}$より，これを④に代入すると，

$$n!=\int_0^\infty e^{\overbrace{n\log x - x}^{f(x)}}dx \quad \cdots\cdots⑤$$ となる。

ここで，$f(x)=n\log x - x \quad (x>0)$とおくと，⑤は，

$$n!=\int_0^\infty e^{f(x)}dx \quad \cdots\cdots⑤'$$

ここで，$f'(x) = \dfrac{n}{x} - 1$，$f''(x) = -\dfrac{n}{x^2}$，$f^{(3)}(x) = \dfrac{2n}{x^3}$，$f^{(4)}(x) = -\dfrac{6n}{x^4}$，$\cdots$

$\therefore f'(n) = 0$，$f''(n) = -\dfrac{1}{n}$，$f^{(3)}(n) = \dfrac{2}{n^2}$，$f^{(4)}(n) = -\dfrac{6}{n^3}$，$\cdots$ より，

$f(x)$ を $x = n$ のまわりにテイラー展開すると，

$$f(x) = \boxed{f(n)} + \dfrac{f'(n)}{1!}(x-n) + \dfrac{f''(n)}{2!}(x-n)^2 + \dfrac{f^{(3)}(n)}{3!}(x-n)^3 + \dfrac{f^{(4)}(n)}{4!}(x-n)^4 + \cdots$$

（$\boxed{n\log n - n}$）（$\overset{0}{}$ ）（$-\dfrac{1}{n}$）（$\dfrac{2}{n^2}$）（$-\dfrac{6}{n^3}$）

$$= n\log n - n - \dfrac{1}{2n}(x-n)^2 + \dfrac{1}{3n^2}(x-n)^3 - \dfrac{1}{4n^3}(x-n)^4 + \cdots$$

$$\therefore e^{f(x)} = e^{n\log n - n - \frac{1}{2n}(x-n)^2 + \frac{1}{3n^2}(x-n)^3 - \frac{1}{4n^3}(x-n)^4 + \cdots}$$

$$= n^n \cdot e^{-n} \cdot e^{-\frac{1}{2n}(x-n)^2 + \frac{1}{3n^2}(x-n)^3 - \frac{1}{4n^3}(x-n)^4 + \cdots} \quad \cdots\cdots \text{⑥}$$

⑥を⑤´に代入すると，

$$n! = \int_0^\infty n^n \cdot e^{-n} \cdot e^{-\frac{1}{2n}(x-n)^2 + \frac{1}{3n^2}(x-n)^3 - \frac{1}{4n^3}(x-n)^4 + \cdots} \, dx \quad \cdots\cdots \text{⑦}$$

ここで，$x - n = \zeta$ とおくと，$dx = d\zeta$

$x : 0 \to \infty$ のとき，$\zeta : -n \to \infty$ より，⑦は，

$$n! = n^n \cdot e^{-n} \cdot \int_{-n}^\infty e^{-\frac{\zeta^2}{2n} + \frac{\zeta^3}{3n^2} - \frac{\zeta^4}{4n^3} + \cdots} \, d\zeta \quad \cdots\cdots \text{⑧}$$

ここでさらに，$\zeta = \sqrt{n}\,u$ とおくと，$d\zeta = \sqrt{n}\,du$

$\zeta : -n \to \infty$ のとき，$u : -\sqrt{n} \to \infty$ より，⑧は，

$$n! = n^n \cdot e^{-n} \cdot \int_{-\sqrt{n}}^\infty e^{-\frac{u^2}{2} + \left(\frac{u^3}{3\sqrt{n}} - \frac{u^4}{4n} + \cdots\right)} \sqrt{n}\, du$$

（$0\,(n \gg 1\,より)$）

$$\boxed{I_0 = \int_0^\infty e^{-au^2}\, du = \dfrac{1}{2}\sqrt{\dfrac{\pi}{a}}} \quad \cdots\text{(b)}$$

$$\doteqdot n^n \cdot e^{-n} \cdot \sqrt{n} \int_{-\infty}^\infty e^{-\frac{u^2}{2}}\, du \quad \cdots\cdots \text{⑨}$$

$$I_0 = \dfrac{1}{2}\sqrt{\dfrac{\pi}{\frac{1}{2}}} = \dfrac{1}{2}\sqrt{2\pi}$$

ここで，$\displaystyle\int_{-\infty}^\infty \underset{\text{偶関数}}{e^{-\frac{u^2}{2}}}\, du = 2 \cdot \int_0^\infty e^{-\frac{u^2}{2}}\, du = 2 \times \dfrac{1}{2}\sqrt{2\pi} = \sqrt{2\pi} \quad \cdots\cdots \text{⑩}$

⑩を⑨に代入すると，$n! \doteqdot n^n \cdot e^{-n} \cdot \sqrt{2\pi n}$ $\cdots$(h) となる。 $\cdots\cdots$(終)

(2) (h)の両辺の自然対数をとると，

$$\log n! \doteqdot \log\{n^n \cdot e^{-n} \cdot (2\pi n)^{\frac{1}{2}}\} = n\log n - n + \underline{\log\sqrt{2\pi}} + \dfrac{1}{2}\log n$$

（$\boxed{\text{定数}}$）

（$0\,(n \gg 1\,より)$）

$$\doteqdot n\log n - n\left(1 - \dfrac{1}{2}\cdot\dfrac{\log n}{n}\right) \doteqdot n\log n - n \quad \cdots\text{(i)} \text{ となる。} \quad \cdots\cdots\text{(終)}$$

演習問題 84　● ラグランジュの未定乗数法 ●

$g(x_1, x_2, x_3, x_4) = 2x_1^2 + x_2^2 + x_3^2 + 2x_4^2 - 4 = 0$ ……① $(x_1 > 0, x_2 > 0, x_3 > 0, x_4 > 0)$ の制約条件の下，

$f(x_1, x_2, x_3, x_4) = x_1 + 2x_2 + 2x_3 + x_4$ ……② の最大値と，そのときの x_1, x_2, x_3, x_4 の値を，ラグランジュの未定乗数法を用いて求めよ。

ヒント！ $g(x_1, x_2, x_3, x_4) = 0$ の条件の下，関数 $f(x_1, x_2, x_3, x_4)$ の最大値を求めるためには，新たな関数 $h(x_1, x_2, x_3, x_4)$ を $h = f - \alpha g$ (α：未定乗数) により定義して，$h_{x_1} = 0$，$h_{x_2} = 0$，$h_{x_3} = 0$，$h_{x_4} = 0$ と $g = 0$ から α の値と x_1, x_2, x_3, x_4 の値を求め，これから f の最大値を求めることができるんだね。これを，ラグランジュの未定乗数法という。ラグランジュの未定乗数法により求められる x_1, x_2, x_3, x_4 の値のときの f の値は，本当は単に極値となる可能性のある値に過ぎないのだけれど，物理的，または図形的な判断により，これを最大値(または最小値)とするんだね。

解答＆解説

$g(x_1, x_2, x_3, x_4) = 2x_1^2 + x_2^2 + x_3^2 + 2x_4^2 - 4 = 0$ ……① $(x_1 > 0, x_2 > 0, x_3 > 0, x_4 > 0)$ の条件の下，

$f(x_1, x_2, x_3, x_4) = x_1 + 2x_2 + 2x_3 + x_4$ ……② の最大値を，ラグランジュの未定乗数法により求める。

ここで，未定乗数 α を用いて新たな関数 $h(x_1, x_2, x_3, x_4)$ を次のように定義する。

$$h(x_1, x_2, x_3, x_4) = f(x_1, x_2, x_3, x_4) - \alpha g(x_1, x_2, x_3, x_4)$$

$$= x_1 + 2x_2 + 2x_3 + x_4 - \alpha(2x_1^2 + x_2^2 + x_3^2 + 2x_4^2 - 4) \quad \cdots ③$$

($h = f + \alpha g$ とおいてもよいが，$h = f - \alpha g$ とした方が後の計算で都合がいいんだね。)

③を x_1, x_2, x_3, x_4 でそれぞれ偏微分して，0 とおくと，

$$h_{x_1} = \frac{\partial h}{\partial x_1} = 1 - \alpha \cdot 4x_1 = 0 \quad \therefore x_1 = \frac{1}{4\alpha} \cdots\cdots ④$$

$$h_{x_2} = \frac{\partial h}{\partial x_2} = 2 - \alpha \cdot 2x_2 = 0 \quad \therefore x_2 = \frac{1}{\alpha} \cdots\cdots ⑤$$

$$h_{x_3} = \frac{\partial h}{\partial x_3} = 2 - \alpha \cdot 2x_3 = 0 \quad \therefore x_3 = \frac{1}{\alpha} \cdots\cdots ⑥$$

$$h_{x_4} = \frac{\partial h}{\partial x_4} = 1 - \alpha \cdot 4x_4 = 0 \quad \therefore x_4 = \frac{1}{4\alpha} \quad \cdots\cdots ⑦$$ となる。

x_1, x_2, x_3, x_4 はすべて正だから，④，⑤，⑥，⑦より，$\alpha > 0$ である。

ここで，④，⑤，⑥，⑦を①に代入して，α の値を求めると，

$$2 \cdot \left(\frac{1}{4\alpha}\right)^2 + \left(\frac{1}{\alpha}\right)^2 + \left(\frac{1}{\alpha}\right)^2 + 2 \cdot \left(\frac{1}{4\alpha}\right)^2 - 4 = 0$$ より，

$$\frac{2}{16\alpha^2} + \frac{1}{\alpha^2} + \frac{1}{\alpha^2} + \frac{2}{16\alpha^2} = \frac{1+8+8+1}{8\alpha^2} = \frac{18}{8\alpha^2} = \frac{9}{4\alpha^2}$$

$$\frac{9}{4} \cdot \frac{1}{\alpha^2} = 4 \qquad \alpha^2 = \frac{9}{16}$$ ここで，$\alpha > 0$ より，

$$\alpha = \sqrt{\frac{9}{16}} = \frac{3}{4} \quad \cdots\cdots ⑧$$ である。

よって，⑧を④，⑤，⑥，⑦に代入して，x_1, x_2, x_3, x_4 の値を求めると，

$$x_1 = \frac{1}{4 \times \frac{3}{4}} = \frac{1}{3} \quad \cdots\cdots ④', \qquad x_2 = \frac{1}{\frac{3}{4}} = \frac{4}{3} \quad \cdots\cdots\cdots\cdots ⑤'$$

$$x_3 = \frac{1}{\frac{3}{4}} = \frac{4}{3} \quad \cdots\cdots\cdots\cdots ⑥', \qquad x_4 = \frac{1}{4 \times \frac{3}{4}} = \frac{1}{3} \quad \cdots\cdots ⑦'$$ となる。

よって，x_1, x_2, x_3, x_4 がそれぞれ④′，⑤′，⑥′，⑦′の値をとるとき，$f(x_1, x_2, x_3, x_4)$ は最大となる。

よって，$x_1 = \frac{1}{3}$，$x_2 = \frac{4}{3}$，$x_3 = \frac{4}{3}$，$x_4 = \frac{1}{3}$ のとき，$f(x_1, x_2, x_3, x_4)$ は

$$最大値 f\left(\frac{1}{3}, \frac{4}{3}, \frac{4}{3}, \frac{1}{3}\right) = \frac{1}{3} + 2 \times \frac{4}{3} + 2 \times \frac{4}{3} + \frac{1}{3}$$

$$= \frac{1+8+8+1}{3} = \frac{18}{3} = 6$$ をとる。………(答)

演習問題 85　●一様に広がる気体分子●

右図に示すように，体積 V の容器の中に N 個の気体分子を入れて，容器内に体積 v の小部分を考える。N 個の気体分子のうち N_1 個のみがこの小部分に存在する確率 $P(N_1)$ を求めよ。また，この $P(N_1)$ を最大にする N_1 を $\overline{N_1}$ とおくとき，$\overline{N_1}$ をスターリングの公式を用いて求めよ。ただし，v は気体分子に比べて十分大きいものとし，分子は完全に自由に運動していると考えてよいものとする。

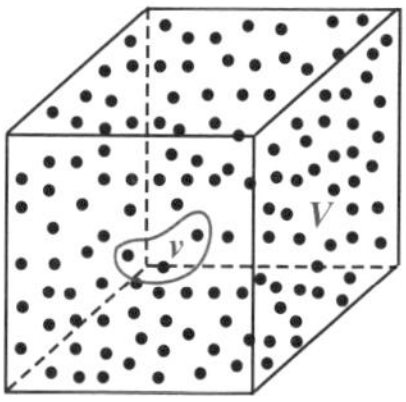

ヒント！ まず，反復試行の確率と同様の考え方で，$P(N_1)$ を求める。次に，$P(N_1)$ の自然対数 $\log P(N_1)$ が最大のとき $P(N_1)$ も最大になるんだね。

解答＆解説

体積 V の容器の中を自由に飛び回っている 1 個の気体分子が，ある瞬間に体積 v の小部分に存在する確率を p とおくと，

$$p = \frac{v}{V} \quad \cdots\cdots ①$$ となる。

この 1 個の分子が，この小部分の中に存在しない確率を q とおくと，

$$q = 1 - p \quad \cdots\cdots ②$$ となる。

ここで，N 個の分子のうち，N_1 個のみが，この小部分に存在する確率 $P(N_1)$ を求める。N 個から N_1 個の分子を選ぶ場合の数は，

$${}_N\mathrm{C}_{N_1} = \frac{N!}{N_1!(N-N_1)!} \text{（通り）}$$ となる。

その 1 通りの N_1 個の分子がこの小部分に存在する確率は，p^{N_1} となる。
残り $N-N_1$ 個の分子がこの小部分に存在しない確率は，q^{N-N_1} となる。
以上より，

$$P(N_1) = {}_N\mathrm{C}_{N_1} p^{N_1} q^{N-N_1} = \frac{N!}{N_1!(N-N_1)!} p^{N_1} q^{N-N_1} \quad \cdots\cdots ③$$ となる。　…(答)

（ただし，$p = \dfrac{v}{V}$ ……①，$q = 1 - p$ ……②とする。）

$P(N_1)$ が最大のとき，$\log P(N_1)$ も最大となる。

③の両辺は正より，この両辺の自然対数をとると，

$$\log P(N_1) = \log \frac{N!}{N_1!(N-N_1)!} p^{N_1} \cdot q^{N-N_1}$$

$$= \log N! - \log N_1! - \log(N-N_1)! + N_1 \log p + (N-N_1)\log q \quad \cdots\cdots ④$$

④の右辺の第 1，第 2，第 3 項にスターリングの公式を用いて，

$$\log P(N_1) \fallingdotseq N\log N - N - (N_1 \log N_1 - N_1) - \{(N-N_1)\log(N-N_1) - (N-N_1)\}$$
$$+ N_1 \log p + (N-N_1)\log q$$
$$= \underbrace{N\log N - N}_{\text{定数}} - N_1 \log N_1 + N_1$$
$$-(\underbrace{N}_{\text{定数}} - N_1)\log(\underbrace{N}_{\text{定数}} - N_1) + \underbrace{N}_{\text{定数}} - N_1 + N_1 \underbrace{\log p}_{\text{定数}} + (N-N_1)\underbrace{\log q}_{\text{定数}} \quad \cdots\cdots ⑤$$

スターリングの公式：
$n \gg 1$ のとき，
$\log n! \fallingdotseq n\log n - n$

ここで，N_1 を連続変数とみなして，⑤の両辺を N_1 で微分すると，

$$\frac{d(\log P(N_1))}{dN_1} = -\left(1\cdot\log N_1 + N_1 \cdot \frac{1}{N_1}\right) + 1 - \left\{(-1)\log(N-N_1) + (N-N_1)\cdot\frac{-1}{N-N_1}\right\}$$
$$-1 + \log p - \log q$$
$$= -\log N_1 + \log(N-N_1) + \log p - \log q = \log\frac{p(N-N_1)}{qN_1}$$

$N_1 = \overline{N_1}$ のとき，$P(N_1)$ すなわち $\log P(N_1)$ は極大となる。

$$\therefore \left.\frac{d(\log P(N_1))}{dN_1}\right|_{N_1=\overline{N_1}} = \log \underbrace{\frac{p(N-\overline{N_1})}{q\overline{N_1}}}_{1} = 0$$

より，$\dfrac{p(N-\overline{N_1})}{q\overline{N_1}} = 1$，$p(N-\overline{N_1}) = q\overline{N_1}$，

$$\underbrace{(p+q)}_{1}\overline{N_1} = Np$$

$\therefore \overline{N_1} = Np = N\cdot\dfrac{v}{V}$ となる。 ………(答)

この $\overline{N_1} = N\cdot\dfrac{v}{V}$ の結果は，V に一様に N 個の分子が分布するとしたときの v の中に存在する分子数を表す。

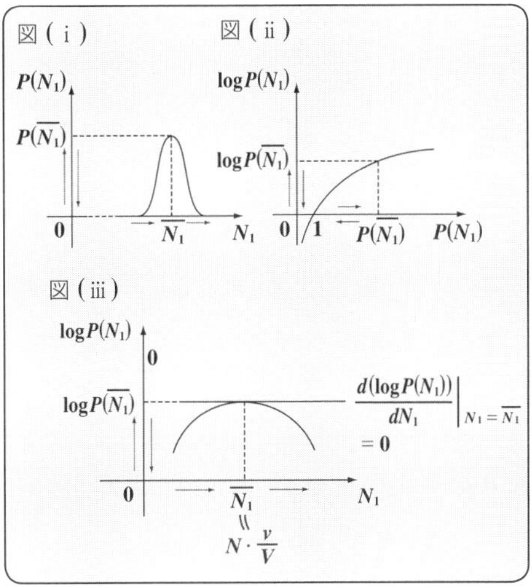

演習問題 86 ● 熱平衡状態における気体分子の速度分布 ●

1 辺の長さ l の立方体の容器に N 個の気体分子が入っており，熱平衡状態にある。この気体分子の速度空間を，右図に示すように，原点を中心とし厚さが dv の薄い球殻に分割する。この各球殻に，内側から順に **1**, **2**, **3**, …と番号を付け，i 番目の球殻において代表点が占め得る位置の個数を Z_i，i 番目の球殻に存在する代表点の個数を $N_i(1, 2, 3, \cdots)$ とおくとき，ミクロで見て異なる状態の個数 $W(N_1, N_2, N_3, \cdots)$ は，

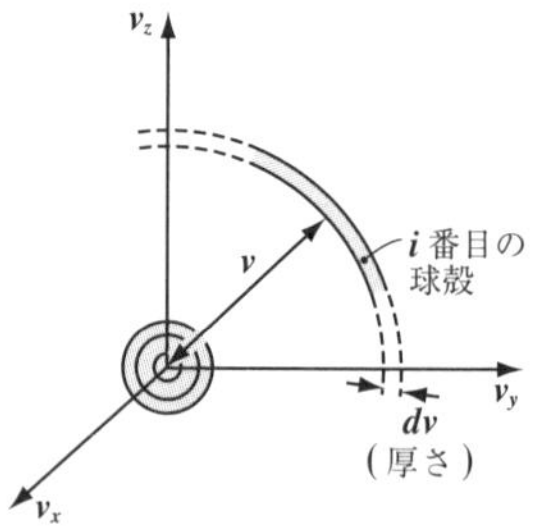

$$W(N_1, N_2, N_3, \cdots) = \frac{N!}{N_1!N_2!N_3!\cdots} \cdot Z_1^{N_1} \cdot Z_2^{N_2} \cdot Z_3^{N_3} \cdot \cdots \quad \cdots\cdots(a)$$

で表されることを示せ。ただし，この N_i の組は，各球殻の代表点に対応する分子 **1** 個当たりの運動エネルギーを ε_i として，次式をみたすものとする。

$$\begin{cases} N = \sum_{i=1}^{\infty} N_i & \cdots\cdots(b) \\ U = \sum_{i=1}^{\infty} N_i \varepsilon_i & \cdots\cdots(c) \end{cases} \quad (U: \text{気体の内部エネルギー})$$

ヒント！ 異なる n 個のものから r 個を選び出す組合せの公式：$_n C_r = \frac{n!}{r!(n-r)!}$ を使えばいい。

解答＆解説

マクロで見て，N 個の代表点を，**1** 番目, **2** 番目, **3** 番目, …の球殻にそれぞれ N_1 個, N_2 個, N_3 個, …と振り分ける場合の数を，まず求める。

(ⅰ) N 個の分子から N_1 個の分子を選び出す場合の数は，

$_N C_{N_1} =$ (ア) (通り) ……① となる。

(ⅱ) 残りの $N-N_1$ 個の分子から N_2 個の分子を選び出す場合の数は，

$_{N-N_1} C_{N_2} =$ (イ) (通り) ……② となる。

(iii) さらに，残り $N-N_1-N_2$ 個の分子から N_3 個の分子を選び出す場合の数は，

$${}_{N-N_1-N_2}C_{N_3} = \boxed{(ウ)\qquad}$$ （通り） ……③ となる。

以下，同様に計算したものとして，これら①，②，③，…の積を求めると，

$${}_NC_{N_1}\cdot{}_{N-N_1}C_{N_2}\cdot{}_{N-N_1-N_2}C_{N_3}\cdot\cdots$$

$$=\frac{N!}{N_1!(N-N_1)!}\times\frac{(N-N_1)!}{N_2!(N-N_1-N_2)!}\times\frac{(N-N_1-N_2)!}{N_3!(N-N_1-N_2-N_3)!}\times\cdots$$

$$=\boxed{(エ)\qquad}$$ （通り） ……④ となる。

i 番目の球殻に組分けられた N_i 個の代表点は，重複して，同じ位置に存在してもかまわないので，これらを配置させる場合の数は，配置できる位置が Z_i 個あることから，

$\boxed{(オ)\quad}$ （通り） ……⑤ となる。

質量 m の分子の速度の成分 v_x, v_y, v_z は，h をプランク定数として，$\dfrac{h}{2ml}$ の整数倍，つまり飛び飛びの離散的な値しか取り得ない。

以上④と⑤より，N 個の分子を，各球殻に，N_1 個，N_2 個，N_3 個，…と振り分ける場合の数，すなわちミクロで見た状態の個数 $W(N_1, N_2, N_3, \cdots)$ は，

$$W(N_1, N_2, N_3, \cdots)=\frac{N!}{N_1!N_2!N_3!\cdots}\cdot Z_1^{N_1}\cdot Z_2^{N_2}\cdot Z_3^{N_3}\cdot\cdots \quad\cdots\cdots(a)$$

となる。 ……………………………………………………………(終)

制約条件(b)，(c)をみたす任意の N_i の組に対して，(a)の $W(N_1, N_2, N_3, \cdots)$ 個だけ存在するミクロな状態は，熱平衡状態において，すべて同じ確率で生じると考えることができる。これを**等確率の原理**，または，**等重率の原理**と呼ぶ。

解答 (ア) $\dfrac{N!}{N_1!(N-N_1)!}$ (イ) $\dfrac{(N-N_1)!}{N_2!(N-N_1-N_2)!}$

(ウ) $\dfrac{(N-N_1-N_2)!}{N_3!(N-N_1-N_2-N_3)!}$ (エ) $\dfrac{N!}{N_1!N_2!N_3!\cdots}$ (オ) $Z_i^{N_i}$

演習問題 87　● マクスウェルの速度分布則 ●

1 辺の長さ l の立方体の容器に質量 m の気体分子が N 個入っており，熱平衡状態にある。この気体分子の速度空間において，$[v_x,\ v_x+dv_x]$ かつ $[v_y,\ v_y+dv_y]$ かつ $[v_z,\ v_z+dv_z]$ の微小な直方体 (体積 $dv_xdv_ydv_z$) の中に代表点をもつ気体分子の個数を，$N\cdot f(v_x,\ v_y,\ v_z)dv_xdv_ydv_z$ で表すとき，マクスウェルの速度分布則：

$$f(v_x,\ v_y,\ v_z)dv_xdv_ydv_z = Ae^{-\frac{\varepsilon}{kT}}dv_xdv_ydv_z \quad \cdots\cdots(*)$$ を導け。

ただし，$A=\left(\dfrac{m}{2\pi kT}\right)^{\frac{3}{2}}$，$\varepsilon=\dfrac{1}{2}mv^2=\dfrac{1}{2}m(v_x{}^2+v_y{}^2+v_z{}^2)$ とする。

ヒント！ 演習問題 **86** で導いた $W(N_1,\ N_2,\ N_3,\ \cdots)$ の自然対数 $\log W$ が極大値をとるときの $N_i(1,\ 2,\ 3,\ \cdots)$ を求める。

解答＆解説

図 1　速度空間を薄い球殻で分割するモデル

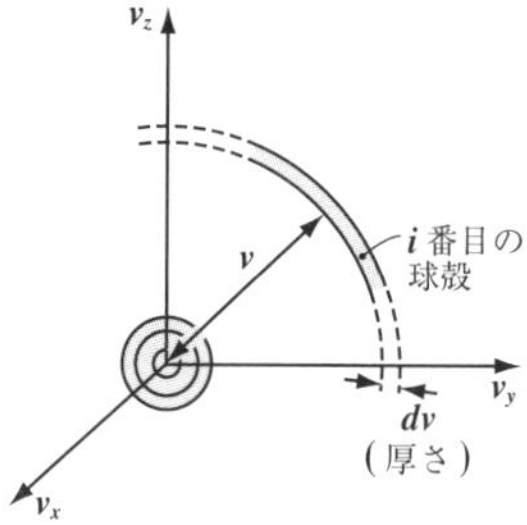

図 **1** に示すように，気体分子の速度空間を，原点を中心に厚さ dv の薄い球殻で分割し，内側から順に **1**，**2**，**3**，…と番号を付ける。i 番目の球殻に入っている気体分子の代表点の個数を N_i とおくと，この熱平衡状態にある気体のミクロな状態の数 $W(N_1,\ N_2,\ N_3,\ \cdots)$ は，

$$W(N_1,\ N_2,\ N_3,\ \cdots)=\frac{N!}{N_1!N_2!N_3!\cdots}\cdot Z_1{}^{N_1}\cdot Z_2{}^{N_2}\cdot Z_3{}^{N_3}\cdot\ \cdots \quad \cdots\cdots①$$

となる。ただし，Z_i は，i 番目の球殻において代表点が占めることができる位置の個数を表す。

①の両辺は正より，この自然対数をとると，

$$\log W(N_1,\ N_2,\ N_3,\ \cdots)$$

$$=\underline{\log N!}-(\underline{\log N_1!+\log N_2!+\log N_3!+\cdots})+(N_1\log Z_1+N_2\log Z_2+N_3\log Z_3+\cdots)$$

$\boxed{N\log N-N}$　$\boxed{\sum_{i=1}^{\infty}\log N_i!=\sum_{i=1}^{\infty}(N_i\log N_i-N_i)}$ ← $\boxed{\text{公式}:\log N!=N\log N-N}$

$$=N\log N-\cancel{N}-\underline{\sum_{i=1}^{\infty}(N_i\log N_i-N_i)}+\sum_{i=1}^{\infty}(N_i\log Z_i)$$

$$\boxed{\left(\sum_{i=1}^{\infty}N_i\log N_i-\sum_{i=1}^{\infty}N_i\right)=\left(\sum_{i=1}^{\infty}N_i\log N_i-\cancel{N}\right)}$$

$\log W(N_1, N_2, N_3, \cdots) =$ (ア)

$\therefore \log W(N_1, N_2, N_3, \cdots) = \underbrace{N\log N}_{\text{定数}} + \sum_{i=1}^{\infty} N_i \log \frac{Z_i}{N_i}$ ……② となる。

この②を極大にする $N_i(1, 2, 3, \cdots)$ を求め，それを $\overline{N_i}(1, 2, 3, \cdots)$ とおくと，この $\overline{N_i}$ の組が最も確からしい分布，すなわち速度分布則となる。$\overline{N_i}$ を次の 2 つの条件の下で求める。

$N = \sum_{i=1}^{\infty} N_i$ ……③ ， $U = \sum_{i=1}^{\infty} N_i \varepsilon_i$ ……④

ただし，U は気体の内部エネルギー，ε_i は i 番目の球殻内に代表点をもつ分子の運動エネルギー：

$\varepsilon_i = \frac{1}{2}mv^2 = \frac{1}{2}m({v_x}^2 + {v_y}^2 + {v_z}^2)$ ……⑤ とする。

$N_i = \overline{N_i}(1, 2, 3, \cdots)$ で②は極大値をとるので，$N_i = \overline{N_i}$ の近傍で，N_i を微小量 dN_i だけ変化させても $\log W$ の値は変化しないと考えてよい。

よって，②の両辺の微分量をとると，

$$d(\log W) = \sum_{i=1}^{\infty} \underbrace{d\left(N_i \log \frac{Z_i}{N_i}\right)}_{\left\{1\cdot\log\frac{Z_i}{N_i} + N_i\cdot\frac{N_i}{Z_i}\cdot\left(-\frac{Z_i}{{N_i}^2}\right)\right\}dN_i} = \sum_{i=1}^{\infty}\left(\log \frac{Z_i}{N_i} - 1\right)dN_i = 0$$

$\therefore \sum_{i=1}^{\infty}\left(\log \frac{Z_i}{N_i} - 1\right)dN_i = 0$ ……⑥ となる。

$N = (一定)$ より，$dN = 0$ よって，③の両辺の微分量は，

$dN = \sum_{i=1}^{\infty}$ (イ) $= 0$ $\therefore \sum_{i=1}^{\infty} dN_i = 0$ ……⑦ となる。

同様に，$U = (一定)$ より，$dU = 0$ よって，④の両辺の微分量は，

$dU = \sum_{i=1}^{\infty} d(\underbrace{\varepsilon_i}_{\text{定数}} N_i) = 0$ $\therefore \sum_{i=1}^{\infty}$ (ウ) $= 0$ ……⑧ となる。

⑥ + ⑦ × $(\alpha + 1)$ + ⑧ × $(-\beta)$ より，

$$\sum_{i=1}^{\infty}\underbrace{\left\{\left(\log\frac{Z_i}{N_i} - 1\right) + (\alpha + 1) - \beta\varepsilon_i\right\}}_{0}\underbrace{dN_i}_{\text{任意の微小量}} = 0 \quad \cdots\cdots ⑨$$

ここで，$dN_i(1, 2, 3, \cdots)$ は任意の微小量なので，⑨より，

$\log\frac{Z_i}{N_i} + \alpha - \beta\varepsilon_i =$ (エ) $\log\frac{Z_i}{N_i} = -\alpha + \beta\varepsilon_i$ （$\log e^{-\alpha+\beta\varepsilon_i}$）

$\therefore \frac{Z_i}{N_i} = e^{-\alpha+\beta\varepsilon_i}$ $\therefore N_i = Z_i e^{\alpha - \beta\varepsilon_i}$ となる。

これをみたす N_i が $\overline{N_i}$ より，$\overline{N_i} = Z_i e^{\alpha} e^{-\beta\varepsilon_i}$ ……⑩ $(i = 1, 2, \cdots)$ となる。

ここで，Z_i はこの i 番目の球殻内に存在する 1 辺の長さ $\dfrac{h}{2ml}$ のジャングルジムのような微細格子の格子点数より，この球殻の体積 $4\pi v^2 \cdot dv$ を 1 つの格子の体積 $\left(\dfrac{h}{2ml}\right)^3$ で割ったもので近似できる。

図 2

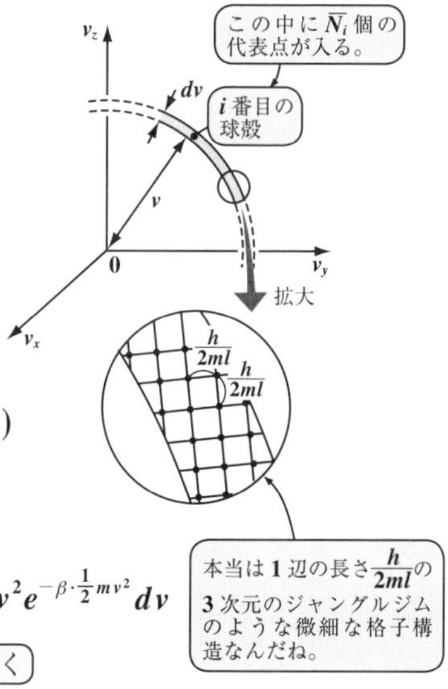

V(容器の体積)

$$\therefore Z_i = \frac{4\pi v^2 dv}{\left(\dfrac{h}{2ml}\right)^3} = \frac{32\pi l^3 m^3}{h^3} v^2 dv$$

$$\therefore Z_i = \frac{32\pi V m^3}{h^3} v^2 dv \quad \cdots ⑪ \quad (\text{ただし，} V = l^3)$$

⑪と $\varepsilon_i = \dfrac{1}{2} m v^2$ …⑤を⑩に代入すると，

$$\overline{N_i} = \frac{32\pi V m^3}{h^3} v^2 dv \cdot e^{\alpha} \cdot e^{-\beta \cdot \frac{1}{2} m v^2} = \boxed{\frac{32\pi V m^3 e^{\alpha}}{h^3}} v^2 e^{-\beta \cdot \frac{1}{2} m v^2} dv$$

γ(定数)とおく

$$\therefore \overline{N_i} = \gamma v^2 e^{-\beta \cdot \frac{1}{2} m v^2} dv \quad \cdots ⑫$$ となる。$\left(\text{ただし，} \gamma = \dfrac{32\pi V m^3 e^{\alpha}}{h^3} \text{ とする。}\right)$

⑫を区間 $[0, \infty)$ で v により積分すれば，$N\left(= \sum_{i=1}^{\infty} \overline{N_i} \quad \cdots ③'\right)$ が求まるので，

$$N = \int_0^{\infty} \underbrace{\gamma v^2 e^{-\beta \cdot \frac{1}{2} m v^2} dv}_{\overline{N_i}} = \gamma \int_0^{\infty} v^2 e^{-\overbrace{\boxed{\beta \cdot \frac{1}{2} m}}^{a} v^2} dv$$

$$= \gamma \cdot \frac{\sqrt{\pi}}{4\left(\dfrac{\beta m}{2}\right)^{\frac{3}{2}}} \quad \cdots\cdots ⑬$$ となる。

ガウス積分：(P186)

$$\int_0^{\infty} x^2 e^{-ax^2} dx = \frac{\sqrt{\pi}}{4a^{\frac{3}{2}}} \quad \cdots\cdots \text{(f)}$$

同様に，$U = \sum_{i=1}^{\infty} \varepsilon_i \overline{N_i}$ …④′ に⑤と⑫を代入して，区間 $[0, \infty)$ で v により積分すると，

$$U = \int_0^{\infty} \underbrace{\frac{1}{2} m v^2}_{\varepsilon_i} \cdot \underbrace{\gamma v^2 e^{-\beta \cdot \frac{1}{2} m v^2} dv}_{\overline{N_i}} = \frac{\gamma m}{2} \int_0^{\infty} v^4 e^{-\overbrace{\boxed{\beta \cdot \frac{1}{2} m}}^{a} v^2} dv$$

$$= \frac{\gamma m}{2} \cdot \frac{3\sqrt{\pi}}{8\left(\dfrac{\beta m}{2}\right)^{\frac{5}{2}}} \quad \cdots\cdots ⑭$$ となる。

ガウス積分 (P186)

$$\int_0^{\infty} x^4 e^{-ax^2} dx = \frac{3\sqrt{\pi}}{8a^{\frac{5}{2}}} \quad \cdots\cdots \text{(g)}$$

内部エネルギー U を気体分子の総数 N で割ると，分子 **1** 個当りの平均の運動エネルギー $<\varepsilon> = \frac{1}{2}m<v^2>$ が求まるので，⑭ ÷ ⑬より，

$$<\varepsilon> = \frac{U}{N} = U \times \frac{1}{N} = \frac{\gamma m}{2}\cdot\frac{3\sqrt{\pi}}{8\left(\frac{\beta m}{2}\right)^{\frac{5}{2}}} \times \frac{4\left(\frac{\beta m}{2}\right)^{\frac{3}{2}}}{\sqrt{\pi}\,\gamma} = \frac{3}{4}\cdot m\cdot\frac{1}{\frac{\beta m}{2}}$$

$$<\varepsilon> = \frac{3}{2\beta} \quad \cdots\cdots⑮$$ となる。

ここで，気体を単原子分子の理想気体とすると，

$$<\varepsilon> = \frac{3}{2}kT \quad \cdots\cdots⑯$$ となる。 ←（演習問題 **15**）

⑮と⑯を比較して，

$$\frac{3}{2}kT = \frac{3}{2}\cdot\frac{1}{\beta} \qquad \therefore \beta = \boxed{\text{(オ)}} \quad \cdots\cdots⑰$$ となる。⑰を⑬に代入して，

$$N = \gamma\cdot\frac{\sqrt{\pi}}{4\left(\frac{1}{kT}\cdot\frac{m}{2}\right)^{\frac{3}{2}}} \qquad \therefore \gamma = \frac{4}{\sqrt{\pi}}\cdot N\left(\frac{m}{2kT}\right)^{\frac{3}{2}} \quad \cdots\cdots⑱$$

⑰と⑱を⑫に代入すると，

$$\overline{N_i} = \frac{4}{\sqrt{\pi}}N\cdot\underbrace{\left(\frac{m}{2kT}\right)^{\frac{3}{2}}}_{\pi^{\frac{3}{2}}\left(\frac{m}{2\pi kT}\right)^{\frac{3}{2}}}\cdot v^2\cdot e^{-\frac{1}{kT}\cdot\frac{1}{2}mv^2}dv$$

$$\therefore \overline{N_i} = 4\pi v^2\cdot dv\cdot N\cdot\left(\frac{m}{2\pi kT}\right)^{\frac{3}{2}}\cdot e^{-\frac{1}{kT}\cdot\frac{1}{2}mv^2} \quad \cdots\cdots⑫'$$ となる。

この $\overline{N_i}$ を半径 v，厚さ dv の球殻の微小な体積 $4\pi v^2 dv$ で割って，さらに微小体積 $dv_x dv_y dv_z$ をかけたものは，図 **3** に示すように，$[v_x,\ v_x + dv_x]$ かつ $[v_y,\ v_y + dv_y]$ かつ $[v_z,\ v_z + dv_z]$ の微小な直方体の中に代表点をもつ分子の個数となる。これを，$N\cdot f(v_x,\ v_y,\ v_z)dv_x dv_y dv_z$ で表すと，

図 **3**

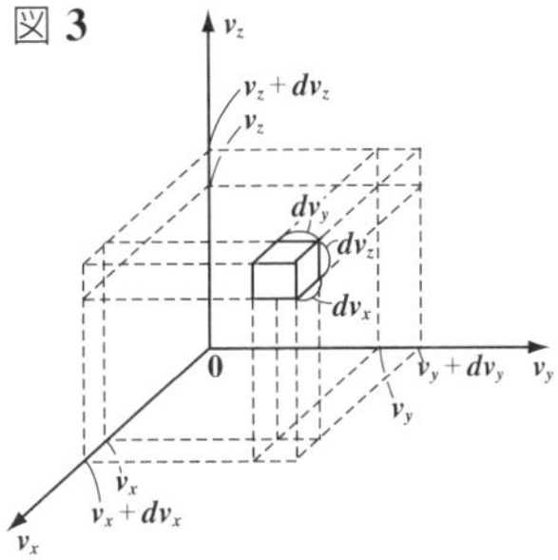

$$N\cdot f(v_x,\ v_y,\ v_z)dv_x dv_y dv_z = N\cdot\overbrace{\left(\frac{m}{2\pi kT}\right)^{\frac{3}{2}}}^{A} e^{-\frac{1}{kT}\cdot\overbrace{\frac{1}{2}mv^2}^{\varepsilon\text{ とおく}}}dv_x dv_y dv_z \quad \cdots\cdots⑲$$

ここで，$A = \left(\frac{m}{2\pi kT}\right)^{\frac{3}{2}}$，$\varepsilon = \frac{1}{2}mv^2$ とおくと，⑲は，

$$N \cdot f(v_x, v_y, v_z)dv_x dv_y dv_z = N \cdot A \cdot e^{-\frac{\varepsilon}{kT}} dv_x dv_y dv_z \quad \cdots\cdots ⑲'$$

> $\frac{⑲'}{N}$ より，(*)は体積要素 $dv_x dv_y dv_z$ に代表点が存在する確率を表す。

⑲´の両辺を N で割って，次のマクスウェルの速度分布則が導かれる。

$$f(v_x, v_y, v_z)dv_x dv_y dv_z = A \cdot e^{-\frac{\varepsilon}{kT}} dv_x dv_y dv_z \quad \cdots\cdots(*)\cdots\cdots(答)$$

参考

⑲´は体積要素 $dv_x dv_y dv_z$ の中に代表点をもつ分子の個数なので，⑲´の両辺を全空間に渡って微分したものは，全分子数 N になる。よって，次式が成り立つ。

$$\int_{-\infty}^{\infty}\int_{-\infty}^{\infty}\int_{-\infty}^{\infty} \underbrace{N}_{定数} \cdot f(v_x, v_y, v_z)dv_x dv_y dv_z = \int_{-\infty}^{\infty}\int_{-\infty}^{\infty}\int_{-\infty}^{\infty} \underbrace{N}_{定数} \cdot A \cdot e^{-\frac{\varepsilon}{kT}} dv_x dv_y dv_z = \underbrace{N}_{定数}$$

（N は約分されて 1）

$$\therefore \int_{-\infty}^{\infty}\int_{-\infty}^{\infty}\int_{-\infty}^{\infty} f(v_x, v_y, v_z)dv_x dv_y dv_z = \int_{-\infty}^{\infty}\int_{-\infty}^{\infty}\int_{-\infty}^{\infty} A \cdot e^{-\frac{\varepsilon}{kT}} dv_x dv_y dv_z = 1 \cdots ㋐$$

実際に㋐が成り立つことを確かめよう。

$$\int_{-\infty}^{\infty}\int_{-\infty}^{\infty}\int_{-\infty}^{\infty} \underbrace{A}_{定数} e^{-\frac{1}{kT}\cdot\frac{1}{2}m(v_x{}^2+v_y{}^2+v_z{}^2)} dv_x dv_y dv_z \qquad \left(\varepsilon = \frac{1}{2}mv^2\right)$$

$$= A \cdot \int_{-\infty}^{\infty}\int_{-\infty}^{\infty}\int_{-\infty}^{\infty} e^{-\frac{m}{2kT}v_x{}^2} \cdot e^{-\frac{m}{2kT}v_y{}^2} \cdot e^{-\frac{m}{2kT}v_z{}^2} dv_x dv_y dv_z$$

$$= A\left(\int_{-\infty}^{\infty} \underbrace{e^{-\frac{m}{2kT}v^2}}_{偶関数} dv\right)^3 = A\left(2 \cdot \int_0^{\infty} e^{-\frac{m}{2kT}v^2} dv\right)^3 = 8A\left(\int_0^{\infty} e^{-\frac{m}{2kT}v^2} dv\right)^3 \qquad \left(a = \frac{m}{2kT}\right)$$

> ガウス積分：(P184)
> $$\int_0^{\infty} e^{-ax^2}dx = \frac{1}{2}\sqrt{\frac{\pi}{a}}$$

$$= 8 \cdot \underbrace{\left(\frac{m}{2\pi kT}\right)^{\frac{3}{2}}}_{A} \cdot \left(\frac{1}{2}\sqrt{\frac{\pi}{\frac{m}{2kT}}}\right)^3$$

$$= \left(\frac{m}{2\pi kT}\right)^{\frac{3}{2}} \cdot \left(\frac{2\pi kT}{m}\right)^{\frac{3}{2}} = 1 \cdots ㋑$$

㋐と㋑を比較すると，

$$\int_{-\infty}^{\infty}\int_{-\infty}^{\infty}\int_{-\infty}^{\infty} f(v_x, v_y, v_z)dv_x dv_y dv_z = 1 \quad \cdots ㋒$$

が導かれる。

> (*)は体積要素 $dv_x dv_y dv_z$ 内に代表点が存在する確率より，㋒は当然成り立つ。

また，(*)の両辺を $dv_x dv_y dv_z$ の微小体積で割って得られる次式を**速度分布関数**と呼ぶ。

$$f(v_x, v_y, v_z) = A \cdot e^{-\frac{\varepsilon}{kT}} \qquad \left(A = \left(\frac{m}{2\pi kT}\right)^{\frac{3}{2}},\ \varepsilon = \frac{1}{2}m(v_x{}^2+v_y{}^2+v_z{}^2)\right)$$

右辺の $e^{-\frac{\varepsilon}{kT}}$ は速度分布の確率を与える因子になっており，これを**ボルツマン因子**という。

解答　(ア) $N\log N + \sum_{i=1}^{\infty} N_i(\log Z_i - \log N_i)$　(イ) dN_i　(ウ) $\varepsilon_i \cdot dN_i$　(エ) 0　(オ) $\frac{1}{kT}$

演習問題 88 ●気体分子の最も確からしい速さ v_m ●

熱平衡状態にある気体分子の様々な速さのうち，速さが v と $v+dv$ の間にある分子数が最大となるような速さを“最も確からしい速さ v_m”と定義する。この v_m をマクスウェルの速度分布則を用いて求めよ。

ヒント！ v と $v+dv$ の間に存在する分子数を，$g(v)dv$ の形で表す。

解答＆解説

全分子数を N とおくと，気体分子の速度空間で体積要素 $dv_xdv_ydv_z$ に速度の代表点が存在する確率は，マクスウェルの速度分布則より，

$f(v_x,\ v_y,\ v_z)dv_xdv_ydv_z = A\cdot e^{-\frac{\varepsilon}{kT}}dv_xdv_ydv_z$ ……① となる。

$\left(\text{ただし，}A=\left(\dfrac{m}{2\pi kT}\right)^{\frac{3}{2}},\ \varepsilon=\dfrac{1}{2}mv^2=\dfrac{1}{2}m(v_x{}^2+v_y{}^2+v_z{}^2)\ \text{とする。}\right)$

①の両辺に N をかけて，$dv_xdv_ydv_z$ に代表点をもつ分子数を求め，さらにこれを $dv_xdv_ydv_z$ で割れば，単位体積中に代表点をもつ分子の個数が求まる。よって，これに原点中心，半径 v，厚さ dv の薄い球殻の体積 $4\pi v^2\cdot dv$ をかけて得られる次式は，この球殻内に代表点をもつ分子の個数を表す。

$N\cdot f(v_x,\ v_y,\ v_z)\cdot 4\pi v^2dv = N\cdot A\cdot e^{-\frac{\varepsilon}{kT}}\cdot 4\pi v^2dv$ ……②

この分子数を $g(v)dv$ とおくと，$g(v)dv$ と②の右辺を比較して，

$g(v)\cancel{dv} = N\cdot A\cdot e^{-\frac{\varepsilon}{kT}}\cdot 4\pi v^2\cdot\cancel{dv}$

$\therefore\ g(v) = 4\pi N\cdot A\cdot v^2e^{-\frac{\varepsilon}{kT}} = A_1v^2e^{-\frac{m}{2kT}v^2}$ ……③ が導かれる。

$(A_1：4\pi NA)$

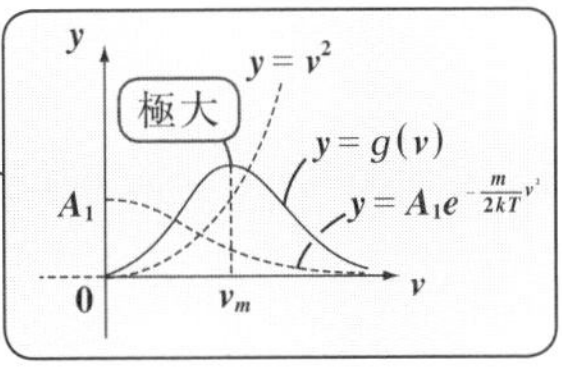

$g(v)$ は，$v=v_m$ で最大となる。

③の両辺を v で微分して，

$g'(v) = A_1\left\{2ve^{-\frac{m}{2kT}v^2}+v^2\cdot\left(-\dfrac{m}{kT}v\right)e^{-\frac{m}{2kT}v^2}\right\}$

$= \underbrace{A_1ve^{-\frac{m}{2kT}v^2}}_{\oplus}\underbrace{\left(2-\dfrac{m}{kT}v^2\right)}_{\widetilde{g'(v)}}$

$\widetilde{g'(v)} = \begin{cases}\oplus\\0\\\ominus\end{cases}$

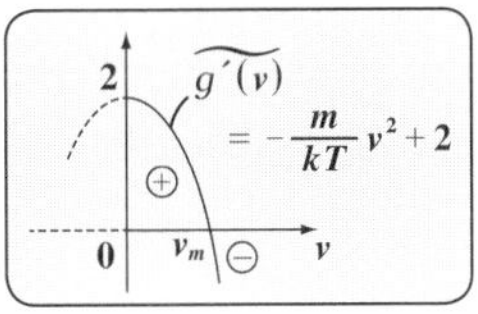

$g'(v)=0$ のとき，$2-\dfrac{m}{kT}v^2=0$

これをみたす $v(>0)$ が v_m より，$v_m=\sqrt{\dfrac{2kT}{m}}$ となる。 ………………(答)

演習問題 89	● 気体分子の速さの代表値 $<v>$, $\sqrt{<v^2>}$ ●

マクスウェルの速度分布則：

$Ae^{-\frac{m}{2kT}v^2}dv_x\,dv_y\,dv_z$ ……(*) $\left(A=\left(\dfrac{m}{2\pi kT}\right)^{\frac{3}{2}}\right)$ を用いて，

熱平衡状態にある単原子気体分子の速さ v の代表値として，

(i) 速さの平均 $<v>$，および (ii) 速さの 2 乗平均根 $\sqrt{<v^2>}$ を求めよ。

ヒント！ (*)の式の微小体積要素 $dv_x\,dv_y\,dv_z$ を $4\pi v^2dv$ におきかえて，速さが v のときの確率密度 $f(v)$ を求め，(i) $<v>=\int_0^\infty vf(v)dv$，および (ii) $<v^2>=\int_0^\infty v^2f(v)dv$ として，計算すればいいんだね。

解答＆解説

マクスウェルの速度分布則：

$$Ae^{-\frac{m}{2kT}v^2}\underbrace{dv_x\,dv_y\,dv_z}_{4\pi v^2dv}\ \cdots\cdots(*)\quad\left(\text{ただし，}A=\left(\frac{m}{2\pi kT}\right)^{\frac{3}{2}}\right)$$

における微小体積要素 $dv_x\,dv_y\,dv_z$ を $4\pi v^2dv$ におきかえると，(*) は，

（$dv_x\,dv_y\,dv_z$：微小な立方体の体積）（$4\pi v^2dv$：速さが $[v,\ v+dv]$ の範囲となる微小な球殻の体積）

$$Ae^{-\frac{m}{2kT}v^2}\cdot 4\pi v^2dv=4\pi\cdot\left(\frac{m}{2\pi kT}\right)^{\frac{3}{2}}v^2e^{-\frac{m}{2kT}v^2}dv$$

$$=\underbrace{\frac{4}{\sqrt{\pi}}\left(\frac{m}{2kT}\right)^{\frac{3}{2}}v^2e^{-\frac{m}{2kT}v^2}}_{\text{確率密度 }f(v)}dv\ \cdots\cdots(*)'\quad\text{となる。}$$

よって，熱平衡状態にある単原子気体分子の速さが v のときの確率密度を $f(v)$ とおくと，

$$f(v)=\underbrace{\frac{4}{\sqrt{\pi}}\left(\frac{m}{2kT}\right)^{\frac{3}{2}}}_{\text{定数係数}}v^2e^{-\frac{m}{2kT}v^2}\ \cdots\cdots①\ \text{である。}$$

以上より，

(i) 速さ v の平均 $<v>$ は，①より，

$$<v>=\int_0^\infty v\cdot f(v)\,dv$$

$$=\frac{4}{\sqrt{\pi}}\left(\frac{m}{2kT}\right)^{\frac{3}{2}}\int_0^\infty v^3 e^{-\frac{m}{2kT}v^2}dv \quad \left(a=\frac{m}{2kT}\right)$$

ガウス積分 (P186)
$$\int_0^\infty x^3\cdot e^{-ax^2}dx=\frac{1}{2a^2}$$

$$=\frac{4}{\sqrt{\pi}}\left(\frac{m}{2kT}\right)^{\frac{3}{2}}\cdot\frac{1}{2\left(\frac{m}{2kT}\right)^2}$$

$$=\frac{2}{\sqrt{\pi}}\left(\frac{2kT}{m}\right)^{\frac{1}{2}}=\sqrt{\frac{8kT}{\pi m}}$$ となる。 ……………………………………(答)

(ii) まず，速さ v の2乗平均 $<v^2>$ を，①より求めると，

$$<v^2>=\int_0^\infty v^2 f(v)\,dv$$

$$=\frac{4}{\sqrt{\pi}}\left(\frac{m}{2kT}\right)^{\frac{3}{2}}\int_0^\infty v^4 e^{-\frac{m}{2kT}v^2}dv \quad \left(a=\frac{m}{2kT}\right)$$

ガウス積分 (P186)
$$\int_0^\infty x^4\cdot e^{-ax^2}dx=\frac{3\sqrt{\pi}}{8a^{\frac{5}{2}}}$$

$$=\frac{4}{\sqrt{\pi}}\left(\frac{m}{2kT}\right)^{\frac{3}{2}}\cdot\frac{3\sqrt{\pi}}{8\left(\frac{m}{2kT}\right)^{\frac{5}{2}}}$$

$$=\frac{3}{2}\cdot\frac{2kT}{m}=\frac{3kT}{m}$$ となる。

よって，この正の平方根をとって，速さ v の2乗平均根 $\sqrt{<v^2>}$ は，

$$\sqrt{<v^2>}=\sqrt{\frac{3kT}{m}}$$ となる。 ……………………………………(答)

演習問題88と併せて単原子気体分子の速さの代表値として，
(i) 最も確からしい速さ $v_m=\sqrt{\frac{2kT}{m}}$，(ii) 平均 $<v>=\sqrt{\frac{8kT}{\pi m}}$，および
(iii) 2乗平均根 $\sqrt{<v^2>}=\sqrt{\frac{3kT}{m}}$ となることを頭に入れておこう。

演習問題 90	● v_m, $<v>$, $\sqrt{<v^2>}$ の計算 ●

次の単原子気体分子の速さ v の代表値を，(i) 最も確からしい速さ v_m，(ii) 平均 $<v>$，および (iii) 2 乗平均根 $\sqrt{<v^2>}$ とする。
(ただし，気体定数 $R = 8.31$ (J/mol K) とする。)

(1) 絶対温度 $T = 300$ (K) におけるヘリウム (He) の気体分子の速さの 3 つの代表値を求めよ。(ただし，He の原子量を 4.0 とする。)

(2) 絶対温度 $T = 320$ (K) におけるネオン (Ne) の気体分子の速さの 3 つの代表値を求めよ。(ただし，Ne の原子量を 20.2 とする。)

ヒント！ ヘリウム (He) もネオン (Ne) も共に単原子気体分子なので，与えられた原子量が，そのまま分子量になる。これら気体分子の速さの代表値は，公式通り，(i) $v_m = \sqrt{\frac{2kT}{m}}$，(ii) $<v> = \sqrt{\frac{8kT}{\pi m}}$，(iii) $\sqrt{<v^2>} = \sqrt{\frac{3kT}{m}}$ を用いて求めよう。

解答＆解説

(1) $T = 300$ (K) におけるヘリウム (He) の気体分子の速さ v の 3 つの代表値を求める。

(i) 最も確からしい速さ v_m を，公式から求めると，

$$v_m = \sqrt{\frac{2kT}{m}} = \sqrt{\frac{2RT}{N_A m}} = \sqrt{\frac{2RT}{M}} \qquad \left(\because k = \frac{R}{N_A},\ N_A：アボカドロ数\right)$$

分子量 $M = 4.0(g) = 4 \times 10^{-3}(kg)$

$$= \sqrt{\frac{2 \times 8.31 \times 300}{4 \times 10^{-3}}} = \sqrt{8.31 \times 10^3 \times 150} = 1116.5 \text{ (m/s)} \quad \cdots\cdots\cdots(答)$$

(ii) 平均 $<v>$ も同様に求めると，

$$<v> = \sqrt{\frac{8kT}{\pi m}} = \sqrt{\frac{8RT}{\pi \cdot N_A m}} = \sqrt{\frac{8RT}{\pi \cdot M}}$$

$$= \sqrt{\frac{8 \times 8.31 \times 300}{3.14 \times 4 \times 10^{-3}}} = 1260.1 \text{ (m/s)} \quad \cdots\cdots\cdots(答)$$

(iii) 2 乗平均根 $\sqrt{<v^2>}$ も同様に求めると，

$$\sqrt{<v^2>}=\sqrt{\frac{3kT}{m}}=\sqrt{\frac{3RT}{N_A\cdot m}}=\sqrt{\frac{3RT}{M}}$$

$$=\sqrt{\frac{3\times8.31\times300}{4\times10^{-3}}}=1367.4\,(\mathrm{m/s})$$ ……………………………(答)

(2) $T=320(\mathrm{K})$ におけるネオン(Ne)の気体分子の速さ v の 3 つの代表値を求める。

(i) 最も確からしい速さ v_m を公式から求めると，

$$v_m=\sqrt{\frac{2kT}{m}}=\sqrt{\frac{2RT}{M}}=\sqrt{\frac{2\times8.31\times320}{20.2\times10^{-3}}}$$

分子量 $M=20.2(\mathrm{g})=20.2\times10^{-3}(\mathrm{kg})$

$$=513.1\,(\mathrm{m/s})$$ ……………………………(答)

(ii) 平均 $<v>$ も同様に求めると，

$$<v>=\sqrt{\frac{8kT}{\pi m}}=\sqrt{\frac{8RT}{\pi\cdot M}}=\sqrt{\frac{8\times8.31\times320}{3.14\times20.2\times10^{-3}}}$$

$$=579.1\,(\mathrm{m/s})$$ ……………………………(答)

(iii) 2 乗平均根 $\sqrt{<v^2>}$ も同様に求めると，

$$\sqrt{<v^2>}=\sqrt{\frac{3kT}{m}}=\sqrt{\frac{3RT}{M}}=\sqrt{\frac{3\times8.31\times320}{20.2\times10^{-3}}}$$

$$=628.4\,(\mathrm{m/s})$$ ……………………………(答)

> $v_m=\sqrt{2}\cdot\sqrt{\frac{kT}{m}}$，$<v>=\sqrt{\frac{8}{\pi}}\cdot\sqrt{\frac{kT}{m}}$，$\sqrt{<v^2>}=\sqrt{3}\cdot\sqrt{\frac{kT}{m}}$ より，
> ($\sqrt{2}$ = 1.414……，$\sqrt{\frac{8}{\pi}}$ = 1.595……，$\sqrt{3}$ = 1.732……)
>
> 大小関係として，$v_m<<v><\sqrt{<v^2>}$ が成り立つことも確認しよう。

演習問題 91　● ボルツマンの原理(Ⅰ)●

n(mol) の理想気体が断熱自由膨張をするとき，系のエントロピーの増加 ΔS を，ボルツマンの原理を用いて求めよ。

ヒント！　ボルツマンの原理：$S = k\log W$ を用いる。膨張の前後の状態を A，B とおき，それぞれのミクロな状態の数を W_A，W_B として，ΔS を求める。

解答＆解説

図 1 断熱自由膨張

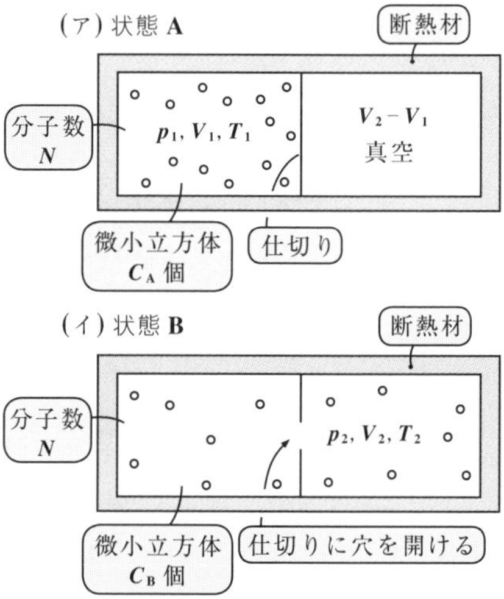

図 1 に示すように，n(mol) の理想気体が，熱平衡状態 A から熱平衡状態 B へ断熱自由膨張した場合を考える。

ここで，図 2 に示すように，状態 A の気体が占める空間を，微小体積 v をもつ C_A 個の微小な立方体に分割する。それぞれの立方体には気体分子が 1 個のみ入ることができるものとする。

ここで，分子の個数を N とおき，

$C_A \gg N$　(C_A は N より十分大きい)

とする。

また，状態 B の気体が占める空間も同様に微小体積 v をもつ C_B 個の微小な立方体に分割し，

$C_B \gg N$　(C_B は N より十分大きい)

とする。

図 2 微小体積 v の微小立方体群

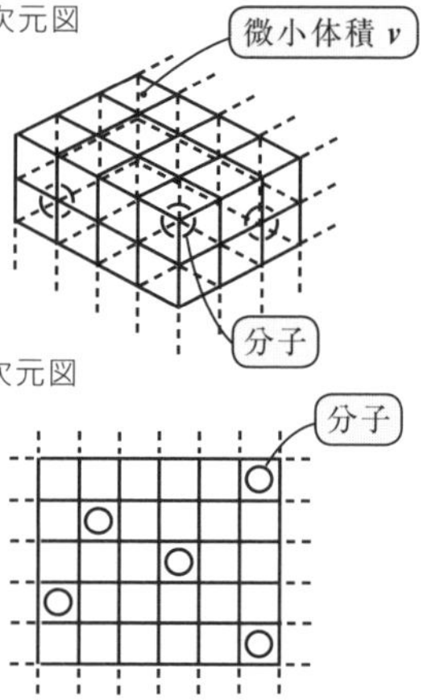

(ⅰ) 状態 A におけるミクロな状態の数を W_A とおくと，

$$W_A = {}_{C_A}C_N \times N!$$

C_A 個の微小立方体から N 個の分子が入る立方体の組数を求める。

その 1 通りの立方体の組に対して，N 個の分子を入れる入れ方は $N!$ 通りある。

$$= \frac{C_A!}{\cancel{N!}(C_A - N)!} \times \cancel{N!} = \frac{C_A!}{(C_A - N)!} \quad \cdots\cdots ①$$ となる。

(ⅱ) 同様に，状態 B におけるミクロな状態の数を W_B とおくと，

$$W_B = {}_{C_B}C_N \times N! = \frac{C_B!}{(C_B - N)!} \quad \cdots\cdots ②$$ となる。

(①式の C_A を C_B で置き換えた式)

ここで，状態 A と状態 B のエントロピーをそれぞれ S_A，S_B とおくと，
ボルツマンの原理より，

$$S_A = k\log W_A \quad \cdots\cdots ③ \qquad S_B = k\log W_B \quad \cdots\cdots ④$$

④－③ より，A → B の変化に伴うエントロピーの増加分 ΔS は，

$$\Delta S = S_B - S_A = k(\log W_B - \log W_A) \quad \cdots\cdots ⑤$$ となる。

⑤に①と②を代入して，

$$\Delta S = k\left\{\log\frac{C_B!}{(C_B - N)!} - \log\frac{C_A!}{(C_A - N)!}\right\}$$

$$= k\cdot\{\log C_B! - \log(C_B - N)! - \log C_A! + \log(C_A - N)!\}$$

この右辺にスターリングの公式：$\log N! \fallingdotseq N\log N - N$ を用いると，

$$\Delta S \fallingdotseq k\cdot\{C_B\log C_B - C_B - (C_B - N)\log(C_B - N) + (C_B - N) - C_A\log C_A + C_A + (C_A - N)\log(C_A - N) - (C_A - N)\}$$

$$= k\cdot\{C_B\log C_B - C_B\log(C_B - N) - C_A\log C_A + C_A\log(C_A - N) + N\log(C_B - N) - N\log(C_A - N)\}$$

$$= k\cdot\left(N\cdot\log\frac{C_B - N}{C_A - N} + C_B\cdot\log\frac{C_B}{C_B - N} - C_A\cdot\log\frac{C_A}{C_A - N}\right)$$

$$= k\cdot\left\{N\cdot\log\frac{C_B\left(1 - \frac{N}{C_B}\right)}{C_A\left(1 - \frac{N}{C_A}\right)} + C_B\cdot\log\frac{1}{1 - \frac{N}{C_B}} - C_A\cdot\log\frac{1}{1 - \frac{N}{C_A}}\right\}$$

($\frac{N}{C_B} \fallingdotseq 0$，$\frac{N}{C_A} \fallingdotseq 0$)

$$\fallingdotseq k\cdot N\log\frac{C_B}{C_A} \quad \cdots\cdots ⑥$$ となる。($C_A \gg N$，$C_B \gg N$ より)

ここで，$N = nN_A$，$k = \frac{R}{N_A}$，$C_A = \frac{V_1}{v}$，$C_B = \frac{V_2}{v}$ より，⑥に代入して，

(N_A：アボガドロ数)

$$\Delta S \fallingdotseq \frac{R}{N_A}\cdot nN_A\cdot\log\frac{V_2}{V_1} = nR\cdot\log\frac{V_2}{V_1}$$ となる。 ……………………………(答)

(この $n = 1$(mol) のときの結果は，演習問題 58(1) の答えと一致している。)

演習問題 92 ●ボルツマンの原理(Ⅱ)●

同じ圧力 p_0 と温度 T_0 をもつ，n_1(mol) の理想気体Ⅰと n_2(mol) の理想気体Ⅱを混合させるとき，エントロピーの増加 ΔS を，ボルツマンの原理を用いて求めよ。
(ただし，気体ⅠとⅡの分子の大きさはほぼ同程度とする。)

ヒント！ 前問と同様に，気体の占める空間を微小な立方体に分割する。

解答＆解説

図(ⅰ)状態A

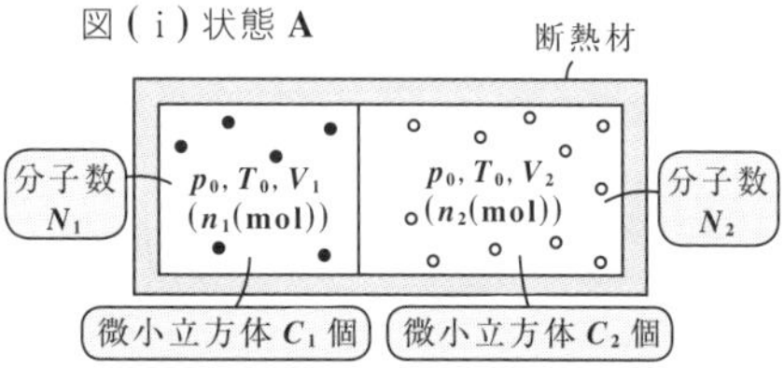

図(ⅱ)状態B

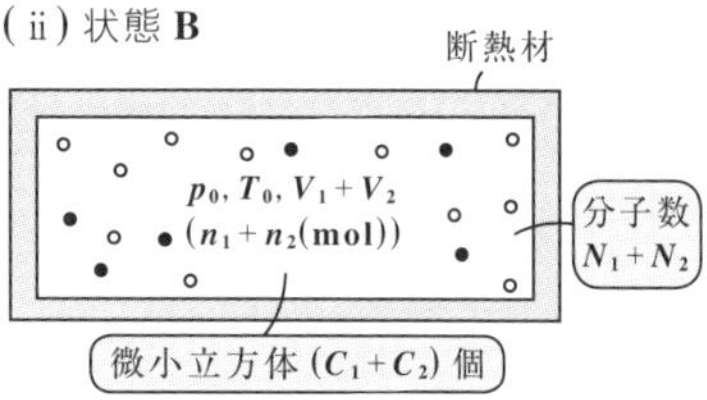

気体ⅠとⅡの分子数をそれぞれ N_1，N_2 とおく。
図(ⅰ)(ⅱ)に示すように，混合前のⅠとⅡの熱平衡状態を A，混合後の熱平衡状態を B とおく。
ここで，状態 A においてⅠが占める空間を，微小体積 v をもつ C_1 個の微小な立方体に分割し，これらの立方体には分子が 1 個のみ入ることができるものとする。同様に，Ⅱが占める空間を微小体積 v をもつ C_2 個の微小な立方体に分割し，これらの立方体にも分子は 1 個のみ入ることができるものとする。
また，$C_1 \gg N_1$，$C_2 \gg N_2$，$C_1+C_2 \gg N_1+N_2$ ……① とする。

(ⅰ) 状態 A について，ⅠとⅡのミクロな状態の数をそれぞれ W_1，W_2 とおくと，ⅠとⅡを合わせた系全体のミクロな状態の数 W_A は，

$W_A = W_1 \times W_2$ ……② となる。また，

$W_1 = {}_{C_1}C_{N_1} \times N_1! = \dfrac{C_1!}{(C_1-N_1)!}$ …③ $W_2 = {}_{C_2}C_{N_2} \times N_2! = \dfrac{C_2!}{(C_2-N_2)!}$ …④

③と④を②に代入して，$W_A = \dfrac{C_1!}{(C_1-N_1)!} \times \dfrac{C_2!}{(C_2-N_2)!}$ …⑤ となる。

(ⅱ) 状態 B について，ミクロな状態の数 W_B は，

$$W_B = {}_{C_1+C_2}C_{N_1+N_2} \times (N_1+N_2)! = \frac{(C_1+C_2)!}{(C_1+C_2-N_1-N_2)!} \quad ……⑥$$ となる。

ここで，状態 A と B のエントロピーをそれぞれ S_A，S_B とおくと，

$\Delta S = S_B - S_A = k\log W_B - k\log W_A = k(\log W_B - \log W_A)$ …⑦ となる。

⑦に⑤と⑥を代入して，

$$\Delta S = k\cdot\left\{\log\frac{(C_1+C_2)!}{(C_1+C_2-N_1-N_2)!}-\underbrace{\log\frac{C_1!}{(C_1-N_1)!}\cdot\frac{C_2!}{(C_2-N_2)!}}_{\left(\log\frac{C_1!}{(C_1-N_1)!}+\log\frac{C_2!}{(C_2-N_2)!}\right)}\right\}$$

$$= k\cdot\{\log(C_1+C_2)!-\log(C_1+C_2-N_1-N_2)!-\log C_1!+\log(C_1-N_1)!-\log C_2!+\log(C_2-N_2)!\}$$

スターリングの公式：$\log N!\fallingdotseq N\log N-N$ を用いると，

$$\Delta S \fallingdotseq k\{(C_1+C_2)\log(C_1+C_2)-(C_1+C_2)-(C_1+C_2-N_1-N_2)\log(C_1+C_2-N_1-N_2)+(C_1+C_2-N_1-N_2)-C_1\log C_1+C_1+(C_1-N_1)\log(C_1-N_1)-(C_1-N_1)-C_2\log C_2+C_2+(C_2-N_2)\log(C_2-N_2)-(C_2-N_2)\}$$

$$= k\{(C_1+C_2)\log(C_1+C_2)-(C_1+C_2-N_1-N_2)\log(C_1+C_2-N_1-N_2)-C_1\log C_1+(C_1-N_1)\log(C_1-N_1)-C_2\log C_2+(C_2-N_2)\log(C_2-N_2)\}\cdots⑧$$

ここで，$C_1\gg N_1$，$C_2\gg N_2$，$C_1+C_2\gg N_1+N_2$ より，

$$\log(C_1+C_2-N_1-N_2)=\log(C_1+C_2)\left(1-\overbrace{\frac{N_1+N_2}{C_1+C_2}}^{0}\right)\fallingdotseq\log(C_1+C_2)$$

$\log(C_1-N_1)\fallingdotseq\log C_1$，$\log(C_2-N_2)\fallingdotseq\log C_2$　これらを⑧に代入して，

$$\Delta S\fallingdotseq k\{(C_1+C_2)\log(C_1+C_2)-\{(C_1+C_2)-(N_1+N_2)\}\log(C_1+C_2)-C_1\log C_1+(C_1-N_1)\log C_1-C_2\log C_2+(C_2-N_2)\log C_2\}$$

$$= k\{(\underbrace{N_1}_{n_1N_A}+\underbrace{N_2}_{n_2N_A})\log(\underbrace{C_1}_{\frac{V_1}{v}}+\underbrace{C_2}_{\frac{V_2}{v}})-\underbrace{N_1}_{n_1N_A}\log\underbrace{C_1}_{\frac{V_1}{v}}-\underbrace{N_2}_{n_2N_A}\log\underbrace{C_2}_{\frac{V_2}{v}}\}$$

$$= \underbrace{k\cdot N_A}_{R}\left\{(n_1+n_2)\log\frac{V_1+V_2}{v}-n_1\log\frac{V_1}{v}-n_2\log\frac{V_2}{v}\right\}$$

$$= R[(n_1+n_2)\{\log(V_1+V_2)-\log v\}-n_1(\log V_1-\log v)-n_2(\log V_2-\log v)]$$

$$= R\{n_1\log(V_1+V_2)-n_1\log V_1+n_2\log(V_1+V_2)-n_2\log V_2\}$$

$$= R\left\{n_1\log\frac{V_1+V_2}{V_1}+n_2\log\frac{V_1+V_2}{V_2}\right\}=R\left\{n_1\log\left(1+\frac{V_2}{V_1}\right)+n_2\log\left(\frac{V_1}{V_2}+1\right)\right\}\cdots⑨$$

ここで，状態 **A** のⅠとⅡの状態方程式は，それぞれ

$p_0V_1=n_1RT_0$　…⑩　$p_0V_2=n_2RT_0$　…⑪　　⑩÷⑪より，$\dfrac{V_1}{V_2}=\dfrac{n_1}{n_2}$　…⑫

⑫を⑨に代入して，$\Delta S\fallingdotseq R\left\{n_1\log\left(1+\dfrac{n_2}{n_1}\right)+n_2\log\left(\dfrac{n_1}{n_2}+1\right)\right\}$

$\therefore\ \Delta S\fallingdotseq R\left(n_1\log\dfrac{n_1+n_2}{n_1}+n_2\log\dfrac{n_1+n_2}{n_2}\right)$ となる。←(演習問題 **60** と同じ結果)(答)

◆ Term・Index ◆

な行

は行

ま行

ら行

スバラシク実力がつくと評判の
演習 熱力学 キャンパス・ゼミ
改訂 2

マセマ

著　者　高杉 豊　馬場 敬之
発行者　馬場 敬之
発行所　マセマ出版社
〒 332-0023 埼玉県川口市飯塚 3-7-21-502
TEL 048-253-1734　FAX 048-253-1729
Email：info@mathema.jp
https://www.mathema.jp

編　集　七里 啓之
校閲・校正　清代 芳生　秋野 麻里子
制作協力　久池井 茂　印藤 妙香　満岡 咲枝　滝本 修二
真下 久志　栄 瑠璃子　川口 祐己　間宮 栄二
町田 朱美
カバーデザイン　馬場 冬之
ロゴデザイン　馬場 利貞
印刷所　株式会社 シナノ

ISBN978-4-86615-192-2 C3042
落丁・乱丁本はお取りかえいたします。